高等学校计算机类课程应用型人才培养规划教材

数据结构基础教程

史九林　编著

U0248247

中国铁道出版社
CHINA RAILWAY PUBLISHING HOUSE

内 容 简 介

本书以线性表、树、图为中轴，以逻辑结构、物理结构、基本算法和应用实例为路线，合理架构教材体系；以基础知识、基本思想和基本方法为准绳，选择和组织教材内容；以结构设计、算法设计和应用设计为中心，鲜明地突出教材重点。本书内容上侧重基础，侧重常用；技术上突出应用，强化实践，注重能力培养；表述上由易到难，文图并茂。

本书适合作为普通高等学校计算机应用专业、计算机相关专业的数据结构课程教材，也可作为计算机应用系统开发人员及其他相关人员学习数据结构的参考书，以及相关业务培训班的培训教材。

图书在版编目（CIP）数据

数据结构基础教程/史九林编著. —北京：中国
铁道出版社，2012.11
高等学校计算机类课程应用型人才培养规划教材
ISBN 978-7-113-15395-3

Ⅰ.①数… Ⅱ.①史… Ⅲ. ①数据结构-高等学校-
教材Ⅳ.①TP311.12
中国版本图书馆CIP数据核字（2012）第229062号

书　　名：**数据结构基础教程**
作　　者：史九林　编著

策　　划：郑　涛		读者热线：400-668-0820
责任编辑：周海燕　彭立辉		
封面设计：付　巍		
封面制作：白　雪		
责任印制：李　佳		

出版发行：中国铁道出版社（100054，北京市西城区右安门西街8号）
网　　址：http://www.51eds.com
印　　刷：北京鑫正大印刷有限公司
版　　次：2012年11月第1版　　　　2012年11月第1次印刷
开　　本：787 mm×1 092 mm　1/16　印张：17.25　字数：408千
印　　数：1～3 000册
书　　号：ISBN 978-7-113-15395-3
定　　价：33.00元

编审委员会

丛书序

当前，世界格局深刻变化，科技进步日新月异，人才竞争日趋激烈。我国经济建设、政治建设、文化建设、社会建设以及生态文明建设全面推进，工业化、信息化、城镇化和国际化深入发展，人口、资源、环境压力日益加大，调整经济结构、转变发展方式的要求更加迫切。国际金融危机进一步凸显了提高国民素质、培养创新人才的重要性和紧迫性。我国未来发展关键靠人才，根本在教育。

高等教育承担着培养高级专门人才、发展科学技术与文化、促进现代化建设的重大任务。近年来，我国的高等教育获得了前所未有的发展，大学数量从1950年的220余所已上升到2008年的2 200余所。但目前诸如学生适应社会以及就业和创业能力不强，创新型、实用型、复合型人才紧缺等高等教育与社会经济发展不相适应的问题越来越凸显。2010年7月发布的《国家中长期教育改革和发展规划纲要（2010—2020年）》提出了高等教育要"建立动态调整机制，不断优化高等教育结构，重点扩大应用型、复合型、技能型人才培养规模"的要求。因此，新一轮高等教育类型结构调整成为必然，许多高校特别是地方本科院校面临转型和准确定位的问题。这些高校立足于自身发展和社会需要，选择了应用型发展道路。应用型本科教育虽早已存在，但近几年才开始大力发展，并根据社会对人才的需求，扩充了新的教育理念，现已成为我国高等教育的一支重要力量。发展应用型本科教育，也已成为中国高等教育改革与发展的重要方向。

应用型本科教育既不同于传统的研究型本科教育，又区别于高职高专教育。研究型本科培养的人才将承担国家基础型、原创型和前瞻型的科学研究，它应培养理论型、学术型和创新型的研究人才。高职高专教育培养的是面向具体行业岗位的高素质、技能型人才，通俗地说，就是高级技术"蓝领"。而应用型本科培养的是面向生产第一线的本科层次的应用型人才。由于长期受"精英"教育理念的支配，脱离实际、盲目攀比，高等教育普遍存在重视理论型和学术型人才的培养，忽视或轻视应用型、实践型人才的培养。在教学内容和教学方法上过多地强调理论教育、学术教育而忽视实践能力的培养，造成我国"学术型"人才相对过剩，而应用型人才严重不足的被动局面。

应用型本科教育不是低层次的高等教育，而是高等教育大众化阶段的一种新型教育层次。计算机应用型本科的培养目标是：面向现代社会，培养掌握计算机学科领域的软硬件专业知识和专业技术，在生产、建设、管理、生活服务等第一线岗位，直接从事计算机应用系统的分析、设计、开发和维护等实际工作，维持生产、生活正常运转的应用型本科人才。计算机应用型本科人才有较强的技术思维能力和技术应用能力，是现代计算机软、硬件技术的应用者、实施者、实现者和组织者。应用型本科教育强调理论知识和实践知识并重，相应地，其教材更强调"用、新、精、适"。所谓"用"，是指教材的"可用性"、"实用性"和"易用性"，即教材内容要反映本学科基本原理、思想、技术和方法在相关现实领域的典型应用，介绍应用的具体环境、条件、方法和效果，培养学生根据现实问题选择合适的科学思想、理论、技术和方法去分析、解决实际问题的能力。所谓"新"，是指教材内容应及时反映本学科的最新发展和最新技术成就，以及这些新知识和新成就在行业、生产、管理、服务等方面的最新应用，从而有效地保证学生"学以致用"。所谓"精"，不是一般意义的"少而精"。事实常常告诉我们"少"与"精"是有矛盾的，数量的减少并不能直接促使质量提高。而且，"精"又是对"宽与厚"的直接"背叛"。因此，教材要做到"精"，教材的编写者要在"用"和"新"的基础上对教材的内容进行去伪存真的精练工作，精选学生终身受益的基础知识和基本技能，力求把含金量最高的知识传承给学生。

"精"是最难掌握的原则，是对编写者能力和智慧的考验。所谓"适"，是指各部分内容的知识深度、难度和知识量要适合应用型本科的教育层次，适合培养目标的既定方向，适合应用型本科学生的理解程度和接受能力。教材文字叙述应贯彻启发式、深入浅出、理论联系实际、适合教学实践，使学生能够形成对专业知识的整体认识。以上 4 个方面不是孤立的，而是相互依存的，并具有某种优先顺序。"用"是教材建设的唯一目的和出发点，"用"是"新"、"精"、"适"的最后归宿。"精"是"用"和"新"的进一步升华。"适"是教材与计算机应用型本科培养目标符合度的检验，是教材与计算机应用型本科人才培养规格适应度的检验。

中国铁道出版社同"高等学校计算机类课程应用型人才培养规划教材"编审委员会经过近两年的前期调研，专门为应用型本科计算机专业学生策划出版了理论深入、内容充实、材料新颖、范围较广、叙述简洁、条理清晰的系列教材。本系列教材在以往教材的基础上大胆创新，在内容编排上努力将理论与实践相结合，尽可能反映计算机专业的最新发展；在内容表达上力求由浅入深、通俗易懂；编写的内容主要包括计算机专业基础课和计算机专业课；在内容和形式体例上力求科学、合理、严密和完整，具有较强的系统性和实用性。

本系列教材是针对应用型本科层次的计算机专业编写的，是作者在教学层次上采纳了众多教学理论和实践的经验及总结，不但适合计算机等专业本科生使用，也可供从事 IT 行业或有关科学研究工作的人员参考，适合对该新领域感兴趣的读者阅读。

本系列教材出版过程中得到了计算机界很多院士和专家的支持和指导，中国铁道出版社多位编辑为本系列教材的出版做出了很大贡献，在此表示感谢。本系列教材的完成不但依靠了全体作者的共同努力，同时也参考了许多中外有关研究者的文献和著作，在此一并致谢。

应用型本科是一个日新月异的领域，许多问题尚在发展和探讨之中，观点的不同、体系的差异在所难免，本系列教材如有不当之处，恳请专家及读者批评指正。

"高等学校计算机类课程应用型人才培养规划教材"编审委员会

2011 年 1 月

前　言

　　"数据结构"是计算机专业的重要基础课程。说它重要，是因为数据结构是计算机的灵魂和精髓；说它基础，是因为从计算机硬件设计到软件运行都以数据结构及其算法为其核心。瑞士计算机科学家尼·沃思提出的著名公式"数据结构+算法=程序"，以及他的经典论述"计算机科学就是研究算法的学问"充分说明了这个道理。

　　说到课程，其主体是教材和教学过程。教材是教学内容的规范；教学过程是授体（教师）向受体（学生）展示内容的延续进程。一本优秀的教材和一位优秀的教师是保证课程教学成功的关键要素。教材必须具有适合特定受体的架构体系、实现课程目标的知识内容、深化技能掌握的实践活动，以及激发受体想象力和创造力的空间。教材只具有一般性品格；而一位经验丰富的优秀教师会针对面向的受体把教材体现于课程教学大纲。课程教学大纲是授体向受体传输课程内容的管道和实现课程教学过程的路线图。因此，课程教学大纲与所依据教材的结合才是一次教学过程的纲领。

　　本书是一本以普通高等院校计算机专业学生为受体的"数据结构"课程教材，它与研究专著或论文汇集有本质的区别。任何一种教材都要与教学对象所属层次、培养目标、认知能力密切相关，而不能包罗万象。只有有针对性的教材才是有生命力的教材。鉴于此，在编写本书时，编者树立"以线性表、树和图为中轴，以逻辑结构、物理结构、基本算法和常见应用为路线"科学架构教材体系的理念，确立"以基础知识为中心、以基本要素为重点"合理规划教材内容的原则，采用"删繁就简、突出重点、深入浅出、循序渐进、图文兼施"的表述手法，力图使教材具有鲜明的特色。

　　首先，本书设计了三纵四横的教材体系，紧扣线性表、树和图这3种基本数据结构，并把相关知识（如排序和查找等）按处理方式分派捆绑到相应结构中，而不单独设章。对每种数据结构都按"逻辑结构、物理结构、基本算法、应用举例"的路线，分层次、由表及里、由浅入深地展开知识内容和技术要领。对出现的算法问题都按"函数标识、操作含义、算法思路、算法描述、算法评说"的顺序进行细致介绍、引导分析、实际设计，最后给出算法描述实体，并对其作画龙点睛的评价。在应用问题部分还配有实例演示，以体现数据结构与算法设计的实践意义。这样做的好处是条理清楚、分析透彻、有示范性。

　　其次，以基础知识、基本要素为基点选择教材内容，侧重常用数据结构问题。遵循"伤其十指不如断其一指"原则，侧重逻辑结构概念，突出物理设计与算法设计，强调基础知识和基本方法介绍，以保证学生初步建立起数据结构逻辑思维方式，掌握常用数据结构问题及其设计能力，为其进一步深化学习、扩展研究和创新思维提供必备的基础。

　　第三，强化实践，注重能力，特别着重于算法设计过程的分析。在设计算法时注意设计方法的选择和思路，注意数据结构基本运算的优先调用。书中还给出了一些可运行的实例程序，供学生学习、验证、实验与模仿，希望学生能借助实例举一反三。更多算法的 C 语言程序留给学生自己在任课教师指导下设计、编码和调试。每章末都配备了丰富的、多种题型的习题，供学生复习或检验学习效果。

　　第四，在全书的表述上注意做到用词准确、文句流畅、文图并茂、通俗易懂，以期达到 "一看就懂，一学就会，一练就通"的目的。

全书共分 7 章：第 1 章 绪论，介绍数据结构的基本概念，作为学习数据结构的知识铺垫；第 2 章 线性表，介绍一般线性表结构；第 3 章 受限的线性表和第 4 章 推广的线性表，介绍栈、队列、串、数组、矩阵存储和广义表；第 5 章 树与二叉树，重点介绍二叉树及其应用；第 6 章 图，介绍图的存储结构和几个常见应用的算法；第 7 章 散列，介绍线性表的散列存储结构。

本书适合作为普通高等学校计算机专业及计算机相关专业数据结构课程教材，也可作为计算机应用系统开发人员及相关人员的学习参考书或培训教材。

根据不同教学层次和课程目标，建议安排 48 或 64 学时授课时间，外加 16 学时的实习。

本书由史九林编著。南京大学徐洁磐教授审阅了全书并跟踪了本书写作的全过程，提出了许多宝贵建议和独到见解；陶静老师协助调试了书中部分 C 语言程序；在此一并表示感谢。

由于时间仓促，编者水平有限，书中疏漏和不足之处在所难免，恳请读者批评指正。编者电子邮箱：jlshi@nju.edu.cn。

编　者

2012 年 9 月

目　录

第1章 绪 论

📡 **本章导读**

　　本章是教材的开篇，主要讲述数据结构的基本概念、基本知识和基本方法，以建立学习数据结构的预备知识；内容主要包括关于数据与数据结构的概念和知识、关于算法与算法设计的概念和知识；最后说明数据结构的实际应用价值，并对如何学好数据结构提出一些建议供读者参考。本章内容对其后各章的学习具有十分重要的指导意义。

　　本章内容要点：
- 数据结构的基本要素；
- 数据结构的基本概念；
- 数据的物理结构；
- 算法的概念与实现方法；
- 数据结构的应用价值。

🌐 **学习目标**

　　通过学习本章内容，学生应该能够：
- 了解与数据结构相关的基本概念；
- 了解数据的逻辑结构和物理结构及其意义；
- 掌握算法的概念、设计、实现和分析的方法。

1.1　一个简单的数据结构问题

　　在进入正题之前，先看一个简单的数据结构问题也许是有益的。例如，有 8 枚相同币值的硬币，并被告知其中有 1 枚是假币，其外形与真币无异，但比真币略轻，请找出那枚假币。令问题的题目为"假硬币识别"。

　　这个问题很简单，可以用传统的方法来求解，借助一个平衡器（如天平）来完成。先任取两枚硬币放在天平的两个挂盘上；如果天平不平衡则较轻一头的硬币是假币，已经找到。如果天平平衡则说明这两个硬币都是真币；就取出其中一个，并依次把其余 6 枚一枚一枚地放在这个挂盘上，直到天平不平衡为止。按这种方法求解最多测试 7 次就能找出假币。无疑，这是最一般的求解方法。有更好的方法吗？如果只知道假币与真币重量不等，但不知孰轻孰重，又如何求解？所有这些，读者不妨动脑试一试。

如果要在计算机上求解这个问题，必须先做两件事。第一件事是表示这些硬币；第二件事是设计找出假币的方法。表示硬币包括两个内容，其一是给出每枚硬币的重量，其二是按先后次序排列这些硬币，也可以为每个硬币确定唯一的编号，如 1、2、…、8，并将表示硬币的这些信息存储在计算机的存储器中。找出假币的方法就是给出判断假币的步骤和过程，当然，还有许多种方法可以在计算机上实现。

不言而喻，这是一个十分简单的数据结构问题。它涉及两方面的内容——数据和方法。下面将围绕这两个问题展开讨论和研究。

1.2　数据结构概述

首先要澄清的是，这里所说的数据结构是狭义的，即如何用数据表示事物及其相互的联系，如何在计算机存储器上存储数据。其内容包括：数据、逻辑数据结构和物理数据结构。

1.2.1　数据与数据对象

数据是关于自然、社会现象以及科学试验中产生的定量或定性的记录，是人类社会活动最重要的基础和成果。数据也是现代社会的重要特征，如数字通信、数字地球、数字经济、数字图书馆、数码影像，以及数字考古、数字博物馆等；这些无不与数据直接相关；数据无处不在，无时不在，无处不用，无时不用。可见，数据是与人类生活、工作密不可分的事物与概念。

数据是刻画和表示事物的一种不可或缺的工具，是对客观世界中事物的一种抽象表示物。人们常常用数字表示事物的数量或重量；如 8 枚硬币以及每枚硬币的重量；用字符串标识个别事物，如居民身份证号、学生学号、汽车牌照号；用文字表述事物属性，如学生的性别和住址、商品的型号和颜色；用图形表示事物视觉特征，如人物照片、建筑物效果图；用视频表示影视节目，如电影、动画、电视剧；用音频符号表示事物的声音，如音乐、讲话录音，等等。因此，数据是按一定规则排列与组合从而准确表示事物的符号串。它可以是数字、文字符号、图形、图像、视频和音频等各种表现形式。

在计算机科学中，相对于信息处理，数据又被定义为能被计算机输入、处理和输出的对象。因此，凡能输入并存储在计算机中、被计算机程序处理的符号集合统称为数据。换句话说，数据是指所有用于输入计算机进行处理的具有一定意义的数字、字母、符号和模拟量等的通称，包括计算机代码。所以，有人把数据说成是计算机领域的专门术语，是构成计算机软件的一部分，就不难理解了。

所有这些，其目的都是记录和存储关于事物的信息；因此，数据的意义在于载荷着它所表示的信息，是信息的载体。对信息的接收源自于对数据的接收；对信息的获取必须通过对数据的获取以及对相关背景的解读而获取。通常人们会把数据与信息等同视之。这虽然并不妨碍对数据和信息的理解，但事实上，数据和信息有严格的区别。数据是表示信息的媒体，也称载体；信息是载荷在数据之上的含义，也称（数据）语义；或者说，数据所表达的内涵和意义才是信息。例如，"王鹏今年 20 岁，是个大学生"是数据；它载荷的信息是王鹏这个人的年龄和身份。由此，对数据可以给出如下抽象定义。

定义 1.1 [数据]　数据是信息符号化的结果，是用以表示、存储、传输信息的一种结构化符号串。

所谓"结构化"是指数据中的符号必须遵循公共约定的规则构成"串"。所谓"符号"是指数字符号、文字、音素、几何元素、图像元素、时间元素等公众已经接受并广泛流行的基本符号的全体。使用不同基本符号构成的数据有不同的展示形式，如数值、文本、语音、音频、图像、图形、动画、视频等。

如上对数据的讨论只是一个一般概念，或者说是泛化的数据概念，不具备使用价值。而在实际生活中，人们总是将注意力集中于某一类或某几类数据。例如，在一个学校，可能关注的是学生数据、课程数据、教师数据、成绩数据等。又如，在一个超市，可能关注的是商品数据、经销商数据、销售流水数据等。这里的每一类数据都是一个受限的数据集群，或称数据集合。它们都有清晰确切的边界和含义，称其为数据对象。数据对象包含若干数据个体，或称数据元素。同一个数据对象中的数据具有同一性质和行为，并能予以标识。例如，数据对象"学生"，可以是一个学校内的，也可以是一个系内的或一个班级内的学生，这由数据使用者关注的视点决定。对于学生这个数据对象可以用性质特性：学号、姓名、性别、出生日期、籍贯、所在院系和所在专业等来记录，标示每个学生（个体）的属性。表 1-1 所示的示例就是一个数据对象——学生，是关于某学校所有学生的数据（因为表格篇幅的限制只列出了 9 个学生数据）。

表 1-1　××××学校学生信息表

学　号	姓　名	性　别	出 生 日 期	籍　贯	所 在 院 系	所 在 专 业
21011101	魏　韦	男	1989/02	北京	计算机系	软件技术
21011102	黄友生	男	1990/04	安徽	计算机系	软件技术
21021101	桂云霞	女	1991/12	江苏	计算机系	应用技术
21021102	袁　英	女	1992/09	安徽	计算机系	应用技术
23031101	吕　祥	男	1989/05	湖北	社会学系	社会管理
23031102	丁浩天	男	1988/10	山西	社会学系	社会管理
23031103	方　园	男	1989/12	广东	社会学系	社会管理
25071101	张报国	男	1992/06	陕西	国际商学院	经济学
25071102	阿伊古丽	女	1993/08	新疆	国际商学院	经济学

定义 1.2 [数据对象]　数据对象是受限的、性质特性相同的数据元素的集合，是数据的子集。

显而易见，表 1-1 不是所有学生的数据（抽象范围内的），而只是某特定学校里的部分学生的数据，并从指定的 7 个特性方面来记录每个学生的属性。表的标题和栏目规定了施加于数据的限制与构造的规则。列出的 9 个学生数据是这个数据对象的一个"象"，或称"实例"。在不同时刻，数据对象的象也不尽相同。例如，学生的增减（如新生入学、毕业生离校等）、学生属性的变化（如转换专业或系等），都可能使象发生改变，成为数据对象的一个新的象。象蕴藏着数据要表示的值。

1.2.2　数据元素与数据类型

定义 1.2 指出，数据对象是数据元素的集合，数据元素是组成数据对象的最大数据单位。那么，什么是数据元素呢？直观地说，表 1-1 中的每一行称为一个数据元素，是关于一个学生属性的数据表示。它刻画了一个具体的学生个体。不难看出，每个学生都有相同的性质特性；换句话说，用同一性质特性的数据表示和记录每一个学生。

数据元素有自身的特定构造。简单一点的，由一个或若干个数据项组成。可以只由一个数

据项构成；如 1～20 之间的素数组成的数据对象，其数
据元素是{2,3,5,7,11,13,17,19}，每个元素都是 20 以
内的为素数的正整数数据项。也可以由多个数据项构成，
如表 1-1 中的数据元素由 7 个数据项构成，以完整地描
述每一个学生。如图 1-1 所示，一个学生的成绩表是一
个数据元素，由学号（如 21021102）、姓名（如袁英）
和成绩 3 个数据项构成；成绩这个数据项包含政治（如

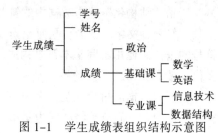

图 1-1　学生成绩表组织结构示意图

98 分）、基础课和专业课 3 个数据项；基础课和专业课又分别包括数学（如 99 分）、英语（如
98 分）和信息技术（如 86 分）、数据结构（如 60 分）等数据项。如果把所有学生的成绩表
构成一个数据对象，则如表 1-2 所示。显然表 1-2 较之表 1-1 要复杂一些。

表 1-2　学生成绩表数据对象示例

学　号	姓　名	成　绩				
		政　治	基　础　课		专　业　课	
			数　学	英　语	信息技术	数据结构
21011101	魏　韦	99	86	60	100	90
21011102	黄友生	86	88	94	79	80
21021101	桂云霞	70	77	74	69	70
21021102	袁　英	98	99	98	86	60
23031101	吕　祥	100	75	65	81	98
23031102	丁浩天	75	65	75	92	76
23031103	方　园	92	85	89	64	92
25071101	张报国	77	95	90	73	93
25071102	阿伊古丽	88	98	100	85	74

从表 1-2 和图 1-1 读者不难发现，数据项"学号"、"姓名"、"政治"、"数学"、"英语"、
"信息技术"和"数据结构"与数据项"成绩"、"基础课"、"专业课"是有区别的。前者都能
实现数据表示，称为初等数据项，简称初等项。后者则不能，它们只能通过包含的几个数据项
实现其数据表示。例如，"基础课"和"专业课"分别通过"数学"和"英语"、"信息技术"
和"数据结构"实现；"成绩"通过"政治"、"基础课"和"专业课"实现。通常称这种数
据项为组合数据项，简称组合项。

尽管数据组织有比较复杂的层次结构，但为了数据管理的便利性，常常对其进行简化。例
如，关系数据库中的关系就是一种简单的二维表（只有行和列），去除了所有中间层次。例如，
表 1-2 可以设计为表 1-3 所示的格局，使结构得到简化，且不影响对数据的管理。

表 1-3　改进的学生成绩表数据对象示例

学　号	姓　名	政　治	数　学	英　语	信息技术	数据结构
21011101	魏　韦	99	86	60	100	90
21011102	黄友生	86	88	94	79	80
21021101	桂云霞	70	77	74	69	70
21021102	袁　英	98	99	98	86	60
23031101	吕　祥	100	75	65	81	98

学　号	姓　名	政　治	数　学	英　语	信 息 技 术	数 据 结 构
23031102	丁浩天	75	65	75	92	76
23031103	方　园	92	85	89	64	92
25071101	魏保国	77	95	90	73	93
25071102	阿伊古丽	88	98	100	85	74

除上述情况之外，数据元素可能有更复杂的构造，如数据元素包含一个数组等。在后续各章的讨论中，主要限于多个初等项构成的数据元素，并一律称其为数据项。作为对某些数据结构问题的扩充，也会适当介绍以某种数据结构为数据元素的数据结构。

根据如上讨论，下面给出数据项的定义。

定义 1.3 [数据项] 数据项是不可再分的，具有独立意义的，可标识的最小数据单位，又称为字段。

数据项是最基本的数据构造单位；如果将其再细分是没有意义的。可以为每一个数据项命名以区别于别的数据项，称为数据名，如"学号"、"姓名"等。为了方便，数据名常常用符号表示，如"学号"用英文词 student_number，或用拼音缩写 xh 表示。

不同数据项有数据分类、格式、长度和语义等不同属性的区分，即谓之数据类型。例如，"学号"是用 8 个阿拉伯数字字符构成的数字字符串表示。"姓名"是最多 4 个汉字构成的汉字文本行，而"政治"、"数学"、"英语"等的成绩分别是 3 位无正负号整数。因此，一个初等项的出现，就意味着要有一个数据名标识它，用一个数据类型定义它。定义数据项的数据类型称为原子类型，或非结构类型。

数据项的另一个重要概念是值和值域。值域是一个数据项允许值的集合；如数据项"政治"的意义是一个分数，其值域是 $\{0,1,2,\cdots,99,100\}$。值是数据项当前所取的值域中的一个值；如学生袁英的政治成绩为 98 分，而不能是 982 分。

借助 C 语言的功能，下面给出几个描述数据项的例子。

例 1.1 定义一个整数类型的数据项，其值域为 $[-32\,768, 32\,767]$。

解：首先为数据项起个名字，如 x；再定义 x 的数据类型。在 C 语言中有两种定义整数的数据类型。一个是 int，称为整型，其值域是 $[-32\,768, 32\,767]$；另一个是 long，称为长整型，其值域是 $[-2\,147\,483\,648, 2\,147\,483\,647]$。根据题意应该用 int，即答案为

$$\text{int } x$$

例 1.2 定义姓名最多为 4 个汉字的数据项。

解：首先为姓名命名，如 name；再定义 name 的数据类型。因为姓名是一个字符串，1 个汉字占 2 个字符位置，需要 8 个字符位置，又 C 语言字符串必须用"\0"结束，所以其答案应为

$$\text{char name[9]}$$

在理解了数据项的概念之后，就可以给出数据元素的定义。

定义 1.4 [数据元素] 数据元素是由若干数据项组成的数据实体，是具有完整意义的数据组织单位。

数据元素（又简称元素）能具体表示一个事实，是数据对象的最大数据组织单位。例如，表 1-1 中的一行是一个数据元素，表示一个学生的基本信息这个事实。表中有多少行就有多少

个数据元素。因为这些元素有同一性质特性，所以又称它们是同类数据元素。在讨论数据结构问题时，数据元素作为一个整体被考量，而不关注其内部细节。因此，在不同的条件下，数据元素又可称为结点、顶点、记录等。

一般地，可以选择数据元素中的一个或几个数据项组成"关键词"，以便唯一标识数据对象中的数据元素；必要时可以根据关键词决定数据元素在数据对象中的位置。例如，表 1-1 中可以选用"学号"作为关键词。只要给定一个有效学号，就能在表中找到唯一数据元素，或判定不存在这样的数据元素。

数据元素本身也是一个事物，同样需要进行描述，包括元素的构造和数据项的数据类型。这里还是借助 C 语言的功能，下面给出几个描述事件元素的例子。

例 1.3　试描述表 1-3 中的数据元素。

解：表 1-3 的数据元素由 7 个数据项构成，首先要对每个数据项进行描述，如表 1-4 所示。

表 1-4　描述数据项

数 据 项	学 号	姓 名	政 治	数 学	英 语	信 息 技 术	数 据 结 构
数据名	xh	xm	zz	sx	yy	xxjs	sjjg
数据类型	字符串	汉字串	整型	整型	整型	整型	整型

所有数据名都使用汉语拼音的首字母缩写。当然也可以采用其他方式，如命名学号为 sno，姓名为 name，政治为 zz，等等。再确定每个数据项用什么类型的数据表示（见表 1-4 中数据类型行）。由此数据元素被描述为

```
struct  grade
{
    char  xh[9];
    char  xm[9];
    int  zz;
    int  sx;
    int  yy;
    int  xxjs;
    int  sjjg;
};
```

也可以简化为

```
struct  grade
{
    char  xh[9];
    char  xm[9];
    int  zz,sx,yy,xxjs,sjjg;
};
```

这是一个结构类型。

因为在本书中讨论数据结构问题时，主要着眼于数据元素本身，而不是它的内部结构，所以常常使用最简单构造的元素，如一个数据项组成的元素，还常常是整数型数据项。只有在应用举例时才会出现较复杂构造的数据元素。

1.2.3　数据的逻辑结构

有意义的数据都是以某种结构形式存在的，无结构的数据是无使用价值的。因此，数据对象中诸元素之间应具有什么样的相互关系是数据结构研究的主要内容。在任何问题求解中，数据元

素都不是孤立存在的；它们之间总是存在着这样或那样的、简单或复杂的联系。因为现实世界中的事物之间就自然地存在着这样或那样、简单或复杂的关系。一般而言，数据对象中诸数据元素之间有 3 种基本联系方式——线性联系、层次联系和网状联系。例如，表 1-1 是一个学生花名册；所有元素按一定的顺序排列着，是线性联系方式的一个实例。再如，一个机构（如学校、机关、企业等）的组织体制结构，或一个产品中部件的组装结构，都是典型的层次联系或树形联系。又如，若干城市之间的交通或通信联系会复杂一些，是典型的网状的联系。

数据的逻辑结构可以理解为应用用户的一种数据视图，是按照用户的自然方式和视野组织数据的结构，是用户直接观察到的表现数据的格局。它具有自然性的本质，产生于业务工作实际；是事物原始状态的抽象，也具有原生态的属性。它与如何在存储设备中存储无关，即独立于计算机系统；它与用户密切相关，即面向应用。表 1-1 和表 1-3 是学校组织和管理学生基本信息数据时普遍采用的一种表格格式。根据实践，常用的基本逻辑结构有以下 3 种：

第一种称为线性结构。数据元素按某种次序排成一条"线"，相邻元素之间只有先后顺序关系；结构形式简单直观。例如，8 个硬币一字排开（见图 1-2）构成的结构便形成线性结构。在横向图示的情况下，左为前右为后。其结构特点是，除第 1 个硬币外，每个硬币的前面只有一个硬币为其前驱硬币；除最后一个硬币外，每个硬币的后面也只有一个硬币为其后继硬币。

图 1-2　8 枚硬币排列的线性结构

第二种称为树形结构。数据元素排布成"树形"，表示出元素之间的隶属关系。元素之间不仅具有分支联系，而且还具有层次联系；结构形式相对比较复杂一些。例如，一个企业组织机构的结构就是一种树形结构，如图 1-3 所示。从下往上看，任一结点（除最上一个结点外）向上有且只有一个结点为其前驱结点；从上往下看，可以有多（包括 0）个结点为其后继结点。从左往右看，同一层上的结点有相同的地位。同时还可以看出，数据元素之间能不能建立联系，能建立什么样的联系，受到一定限制。例如，财务总监管理财务部，所以财务总监与财务部有前驱和后继关系；而财务总监与研发中心却不具有这种关系。

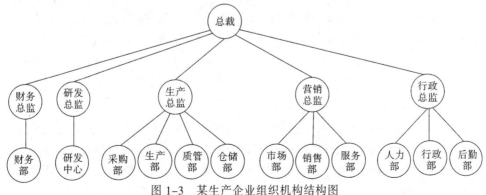

图 1-3　某生产企业组织机构结构图

第三种是图结构。图结构是更复杂，也是更丰富的逻辑结构，表示元素之间的连通关系。元素之间可以建立任意联系、多种联系，形成网络。例如，若干城市之间的交通线路构成的城际交通网（见图 1-4），这种结构不仅能表示出两城市之间是否有道路可以通达，而且还可以表示出诸如行车需要多少时间，或修一条高速铁路所需的投资代价是多少等。

图 1-4　城市间的交通线路图

在理解逻辑结构时应注意以下几点：

①　数据的逻辑结构与数据元素的内部结构和内容无关。逻辑结构只考量元素之间的联系，而元素只被看成封装的个体。

②　数据的逻辑结构与数据元素的相对位置无关。逻辑结构只考量元素之间的联系方式。

③　数据的逻辑结构与数据元素个数无关。逻辑结构只考量元素之间有无联系，有什么样的联系，即使元素个数为 0 也是这样。

④　数据的逻辑结构与计算机系统无关。逻辑结构只考量数据的应用层面，精确反映数据抽象的现实世界。

1.2.4　数据的物理结构

在计算机上求解数据结构问题时，首先要做的事情是把数据存储在计算机的存储器中。因此，数据结构研究的另一个关键问题是如何在计算机系统上将其实现，即如何实现数据对象的存储和对数据元素的存取。与逻辑结构相对应，称为数据的物理结构，又称存储结构。物理结构是研究如何在计算机存储器上存储数据，以及映射到逻辑结构的方式方法。

首先，认识一下计算机存储器的特点。在计算机存储器中，存储单元是最基本的存储空间单位。每个单元都有唯一的编号，称为地址。所有单元按地址从低到高排列，并按地址使用这些单元。假定一个存储器有 256 个单元，则它们的地址为 $0,1,\cdots,255$，并按这个顺序排列和使用单元（见图 1-5）。256 个单元的存储器实在太小了，现在的存储器已达 2^{40} 个单元。

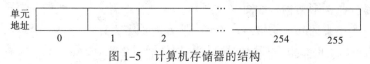

图 1-5　计算机存储器的结构

如果把存储器的单元也看成一个元素，那么存储器就是一种数据结构。这种数据结构是典型的线性（或顺序）结构。然而，数据的逻辑结构有更复杂的情形；更有甚之，为了更有效地利用存储器和处理数据，就需要有高效率的数据存储技术。因此，物理结构的研究目标就在于解决存储器结构的单一性与数据逻辑结构多样性之间的矛盾，并提供不同效率考量的选择。

数据的物理结构包括两方面内容。一是如何在计算机中存储个别数据元素；二是如何表现出数据逻辑结构的特性，即如何在存储器上排布所有元素并保证其逻辑结构得以映射。

1. 数据元素的存储

数据元素的存储是物理结构的基本内容。前面说过，数据元素可以有比较复杂的构造，如由多个数据项构成。但是，从数据结构的角度，一般不考虑元素自身数据的（微观）结构，而只把它们看成一个封装的整体。比如，对于一个字符串，只有在对数据元素执行某种应用处理时才考虑其构造细节。

除了要存储元素自身的数据（称元素数据）外，考虑到要建立元素之间的联系，常常需要额外增加某些附加信息（如指针、标记等）与元素数据一起存储，构成一个结点。这些附加信息统称为系统数据。所以结点可能仅仅是元素数据（又称结点数据）的存储，也可能是元素数据与系统数据相连带的存储。在讨论数据结构的存储时，一般不称数据元素而使用"结点"这个术语的原因就在于此。结点的一般存储造如图 1-6（a）所示。把存储元素数据的单元部分称为结点数据域，把存储系统数据的单元称为系统数据域，如果系统数据只是指针，就具体地称为指针域。例如，表 1-1 的一行将按图 1-6（b）的样式存储。

图 1-6　结点存储示意图

结点一般存储在一组连续单元中。因为结点数据长度相对较小，在存储器中获取足够的连续存储空间是件很容易的事。

2．两种基本物理结构

物理结构集中精力研究的问题是数据对象的存储，是数据逻辑结构在计算机存储器中的实现。要着重解决的问题有两个：一个是有效存储问题，既要考虑有利于程序的处理，又要考虑存储空间的有效利用；另一个是向逻辑结构的映射，即从物理结构映射到逻辑结构的能力。因此，问题的焦点是如何在存储器上排布数据元素以及向逻辑结构映射的机制设计。常用的有顺序结构、链结构以及两者相结合而派生出来的几种存储结构。

（1）顺序结构与一维数组

顺序结构是直接顺应存储器线性特性而设计的一种存储结构。具体而言，就是按存储单元的顺序依次连续存放数据对象中所有元素；逻辑上相邻的两个元素，在存储器上的物理边界相邻；保持着逻辑结构和物理结构的"一致"性。例如，设周日的序列为

W=(星期日,星期一,星期二,星期三,星期四,星期五,星期六)

每个周日是一个元素，并占用 6 字节的连续存储空间（1 个汉字占 2 字节）。假定从地址为 0100 的字节开始存储第 1 个元素，依次存储第 2、第 3、…、第 7 个元素。该序列的存储结构如图 1-7 所示。因为第 1 个元素存储在地址 00100～00105 的 6 字节中，第 2 个元素存储在地址 00106～00111 的 6 字节中；所以第 2 个元素在物理上是紧接第 1 个元素之后存储；即它们的边界紧紧相邻。类似地，第 3、…、第 7 个元素之间也具备同样的存储特性。

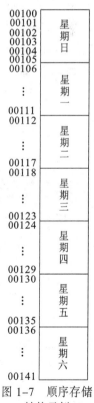

图 1-7　顺序存储结构示例

不难看出，在顺序结构下，数据对象的物理结构与逻辑结构保持了完全一致。无疑，这为定位数据元素提供了便利。即只要知道第 1 个结点的存储位置和每个元素占用的字节长度，就可以直接推导出任意其他元素的存储位置。如例中第 3 个元素的位置是

$$0100+(3-1)\times 6=00112$$

一般地，设开始地址为 A，元素的字节长度为 b，元素的逻辑序号为 i，则第 i 个元素的存储位置（记为 $<S_i>$）的映射公式为

$$<S_i> = A+(i-1)\times b \; (i = 1, 2, \cdots, n)$$

如果把第 1 个元素编号为 0，则有更为简单的映射公式：

$$<S_i> = A+ i\times b \; (i = 0, 1, \cdots, n-1)$$

所以，有人把顺序结构称为公式化结构。

需要强调的是，顺序结构占用地址连续的一块存储空间；一旦占用就被固定，其大小不能随意改变，也不能再被其他数据占用，即具有独占性。

顺序结构可以用一维数组实现。因为，一维数组的存储特性与顺序结构的特性是一致的。数组名表示特定的数据对象；数组上界（表示为 m）为最大数组元素个数，决定着实际可存储的最多结点个数；结点按逻辑顺序从第一个数组元素开始存储；下标的变化范围习惯于规定在 $1\sim m$ 之间。这与 C 语言有些差别，C 语言规定在 $0\sim m-1$ 之间。但这并不妨碍使用，因为可以从 1 号数组元素开始存储而丢弃 0 号数组元素，或者建立 i 与 $i-1$ 的对应关系。这样，结点到实际存储位置（即某数组元素）的计算就极其简单，即只要建立结点号与下标的映射关系就可以了。

当前实际存储的结点个数表示为 n（$n\leqslant m$）。n 个元素必须连续存储在数组的前 n 个数组元素中（下标为 $1\sim n$ 的部分），并称之为"已用区段"。n 是最后一个结点的位置，称为长度变量，如图 1-8 中无阴影的结点部分。下标为 $n+1\sim m$ 的后 $m-n$ 个数组元素为"空闲区段"，暂时无结点存储，供数据对象延伸时使用，如图 1-8 中有阴影的结点部分。

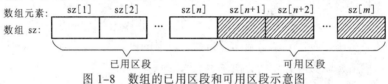

图 1-8　数组的已用区段和可用区段示意图

由此可见，顺序结构涉及两个基本要素：数组和当前已用结点个数。根据数据元素的构造用某种语言，如类 C 语言，进行结构描述，称为数据结构类型。下面举 3 个例子说明如何描述一个数据结构的类型。

例 1.4　试用类 C 语言描述"周日序列"的顺序结构。

解：
```
typedef struct
   { str day[7];
     int n;
   } Week;
```

需要说明的是，类 C 语言不是 C 语言，而是运用 C 语言的主体方式为蓝本，模仿其结构和表达方式形成的一种语言。它无须严格遵守 C 语言的规则；可以根据需要杜撰语言成分，以达到易用、易读，结构统一，书写自由，便于 C 语言编程的目的。如在例 1.4 中杜撰了 str 来描述字符串数据类型，即把 str day[7] 描述为一个字符串数组，这是 C 语言没有的。如果一定要用 C 语言来描述，则应为

```
typedef struct
{ char day[7][7];
  int n;
} Week;
```

C 语言只能把周日序列描述为一个 7 行 7 列的二维数组，即每一行是由 7 个字符构成的字符串（3 个汉字加 1 个字符串结束符）。7 行存储一个星期的 7 天。

例中描述了一个字符串数组 day[7]，以及已用区段长度变量 n 。

例 1.5　试用类 C 语言描述 100 以内的素数的顺序结构类型。

解：可能一下子无法确定 100 以内到底有多少个素数，但不会多于 100 个。又假定素数是一个一个形成并存储的，所以可以描述为

```
#define MAXSIZE  100
typedef struct
{ int prime[MAXSIZE];
   int  n;
} Prime;
```

prime[]是一维整数数组，存储素数，MAXSIZE 为数组的上界。MAXSIZE 预定义为 100，待具体确定后可以进行修改，如根据数学知识修改为 25。n 是一个整型变量，用于存储已用区段的长度。

例 1.6　试用类 C 语言描述 1.1 节中问题的 8 个硬币的顺序结构类型。

解：
```
typedef struct
{ int coin[8];
   int  count;
} CoinList;
```

其中，coin[]依次存储 8 个硬币的重量值；数组下标为硬币的排列序号；count 表示当前已存储了多少个硬币，即长度变量。

采用数组表示顺序结构使结点的定位计算公式变得很简单，因为数组的下标可以直接对应于结点号。例如，在例 1.5 中，第 i 号元素就存储在 p[i]中。如果按 C 语言的规则，第 1 个数组元素是 p[0]，存储着第 1 号结点，则第 i 号结点就存储在 p[i−1]中，第 n 号结点存储在 p[n−1]中。结点的实际存储单元地址由语言系统去执行计算和映射，而不再应用上面给出的比较烦琐的计算公式。假定数组 p[]存储在从地址为 00100 的字节开始的一组连续单元中，每个元素占 2 字节，则 p[0]的地址为 00100，则由系统隐式地计算 p[i]的地址为 00100+i×2。

（2）链式结构与指针

顺序结构有许多特点。诸如，只需要存储结点数据，无须额外空间开销，空间利用率高；数据的物理结构与逻辑结构完全一致；结点定位公式化；可以用一维数组实现存储。但是，它有一个致命的弱点，顺序结构一般是静态空间分配，必须保证有足够大小的连续存储空间，如果不能得到满足就无法实现存储。而且，在建立存储空间大小时有时无法确切估计，估计过大会造成空闲区段的部分空间长期闲置，估计过小又会造成在操作时不能延伸空间。与之相反，链式结构的存储分配机动灵活，有效地克服了顺序结构的这个弱点。

链式结构以结点为单位分配存储单元。每个结点的存储由结点数据和指针两部分组成，指针视为系统数据，见图 1−6（a）。每个结点占用地址连续的存储单元，称为结点空间。通常，结点需要的单元量都相对比较小，几乎能无障碍地得到满足。再则，每个结点都可以单独、自由分布在存储器的任何位置，对其物理位置没有刻意的要求。更有甚者，无须预留备用空间；要存储结点时立即申请一个结点空间（一般总能成功），删除一个结点时及时释放并归还结点空间，这称为存储空间的动态分配。数据的逻辑结构用指针维系，即用结点中的指针指示出逻辑上的后继结点或前驱结点的物理位置。

指针即存储单元的地址，是一种特殊数据。指针的作用是把物理上分散存储的结点按逻辑结构的要求链接成"链"，故称其为链式结构。例如，按从小到大存储 20 以内的素数的链式结构如图 1-9 所示。因为在存储一个结点时随机分配任意地址的单元，所以存储这些素数的结点未必从小到大地存储在地址顺序的单元中，而且这些结点也未必要彼此相邻。即从已存储的结点的相关物理位置来看不符合逻辑结构的要求。但是，使用指针就解决了向逻辑结构映射的任务。附加在每个结点中的指针指向它的下一个结点的地址，如结点"2"中存储着下一个结点"3"的地址 00220，结点"3"中存储着下一个结点"5"的地址 00100，等等。第一个结点"2"由指针变量 p 指向，即 p 存储着地址 00554。最后一个结点"19"没有下一个结点，其指针为空（表示为 NULL），表示终结，再无后继结点。

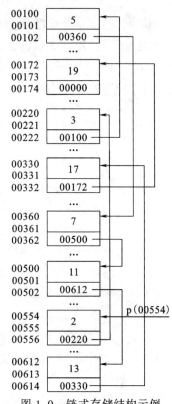

图 1-9　链式存储结构示例

链式结构的一般图示不给出具体地址，只用矩形表示结点，用箭头表示指针指向的下一个结点；用一个变量，如这里的 p，表示链的开始。因此，图 1-9 一般画成图 1-10 所示的样子。

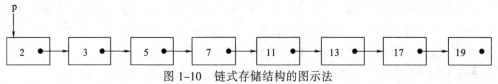

图 1-10　链式存储结构的图示法

链式结构正是通过指针把结点串接起来，实现向逻辑结构的映射。可见，链式结构不要求连续成片的存储空间，同一结构中的诸结点可以任意散存在任何存储位置，只要保证一个结点能存储在连续存储空间里就足够了。

链式结构的描述主要是描述结点，包括结点数据和指针。下面通过 3 个例子说明如何描述一个链式结构的类型。

例 1.7　试用类 C 语言描述"周日序列"的链结构类型。

解：
```
typedef struct node
{ str day;
  struct node *next;
} WeekLink;
```

其中，node 是结点的名，*next 是指向 node 结点的指针，day 是一个字符串。这个类型表示结点由 day 和 next 两个域（即数据项）组成。day 是结点数据域（即元素数据），next 是指针域。

例 1.8　试用类 C 语言描述 100 以内素数的链结构类型。

解：
```
typedef struct node
{ int prime;
  struct node *next;
} PrimeLink;
```

与例 1.5 比较，只是结点数据不同。在例 1.5 中，至少要定义 25 个结点，但这里无须定义结点个数。

例 1.9　试用类 C 语言描述表 1-3 的链结构类型。

解:
```
typedef struct node
{ char  xh[10];
  char  xm[9];
  int   zz,sx,yy,xxjs,sjjg;
  struct  node  *next ;
} GradeLink;
```

这个描述稍复杂一些。其中，xh、xm、zz、sx、yy、xxjs、sjjg 组成结点数据域，next 为指针域。

3．三种扩充物理结构

将上述两种基本物理结构进行结合，并作适当扩充，就形成了如下 3 种扩充的物理结构。这些物理结构在表示非线性数据结构的物理存储时很有用。

（1）间接寻址结构

在链式结构中，指针分散存储在每个结点中。如果要取得第 i 个结点，就必须从第 1 个结点开始扫描前 $i-1$ 个结点后才能获得第 i 个结点的地址，时间开销比较大。间接寻址结构是把顺序结构与链式结构相结合，既保留了顺序结构公式化的优点，又发挥了链式结构动态存储分配的特色。

间接寻址结构是建立一个指针表来挂接每一个结点；采用公式化方法定位每一个结点的指针，即结点的存储地址；根据指针必能取得那个结点。以图 1-10 为例，如果采用间接寻址结构，则如图 1-11 所示。

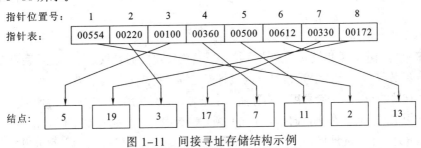

图 1-11　间接寻址存储结构示例

指针表用一维数组存储，每个数组元素存储一个指针，为顺序结构；结点的存储为动态分配，具有链结构的特征。间接寻址结构的数据结构类型描述用下面的例子说明。

例 1.10　试用类 C 语言描述"周日序列"的间接寻址结构类型。

解:
```
typedef struct;
{ str  *daypoint[7];
  int  n;
} WeekIndirect;
```

其中，*daypoint 和 n 定义为顺序结构，每一个指针指向一个周日结点。因为周日日子数固定为 7，所以数组的上界定为 7 就够了。具体到周日的存储，需动态申请一个 str 类型的结点空间，申请成功后，立即把实际地址存储到指定的数组元素中。

例 1.11　试用类 C 语言描述 100 以内的素数间接寻址结构类型。

解： `#define MAXSIZE  25;`
```
typedef struct node
{ int  *ppoint[MAXSIZE];
  Int  n;
} PrimeIndirect;
```

其中，*ppoint[MAXSIZE]和 n 定义为顺序结构。每一个指针指向一个素数结点。存储一个素数时随时申请一个 int 类型的结点空间，并存储其地址到指定数组元素中。数组的上界用 define MAXSIZE 25 定义为 25，因为 100 以内的素数正好 25 个。如果改为 200 以内的素数，则只要把 25 修改为足够大的正整数即可。

例 1.12 试用类 C 语言描述表 1-3 的间接寻址结构类型。

解： `#define MAXSIZE  1000;`
```
typedef struct
{ char  xh[10];
  char  xm[9];
  int   zz,sx,yy,xxjs,sjjg;
} GradeNode;
typedef struct
{ GradeNode *gpoint[MAXSIZE];
  int  n;
} GradeIndir;
```

这个结构描述稍复杂一些。其中，GradeNode 描述了学生成绩结点，GradeIndir 描述了间接寻址结构，*gpoint[MAXSIZE]和 n 定义为顺序结构。同样，在存储一个学生的成绩时先申请一个 GradeNode 类型的空间，并存储其地址到指定的数组元素中。

由上面 3 个例子可以看出，它们的差别主要在于结点的构造因数据对象不同而不同，其余的描述基本相同。因为 int 和 str 是语言的基本类型，故无须特别定义；而例 1.12 中的 GradeNode 不是基本类型，故要特别予以定义。

(2) 模拟指针结构

在大多数应用中，采用链式结构或间接寻址结构实现数据对象的存储已经足够。不过，有时候采用一维数组并对其数组元素实行链接可能使设计更为方便、有效。

在这种存储结构中，一个数组元素存储一个结点；结点由结点数据和下标两部分组成。下标犹如链式结构中的指针，用于指向下一个结点所在的数组元素，起着指针的作用；但它又不是指针（因为指针是存储单元地址），而是一个正整数，故称其为模拟指针。以存储 20 以内素数为例（见图 1-12），每个数组元素（如 pri[7]）中存储一个素数（如 2）和一个下标（如 3），这就表示素数 2 的下一个素数 3 存储在下标为 3 的数组元素（即 pri[3]）中；依此类推，素数 19（存储在 pri[2]中）的模拟指针为-1，表示是最后一个素数。因此，从 pri[7]（存储着素数 2）开始到 pri[2]（存储着素数 19）结束形成了一条链；用变量 p（=7）指示链的头结点位置，并标识这条链。

模拟指针结构具有顺序结构的特征，占用足够大小的连续存储空间，又具有链式结构的特征，即结点的动态空间分配。但又与顺序结构不同，因为结点必须携带一个模拟指针；也与链式结构不同，因为动态空间分配只能局限在数组的范围内。

为了实现模拟指针，需要设计一个分配和释放结点空间的管理方案。在一个特定时刻，数组中的结点总可以分为两种情况：已用结点和可用结点。所有已用结点构成一条链，称为已用结点链，如图 1-12 所示。在图 1-13 中，结点 1、3、5、7 为已用结点，构成已用结点链。所有可用结点（有阴影的结点）也构成一条链，称为可用结点链，或存储池。变量 q（=2）指示第一个可用结点的位置，也标识了可用结点链。初始时，所有结点都在存储池中，这时 q = 1。如果存储池为空，即一个可用结点也没有，则 q=−1。

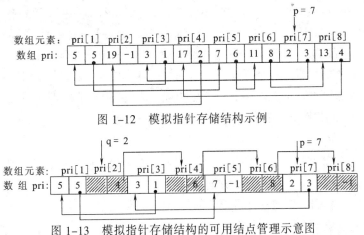

图 1−12 模拟指针存储结构示例

图 1−13 模拟指针存储结构的可用结点管理示意图

申请分配一个结点时，首先检测 q。当 q=−1 时表示存储池中无可用结点，不予分配；当 q≠−1 时，就把 q 标示的结点（如 pri[2]）分配出去，并把这个结点中的模拟指针（即下标 4）存储到 q 中。这时 q 指向 pri[4]，即存储池的第一个结点。

释放一个结点时，首先把 q 的值存储到该结点的模拟指针域中，再把该结点的结点号存储到 q 中，使新回收的结点成为存储池的第一个结点。

模拟指针结构的结构类型描述用下面的例子说明。

例 1.13 试用类 C 语言描述 100 以内素数的模拟指针结构类型。

解：#define MAXSIZE 25;
```
    typedef struct
    { int  prime;
      Int  next;
    } PrimeNode;
    typedef struct
    { PrimeNode  primenext[MAXSIZE];
      Int  p ;
      int  q;
    } PrimeSimPointer;
```
其中，PrimeNode 定义结点，由 prime（存储素数的整数）和 next（存储模拟指针的整数）组成一个结构。primenext[]定义一个数组，下标上界为 MAXSIZE。Int p 和 int q 分别定义占用结点链和可用结点链变量。

（3）散列结构

散列结构是运用散列函数方法存储数据的一种数据结构，包括散列表、散列链表等几种结构。这种存储结构便于结点的管理和查找。由于内容比较多，将在本书第 7 章中作专门介绍。

1.2.5 数据结构的基本运算

数据结构的基本运算又称基本操作，是面向数据的管理性操作，或称公共性操作,而不面向应用处理;但基本运算支持应用处理的实现。例如,根据表 1−3 的数据"统计学号为 21021102

学生的总分"是一个应用处理。为此，先根据学号查找到需要的记录，并取得这个记录，再累加全部分数，最后输出结果。在这个应用处理的全过程中，"根据学号查找到需要的记录"是基本运算，其余皆为应用处理。因为同是这个记录还可以进行另一种应用处理，比如，求这个学生的平均分数。与前者比较，"根据学号查找到需要的记录"与其相同，而应用处理则为"累加分数后再除以课程门数"。可见，对相同数据的应用处理是千变万化的。

因此，数据结构的基本运算是面向逻辑结构的运算，具有一定的抽象性，并以函数的形式表示和使用。不同数据结构的基本运算也不尽相同。这里只能作概念性的介绍。一般而言，根据运算的性质可分为对结构的运算、对值的运算和特殊运算。

1. 对结构的运算

通常是指对整体数据结构实施的运算。以下列举几个代表性的运算及其功能。

① 创建：根据结构类型创建相应数据结构。
② 判空：检测数据结构当前是否无任何结点。
③ 置空：删除数据结构中的所有结点。
④ 求长度：统计数据结构中当前拥有结点的个数。

2. 对值的运算

通常是指对数据元素实施的运算。以下列举几个代表性的运算及其功能。

① 插入：向数据结构中添加一个结点。
② 删除：从数据结构中删除一个结点。
③ 定位：按某种要求（如结点号或值）把相应结点置为当前结点。
④ 更新：用一个新结点值置换当前结点值。
⑤ 压栈：在栈结构中插入一个结点。
⑥ 弹栈：从栈结构中删除一个结点。

3. 特殊运算

对某些数据结构，如树结构、图结构等通常需要有一些特殊功能的运算。以下列举几个代表性的运算作为示例。

① 遍历：按规定次序输出一个树结构或图结构中的所有结点。
② 串匹配：判定在一个串（如 S）中是否包含另一个串（如 T）。

1.2.6 数据结构的定义

在上面论述的基础上，下面给出数据结构的定义，并进行总结。

定义 1.5[数据结构] 数据结构是相互存在着特定关联关系的数据元素的集合。包括：

① 数据元素之间具有的逻辑关系，即逻辑结构。
② 数据元素及其关联关系在存储器中的表示，即物理结构或存储结构。
③ 施加在数据结构上的基本操作及其实现算法，即基本运算。
④ 对逻辑关系、数据元素与基本运算的限制，即结构约束、值约束与运算约束。

这个定义是从数据结构本身意义给出的，还可以从技术的角度定义为"数据结构是研究数据及其关联关系在计算机系统中的表示方式，以及施于其上的运算的学科分支"。因为在同一个问题的求解中，如何设计其数据结构比较合适是一个值得研究和探索的、有趣的事情，因而形成一个独立的学科分支，其研究经久不衰。

根据定义 1.5 可以理解如下几个问题：

① 数据对象是从一个或一类问题的数学模型抽象出来的数据集合，是数据的子集。数据对象由若干数据元素组成。

② 数据对象由结构与象两部分组成。结构部分是组织和表示数据时必须遵守的规则，如数据元素的构造、数据元素间的关联方式等。数据结构的结构类型描述的任务正是在于为数据对象定义其结构部分。如例 1.9 定义了表 1-3 所表示的数据对象的结构。象部分是数据对象在当前结构下的一个实例，即现有数据元素构成的整体。如表 1-3 中 9 个学生的成绩数据是一个象。同一结构可以对应多个不同的象，但每一特定时刻只有一个象与之对应。

象的语义解释是数据的值，即传递的信息。例如，在表 1-3 中，某学生某课程的象是 88，则其语义解释是"某某学生某某课程的分数是八十八分"，也是向数据用户展示分数是多少的信息。

③ 数据对象的逻辑结构和物理结构是数据结构的两个层次。逻辑结构是客观事物间语义关联的抽象，表示数据间某些自然的逻辑关联性。它源于求解问题的数学模型，服务于应用处理。它与数据的存储方式无关，独立于计算机。物理结构是数据对象在计算机存储器上的存储方式。它是逻辑结构在计算机系统中的实现或映像，直接决定着基本运算以及用户应用的实现算法。

④ 每种逻辑结构都有一组相应的基本运算，称为运算集。基本运算的功能定义在逻辑结构上，其实现算法建立在物理结构上。基本运算支持对数据的应用处理。

⑤ 对应用有意义的数据结构是有约束的数据结构。这里约束有 3 个层次：一是要对数据逻辑关联性进行约束，形成不同的数据结构，即线性表、树和图。二是要对值进行约束，即存储有效数据。如在例 1.5 中，要求存储的是素数，但结构类型描述中只能把结点数据描述为整型数，因而不能保证存储的每一个数据都是素数。对于应用而言这种约束是必需的，而对值的约束比较复杂，通常要用特定过程实现。如在例 1.5 中，插入结点数据时须先检查是否为素数，然后再执行插入操作。因为值的约束与应用直接相关，不具一般性，故在本书中不作进一步讨论。三是要对数据结构进行操作约束，即运算约束。运算集中运算的特性对数据结构具有约束意义，例如，如果对线性表的插入与删除运算限制只在线性表的一端进行，就使这个线性表成为"栈"；如果限制插入在表的一端进行，删除在另一端进行，则这个线性表成为"队列"。可见，线性表、栈和队列是不同的数据结构。它们之间有其共性，都是线性表；但也各有其个性，插入和删除操作的功能和方式不同。

1.3 算　　法

设计数据结构的目的是为在计算机上对数据进行处理。数据处理是一种过程，并最终体现为可在计算机系统上运行的程序。而算法是程序设计的基础和核心，犹如一个建筑物的蓝图一样重要。下面先看一个算法的例子。

例 1.14 在 1.1 节中，给出了一个识别假硬币的问题，即从 8 枚硬币中找出假硬币。现在要在计算机上求解这个问题，请为其设计一个算法。

解：先设计一个一维数组，如 coin[8]（参见例 1.6 给出的结构类型）；把 8 枚硬币的重量存储在这个数组中，再设计相应的算法如下：

识别假硬币算法：存储 8 枚硬币的重量在一维数组 coin[8]中，已用区段长度 n = 8。设 i，j 为下标变量（1≤i，j≤n）。

第 1 步：置 i ← 1, j ← 2。

第 2 步：如果 coin[i]<coin[j]则输出 i，算法终止（第 1 枚硬币是假币）。

第 3 步：如果 j>n，则算法终止（无假硬币）。

第 4 步：如果 coin[i] > coin[j],则输出 j，算法终止（第 j 个硬币是假币）。

第 5 步：j ← j+1,转第 3 步继续执行。

这是用自然语言描述的算法，表示求解的方法、步骤和过程。其中"←"表示赋值。

1.3.1 算法的定义

算法是求解问题的方法、步骤和过程。在计算机科学中，算法是指用于完成某个数据处理任务的一组有序而明确的操作。它能在有限时间内执行结束并输出结果。算法一旦确定，就无须考虑它依赖的是什么原理或理论，只要按照算法一步一步去做就能得问题的解。因为求解问题需要人的智慧，而智慧溶解在算法中，算法是直观的、可以因循的，所以算法是与他人共享智慧的一种途径。

再则，算法与数据及其结构直接相关，算法作用于数据。相对而言，算法是动态的，数据是静态的，是算法作用的对象。因此，算法与数据相伴而生、相依而在。没有算法的数据就失去了它存在的意义和价值；没有数据的算法是无的放矢的算法，也就不能称其为算法。

根据上面的讨论，下面给出算法的一般定义。

定义 1.6[算法]　算法是求解特定问题的一种方法，是一组有序操作（或运算）步骤的集合，以及执行过程的描述。

特定问题意味着特定数据结构的存在。因此，算法与数据的逻辑结构，特别是物理结构有直接的互适应关系。算法因数据结构不同而异；数据结构因算法不同而异；同一种数据结构可以有多种不同算法，且有不同算法效率。一旦数据结构在计算机内存储，算法变为程序，就构成了一个数据处理。所以，瑞士计算机科学家尼·沃思（N.Wirth）给出了一个著名的公式：数据结构+算法=程序。此后他又说："计算机科学就是研究算法的学问。"可见算法的重要意义非同一般。

算法是计算过程的一种表示，因此算法的基本构成要素是："计算"与"过程"。

算法也并非计算机科学的专利，而自古有之；只是在计算机出现之后，对算法有更系统、更深入的研究，并更广泛、更意识明确地应用。如古代著名的《孙子算经》中就有"物不知其数"的问题，说："今有物不知其数，三三数之余二，五五数之余三，七七数之余二，问物几何？"翻译成现代文是："有一堆物件，不知道是多少，只知道用 3 去整除余 2，用 5 去整除余 3，用 7 去整除余 2，问有多少个物件？"另一部古代著名著作《算法统宗》中给出了"物不知其数"问题的求解算法，说："三人同行七十稀，五树梅花二十一枝，七子团圆月正半，除百零五便得知。"　这是求解这个问题的算法的秘诀。破译出来是："除 3 的余数乘 70，除 5 的余数乘 21，除 7 的余数乘 15，3 个乘积之和除以 105 的余数便是结果。"给出了求解的步骤和过程。至于这个算法的设计原理是什么，未必一定要去追究，照着做就是了。对"物不知其数"问题的具体计算过程是：$2 \times 70 = 140$，$3 \times 21 = 63$，$2 \times 15 = 30$，$140 + 63 + 30 = 233$，$233 \div 105$ 得余数 23，即结果是有 23 个物件。实际上，算法适用于类似的一类问题求解，不管余数是什么，如 2、3、2，或 1、1、1，或 1、2、3 等都能用这个算法求得其解。

1.3.2 对算法的基本要求

任何一个算法都必须遵守一定的准则，满足一定的质量要求。

1. 算法必须遵守的准则

① 确定性：算法的每一步骤都是确定的，无二义性的。

② 可行性：算法的任何步骤都能通过基本操作实现。

③ 有穷性：算法必须在执行有限个步骤后终止。

④ 有输入：算法可以有 n（$n \geqslant 0$）个输入。

⑤ 有输出：算法至少有一个输出（包括状态的变化）。

凡符合这些准则的算法才是算法，因此，在算法设计时必须特别重视。本节开始时提到，算法是程序设计的基础和核心，意思是，程序是算法的计算机实现。但是，算法和程序是既相关又相区别的两个不同概念。算法用程序设计语言描述的结果是程序。在这种情况下，算法就是程序，程序就是算法。但程序未必是算法，因为程序未必要遵守算法的全部准则。例如，操作系统的"等待"程序就不是一个算法，因为它的运行永不停止，除非人为关机，或意外断电，或出现新的用户操作。这显然不满足算法准则的第③条。算法和程序的另一个区别是，除非用程序设计语言描述算法为程序，算法是不能直接在计算机上运行的。

2. 算法应满足的质量要求

① 正确性：一个算法在一个合法输入条件下的一次执行都能获得问题的唯一正确输出。

② 易读性：算法要易于阅读和理解。

③ 稳定性：算法是可以复制的，即在相同输入条件下的多次执行都有相同输出。

④ 高效率：执行速度快谓之时间效率高；占用存储区域少谓之空间效率高。两者都高当然最好，但往往做不到。实际做法是使算法保证"时/空折中"的综合效率高，即通过算法优化技术设计高效率的算法。

1.3.3　如何设计一个算法

算法对于计算机数据处理具有特别重要的意义。因为计算机不是为解算某一个或某一类问题设计的，而是一种真正意义上的通用信息处理工具。所以，为了使计算机具有解决某类问题的能力，就必须预先告诉它解决的是什么问题，解决的方法、步骤和过程是什么，即算法。就计算机硬件而言，只能执行最基本的操作，其他什么也不会做。只有当把算法表示为程序且输入到计算机内，它才具有了算法赋予的那些"智能"。那么，如何把问题变成算法？

从软件工程的角度说，算法设计是详细设计阶段的主要内容之一。从程序设计的角度说，算法设计是关键性内容。一般来说，利用计算机求解问题的程序设计有如下几个步骤：

① 理解问题：充分研究、认识和确定问题，包括有什么数据、要什么结果、用什么运算、遵循什么规则等。

② 设计算法：根据问题寻找求解问题的途径、方法、步骤与过程，并表示成算法。

③ 编写程序：选择合适的程序设计语言进行编程并进行程序正确性调试。

④ 运行程序：在计算机系统上执行程序，必要时输入数据，最终获得问题的结果输出。

⑤ 评价算法：评价算法的"好"或"不好"，决定是否有价值继续应用该算法，或对算法进行优化、改进。

其中，步骤②的任务就是设计算法。设计算法时要注意 3 个必须：必须考虑问题的各种可能情况；必须使每一步骤都能在计算机上执行；必须在有限步骤内输出结果。

算法设计就是构造算法的过程。有许多专门的指导方法，常用的有枚举法、递归法、分治法、回溯法、贪心法、动态规划法等。但这些都不属于本书的内容，有专门的著作叙述和讨论，读者可参考。例 1.14 就是运用枚举法设计出来的算法。有些问题的算法可能比较复杂，算法设计也比较困难。推荐的原则是由粗到细，化难为简，由抽象到具体，逐步求精。现举例进行说明（见例 1.15）。

例 1.15　已知有 n 个未必相等的正整数，要求将它们从小到大排序。

解：先理解一下问题。每个正整数视为一个元素，n 个元素构成一个线性结构，采用顺序存储结构存储在一个一维数组中，如 a[MAXSIZE]。

再粗略地设计一个排序过程如下：

① 如果 $n=0$ 或 $n=1$ 则无须执行任何其他步骤，算法终止。

② 如果 $n>1$，则执行如下步骤：

- 从 n 个数中选一个最小的，作为结果的第一个数。
- 从剩余数中选出最小的，排在结果中最后一个数的后面。
- 若剩余数的个数不为 0，则回到上一步继续执行，否则算法终止。

步骤①的意义很明显。因为没有任何数据元素或只有一个数据元素的情形已是有序的，无须做任何操作。

当有 2 个或以上的元素时就要做排序操作，方法是化难为简。算法有两个关键：一是如何从若干结点中选择最小的；二是如何把选中的结点放到结果中去。这就把"难"的问题（排序）分解成两个"简单"的子问题：选择结点和存放结果。对每个子问题设计一个算法就容易多了。

先解决第二个问题。为节省存储空间，在算法执行中把数组的已用区段划分成两部分，前面部分是已排好序部分，紧接其后的是待排序部分，如图 1-14（a）所示。那么，如何把选中的结点存放到已排好序的部分？假定在待排序部分选中了最小整数是结点 $A[j]$，就将 $A[i+1]$ 与 $A[j]$ 的两个数互换。即把 $A[i+1]$ 原来的数存放到 $A[j]$ 中，把 $A[j]$ 原来的数存放到 $A[i+1]$ 中。符号"‖"表示后移一个结点位置，如图 1-14（b）所示。

$$A = (\ A[1], A[2], \cdots,\ A[i]\ \ \|\ A[i+1], A[i+2],\ \cdots,\ A[j], \cdots, A[n]\ )$$

已排好序部分　　　　　待排序部分

（a）

$$A = (\ A[1], A[2], \cdots,\ A[i], A[i+1]\ \|\ A[i+2],\ \cdots, A[j],\ \cdots, A[n])$$

已排好序部分　　（b）　　待排序部分

图 1-14　已排好序部分与待排序部分的关系

第一个子问题是，如何在待排序结点范围内选择最小数的结点。方法是逐个结点进行比较，在图 1-14（a）中，令 $j=i+1$，用 $A[j]$ 与 $A[i+2]$ 比较，若 $A[j]<A[i+2]$，则用 $A[j]$ 与 $A[i+3]$ 比较；若 $A[i+2]<A[j]$，则令 $j=i+2$，使 j 始终指示最小数的数组元素。按同样的思想再比较 $A[j]$ 与 $A[i+3]$、$A[j]$ 与 $A[i+4]$……直到比较完所有待排序结点，得到最小数结点是 $A[j]$，接着就可以把 $A[j]$ 存储到已排好序的部分中了。

这两个子问题的算法每执行一次选一个结点。剩下的任务是控制两个子算法执行 $n-1$ 次，以完成整个问题的任务。至此，算法可以表述如下：

排序算法：有 n 个数存储在一维数组 A[MAXSIZE] 中（$n \leqslant$ MAXSIZE），i、j 为整数变量。算法对 n 个数进行递增排序。

第 1 步：若 $n=0$ 或 $n=1$，则算法终止（无须排序）；否则 $i←0$。

第 2 步：若 $i≥n$，则算法终止（排序完成）；否则 $j←i+1$ ， $k←i+2$。

第 3 步：若 $A[k]<A[j]$，则 $j←k$；

第 4 步：$k←k+1$，若 $k≤n$ 则转到第 3 步继续执行。

第 5 步：$i←i+1$，$A[i]←→A[j]$，转到第 2 步继续执行。

第 2 步的意义是控制第 3～5 步重复执行 $n-1$ 次。第 3 步是进行大小比较，找出较小数的位置。第 4 步控制第 3 步执行到最后一个结点为止，找出待排序部分中的"最小"数结点位置。第 5 步交换结点，把新找到的"最小"数置入已排好序的部分，扩大排序结果，这是求精和细化的结果。接着就可以描述算法。

1.3.4 怎样描述一个算法

描述算法就是使用某种描述工具表示算法的过程。按使用的描述工具不同，可以分为非形式化描述法、半形式化描述法和形式化描述法等 3 种描述方法。

1．非形式化描述法

算法的非形式化描述法是算法的最原始表示法，一般采用规范化过的自然语言（如汉语、英语以及数学语言，或其混合）描述。例 1.14 和例 1.15 中给出的算法描述即是非形式化描述的结果。

这种描述方法需要注意的是，语言必须简洁、精练、确定；步骤必须清晰、有序、连贯；格式必须规范、直观、可读。这些也是所谓"规范化过的"具体意义。

2．半形式化描述法

算法的半形式化描述法又称图示描述法，是用基本图形符号及附加其上的自然语言短语表示算法，描述的结果称为流程图。在该方法中，常用的基本图形符号有矩形、菱形、椭圆形（或圆角矩形）和箭头。

矩形用于表示运算（或操作），其操作内容用自然语言写在矩形内。菱形用于表示条件判断，条件内容用自然语言写在菱形内，条件的不同结果用多个向外箭头表示。椭圆形用于表示算法的起点与终点，其有关说明用自然语言写在椭圆内。最后，带箭头的折线表示算法的执行流程，体现算法步骤的执行顺序。图 1-15 是例 1.14 中算法的图示描述法的表示结果。读者可以根据例 1.15 给出的算法画出其流程图。

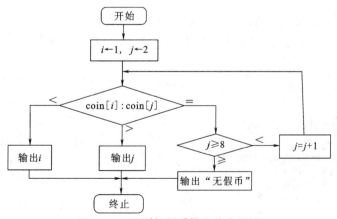

图 1-15　识别假硬币算法的流程图

图示描述法的优点是直观、清晰，一目了然，利于通观全局；缺点是不易表示细节，如数据的结构、变量的意义说明等，常常需要附加文字说明以弥补。

3. 形式化描述法

形式化描述法主要以符号形式表示算法。常用的描述工具称为"类语言"，如类 C 语言、类 Pascal 语言等。用这种语言描述算法的结果类似高级程序设计语言的程序，所又称它为"伪程序"或"伪代码"。

类语言的设计架构是以某种程序设计语言为背景语言，选取其基本操作与控制语句为主要成分，屏蔽其实现细节与语法规则形成的语言。类语言与其背景语言有很大的差别，或者说，是把计算机的语言尽可能向人性化的方向倾斜。特别地，在不影响主体结构的前提下可以适当夹杂自然语言词汇、数学符号或者说明文字，以增强类语言的描述能力。例如，用"←"表示赋值或数据传递，用"或，且"表示逻辑运算符"or, and"，用"释放（p）"表示向系统归还存储空间，等等。运用类语言可以尽可能明确地表现算法细节，把注意力集中到算法的正确性和优化上来。同时，用类语言描述的算法使得向其背景语言的程序转换时变得十分简单、容易、便利。例如，把用类 C 语言描述的算法转换为 C 语言程序非常容易。

本书将采用类 C 语言作为工具描述所有出现的算法。作为例子，如下是用类 C 语言描述例 1.14 和例 1.15 中的算法。

算法 1.1：用形式化方法描述例 1.14 中的算法。

解：硬币的结构类型如例 1.6 给出的类型定义，且 count=8，则算法的类 C 语言描述如下。

```
checkcoin(C)
    {   int i=1,j=2;
        if(C.coin[i]<C.coin[j])
            return i;
        while(j≤C.count)
        {   if(C.coin[i]>C.coin[j])
                Return j;
            else
                j←j+1;
        }
        Return 0;
    }
```

算法 1.2：用形式化方法描述例 1.15 中的算法。

解：先根据例 1.15 定义数据的结构类型如下。

```
#define MAXSIZE  200;
typedef struct
{   int A[MAXSIZE];
    int  n;
} SORTLIST;
```

再用类 C 语言描述其算法如下：

```
void ordering(S)
    {   int i=0,j,k,t;
        if(S.n≤1)
            return;
        while(i<S.n)
        {   j←i+1;k←i+2;
            while(k≤S.n)
            {   if(S.A[k]<S.A[j])
```

```
        j←k;
     k←k+1;
   }
i←i+1;t←S.A[i];S.A[i]←S.A[j];S.A[j]←t;
   }
}
```

通过这两个例子可以看出，使用类 C 语言描述的算法已经十分精确。从这样的算法出发，可以轻而易举地编写出 C 语言程序。

1.3.5　从算法到程序

相对而言，程序是用程序设计语言描述的算法。一般而言，程序可以在计算机环境下运行并获得运行的结果；算法却不能，而只能得到所谓算法解。具体而言，算法可以忽略某些细节而不影响算法的表示和正确性；程序则必须描述算法的每一个细节，不能有任何遗漏、瑕疵或错误。

算法是程序的前奏和核心。用什么程序设计语言为算法编程并不重要，重要的是选用的语言必须有足够的能力表达和实现算法。同一算法可以用不同的语言实现(见图 1–16)，其差别仅在于程序规模

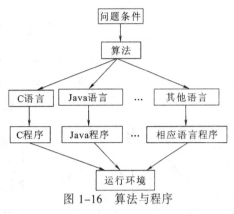

图 1–16　算法与程序

的大小和执行效率。因此，根据系统所支持的平台和整体性能选择合适的语言是必要的，也是有益的。

对于一些简单问题的求解算法，如果设计者有比较好的编程经验，完全可以从"想法"出发写出程序。但是，对于比较大型的复杂一些的问题就没那么容易，必须从数据结构的设计着手，再用非形式化方法描述出算法思想，并用流程图通观算法全局，最后编写类语言（如类 C）的伪程序；在确认算法的正确性（符合算法的准则和质量要求）后就可以用程序设计语言写出程序。这是一个渐进过程，需要灵活运用，适可而止。需要注意的是，每一种程序设计语言都有自己的系统运行环境。例如，不能简单地把例 1.14 或例 1.15 的类 C 伪代码直接转换成 C 语言程序，还要附加上程序运行时必须的库函数等；再则，C 程序还需要有一个主函数才能运行。根据例 1.14 算法 1.1 编写的可运行 C 程序如下：

根据算法 1.1，编写一个可运行的 C 语言程序。

```
1   #include<stdio.h>
        typedef struct
        {   int coin[8];
            int   count;
5   } COINLIST;
    int checkcoin(COINLIST c)
    {   int i=0,j=1;

        if(c.coin[i]<c.coin[j])
            return i+1;
10  while(j<c.count)
    {   if(c.coin[i]>c.coin[j])
            Return j+1;
        else  j=j+1;
    }
```

```
15  Return 0;
        }
        void main()
        {   COINLIST cin;
            Int k;
20  For(k=0;k<8;k++)
        cin.coin[k]=10;
    cin.coin[4]=9;
    cin.count=8;
    k=checkcoin(cin)
25  printf("the false coin is no %d",k);
26      }
```

程序的第 6～16 行是算法 1.1 中算法的 C 语言程序，注意它们之间的差别。其一，我们都习惯于从 1 开始起算序号，而 C 是从 0 开始。所以，程序中的数组下标从 0 开始递增，而不是从 1 开始。其二，在算法中省略了符号"cin."，而 C 的语法是不允许的。第 17～26 行是 C 的主函数，是必需的，其职能是说明结构型变量 cin（第 18 行）、为 cin 的数组 coin[]赋值，即输入 8 个硬币的重量数据（第 20～23 行）、调用算法（第 24 行）、输出结果（第 25 行）。

这个程序可以在 Turbo C、Visual C 或其他 C 环境下运行，读者不妨一试。程序的输出结果为

the false coin is no 5

算法 1.2 的可运行 C 语言程序留给读者自己编写。

1.4　浅谈算法分析

这是一个比较难的问题，需要一定的数学基础。因为这里是浅谈，所以就"通俗"述之。简而言之，算法分析是用"效率"来度量算法"好"与"不好"的一种方法。

1.4.1　一个好的算法

求解同一问题的算法可能有多种解决方案，可以设计出几个不同的算法，且有"好"与"不好"之分（注意：在好与不好两词上加了引号），或者说各有特点。择其"好"而用之是理所当然的事。例如，对于识别假硬币问题已经给出了算法 1.1。这里再设计另一个算法，如算法 1.3。

算法 1.3：识别假硬币问题的另一个算法。

```
int checkcoin(C)
    {   int i=1;
        while(i≤C.count-1)
        {   if(C.coin[i]=C.coin[i+1])
            i=i+2;
        else;
        {   if(C.coin[i]<C.coin[i+1] )
                Return i;
            else
                return i+1;
        }
        return 0;
    }
```

不难看出，这两个算法的主要操作是进行硬币的比较。算法 1.1 是一个一个地比较。当第 1 次比较两枚硬币不等时就找出了假硬币，1 次成功。如果相等，则作第 2 次比较；第 2 次如

果不等则找到；否则作第 3 次比较；如此进行下去，最多要进行 7 次比较。平均执行比较次数为 4.5 次。而算法 1.3 仅平均 3.5 次，显然优于算法 1.1。

还可以设计第 3 个识别算法，其思想是把 8 个硬币分成两组，1、2、3 和 4 为第 1 组，5、6、7 和 8 为第 2 组。如果比较第 1 组与第 2 组为相等，则无假硬币；算法结束。如果不等，则假硬币肯定在较轻的一组中。假设在第 1 组中，再分成 1 和 2 与 3 和 4 两组进行比较。如果后一组较轻，则假硬币为 3 或 4，比较 3 和 4 必能识别出假硬币。运用这个算法最少比较 1 次，最多比较 3 次，平均比较次数为 2，显然优于算法 1.1 和算法 1.3，是求解识别假硬币问题的"好"算法。

这几个算法的设计思路不同。第 1 个算法（算法 1.1）是运用枚举法设计的；第 2 个（算法 1.3）和第三个算法是运用分治法设计的。针对不同求解问题采用不同思路设计算法是设计一个好算法的根本策略。

1.4.2　算法的效率分析

那么，如何对算法进行评价呢？这就是所谓的算法分析问题，也是算法优化问题。通常，用"效率"来度量算法的"好"与"不好"，这涉及许多因素和条件。

① 数据结构因素：数据的逻辑结构与存储结构设计不同，算法的效率不同。设计优良的数据结构是设计高效率算法的前提。

② 算法设计因素：算法设计者的思维方式、知识基础、设计能力、运用的设计技术和工具等都直接影响算法的质量和效率。

③ 数据规模因素：算法是对数据的处理过程，是相对稳定不变的。数据是被处理的对象，是不稳定的。算法在不同时候执行所处理的数据规模可能不同。例如，数据结构包含的数据元素的改造与数量不同，会使算法的效率不同。例如，当数据结构包含 100 个元素和包含 10 000 个元素时，算法的执行效率有时差别很大。

④ 硬件环境因素：因为算法最终要编码为程序在计算机上运行，所以 CPU 的速度、内存大小等因素将直接影响到算法的效率。同一算法在不同计算机硬件环境下运行的效率不同。

⑤ 软件环境因素：操作系统占用内存大小、运行效率、存储管理功能等影响算法的效率。程序设计语言的数据定义能力、过程表达能力、到目标程序的翻译方法和目标程序的运行方式等影响算法的效率。

⑥ 运行因素：开发的程序可能需要一个满意的实时响应，特别在交互式应用设计的程序对实时性要求总是比较高。

在研究和讨论数据结构问题时不会也不可能针对某种特别硬件和软件环境，即使硬件和软件环境已经固定了也一样。它们对算法效率的影响力是个常数，不再成为评价算法效率的因素。因此，在本书中讨论评价算法效率时只从前 3 个因素出发。具体而言，是算法的时间效率分析和空间效率分析。这两种分析与问题的规模有关。

1. 时间效率分析

时间效率分析又称时间复杂度分析。分析的焦点是算法执行时间的度量；分析的依据是问题的规模；分析的思想是当问题规模趋大时，算法执行时间的"趋势"（注意：不是精确时间值）；分析的方法是确定问题规模大小和算法一次执行中"主要操作"的执行次数。所谓问题"规模"是指算法的数据输入量，即数据结构中元素的多少。例如，例 1.15 的数据对象中有 n 个元素（算法执行时 n 的值是确定的，如 $n = 200$），n 是问题的规模。所谓主要操作是指决定算法执行时间的操作，如赋值操作、比较操作等（注意：其余操作皆忽略不计）。例如，算法 1.2 的排序算法中，比较运算 if(A[k]<A[j]) 是主要操作。根据算法执行路线，计算在规模为 n 的条件下比较操作执行的次数。从算法 1.2 可以看出，选中第一个最小值结点执行了 $n-1$ 次比较操作。选中第二个最小值结点执行了 $n-2$ 次比较操作。依次类推，选中第 $n-1$ 个最小值结点执行了 1 次比较操作。第 n 个结点无须再选。由此，统计比较操作执行的次数

$$1+2+\cdots+(n-2)+(n-1)=\frac{(1+(n-1))(n-1)}{2}=\frac{1}{2}n^2-\frac{1}{2}n<n^2$$

可见，算法的执行时间是问题规模 n 的函数，记为 $T(n)$。即

$$T(n)=\frac{1}{2}n^2-\frac{1}{2}n<n^2$$

影响 $T(n)$ 值变化的主要因素是 n^2，即 $T(n)$ 与 n^2 同级增长，或者说 $T(n)$ 增长的趋势主要与 n^2 有关。其他因素皆忽略不计。比如，问题规模 n 增大 10 倍时，时间 $T(n)$ 增长大约 100 倍。因为在孤立地分析算法时间效率的情况下，没有必要也不可能计算出 $T(n)$ 的精确值，所以为了标记这种分析结果，就采用 Big-O（大-O）方法表示。例如，$T(n)$ 的增长趋势表示为 $O(n^2)$，并称其为时间复杂度或数量级。常见的 Big-O 如表 1-5 所示。

表 1-5　常见时间复杂度

$O(1)$	时间复杂度与规模无关或关系不大，是优秀的算法
$O(\log_2 n)$	时间复杂度与输入数据量 n 的对数有关，是较优秀的算法
$O(n)$	表示时间复杂度与 n 同级，呈线性增长，是较好的算法
$O(n\log_2 n)$	时间复杂度差于 $O(n)$，但是较好的算法
$O(n^k)$	需要改进，以减小 k 值。当 $k=2$ 或 3 时，算法还是可取的
$O(2^n)$	时间复杂度增长很快，不是好算法

显然，识别假硬币问题的第 1 个算法（算法 1.1）和第二个算法（算法 1.3）的时间效率都是 $O(n)$ 的；而第 3 个算法的时间效率是 $O(\log_2 n)$ 的。

2. 空间效率分析

空间效率分析又称空间复杂度分析。算法执行时需要的存储容量一般包括输入数据占用的存储空间量、程序代码占用的存储空间量、算法需要的辅助存储空间量等几部分。这同样与问题规模有关。当 n 增大时，程序占用的存储空间量不变，而输入数据量随之增大，需要的存储空间相应增大。空间效率还与存储结构有关，不同存储结构结点构造不同，需要的存储容量也不同。设结点数据量为 d，系统数据量为 p，则结点的空间存储效率为

$$\frac{d}{d+p}$$

顺序存储结构下，结点系统数据量 $p=0$，结点空间效率最好。因为 d 和 p 是固定值，所以存储空间量随 n 增大而线性增大。空间效率还与算法设计有关，如果例 1.15 的算法设置一个与待排序数据同样大小的存储空间存储已排好序的结点，则将占用 $2n$ 个结点空间。显然，空间效率很低。

$$S(n)=(d+p)n$$

时间效率和空间效率是一对矛盾。为了提高时间效率，常常要牺牲较多的空间；为了提高空间效率，就要增长算法的执行时间。时间效率和空间效率与具体的计算机系统有密切关系。当运行算法的计算机只提供较小存储空间时（计算机本身存储空间比较小，或者为了尽可能有较多任务并行而只提供有限的空间），为了能在其上顺利求解问题，往往尽量提高空间效率，牺牲时间效率。反之，尽量提高时间效率，牺牲空间效率。时间效率和空间效率与问题的迫切程度有关。对于迫切希望快速获得结果的问题，往往要牺牲空间效率去换取时间效率。时间效率和空间效率与问题的规模有关，对规模较小的问题可以不考虑空间效率，对规模较大的问题可以不考虑时间效率。一般来说，在时间效率和空间效率之间实行"折中"策略，使计算机系统的整体效率达到"最好"。

1.5　数据结构应用价值

数据结构问题处处有之，对于数据结构的解决因人而异。下面简单列举几个方面进行概要说明。

1．数据结构与计算机硬件

计算机是人类最伟大的发明之一，是高科技产物。计算机装置的本质是处理逻辑运算的物理电路实现，最显著的功能是执行程序。因为所执行的程序逻辑不同，计算机也就有了不同的应用能力和处理能力。那么，计算机如何执行程序呢？学习过计算机基础知识的人都记得，计算机执行程序就是执行组成程序的指令。指令的执行是一个过程，分成若干步骤。因此，执行指令就是一个数据结构问题。首先，指令就是数据，指令的基本结构组成是"操作码"和"操作数或操作数地址"，因此程序本身是一个数据结构。其次，确定程序开始执行的第一条指令在存储器中的位置。再则，设计执行指令的算法。众所周知，指令（进而是程序）的执行算法由中央处理器（CPU）完成，CPU 是这个算法的硬件表示和实现。对任何程序，不管它们的差异有多大，CPU 的执行过程都相同。

2．数据结构与程序设计

软件的主体成分是数据和程序，程序的核心是算法。这就是说，要应用计算机求解问题就必须设计数据的存储结构、编写程序。要编写程序就必须先设计一个解决问题的步骤，这个步骤的全部就是算法。因此，如何设计和存储问题的数据结构，如何设计一个有效的算法是程序设计的两个重要方面。前面提到过的尼·沃思的著名公式"数据结构 + 算法 = 程序"就生动地说明了这个问题。当然，程序是依赖某种程序设计语言的，即运用某种程序设计语言表达数据结构及其相应算法的结果就是程序。

算法与数据的存储结构要直接相适应，程序的本质是数据结构与算法可在计算机系统上运行的表示。算法是程序正确性、可靠性、质量和技术的基本保证。因此，学习程序设计的重点在于学习数据结构设计和算法设计，而不是仅仅拘泥于程序设计语言的细节。

推而广之，一个软件系统设计的主要任务是数据设计和功能模块设计，因此，数据结构及其算法的设计是软件工程中详细设计的主要内容和技术。

3．数据结构与数据库模型

数据库系统的核心是数据模型。数据模型就是一种数据结构，如层次模型是用"树"结构表示数据间联系的模型，网状模型是一种"图"结构，关系模型是"线性"结构和"图"的结合体。不同数据模型数据库的操作方式不同，即算法不同。例如，层次模型和网状模型数据库系统的操作采用导航方式，而关系模型数据库系统则采用集合运算方式。可见数据库模型问题就是数据结构问题，数据库操作问题就是算法问题。所以说，数据结构设计是数据库模型设计的基础。

4. 数据结构与日常生活

数据结构问题不是计算机的专利，也贯穿在人们日常生活和工作的每一方面。任何人每天都可能碰到许多数据结构问题要去解决，有意无意地设计算法（思维）或利用过算法（经验）。如果在思想上能建立算法意识，遇到问题先设计一个好的算法，或通俗地说成"行动计划"，然后按算法的步骤去行动，就一定会得到事半功倍的效果。例如，上一次数据结构课就是一个数据结构问题：教学内容是数据，教学过程是算法，一次课 2 小时。首先检索这次课讲些什么；再设计讲课过程为复习、新课、小结、布置作业、下课等几个环节；最后细化每个教学环节的内容，形成一个教学设计方案。上课时就执行这个方案。类似的例子有很多，需要用心去发现和安排，即设计。

1.6　怎样学好数据结构

学习任何一门课程都有一个方法问题，有些是共同性的，有些是个性化的。

唐代著名诗人、哲学家韩愈在古训《增广贤文》中有一句治学名联："书山有路勤为径，学海无涯苦作舟。"他告诫人们，在用书堆成的大山中，要想攀登高峰，勤奋是唯一登顶的路径；在追求学问和不断探索的无边无际的知识海洋中，要想汲取更多更广的知识，吃苦是唯一走向成功的船。在学习的道路上没有捷径可走，没有顺船可搭，只有"勤奋"和"不畏艰难"才是成功的最佳途径。

读书是一种必不可少的很重要的学习方法。书本知识是人类知识沉淀的结晶。书籍是登上人类知识殿堂的阶梯。著名物理学家牛顿在回答"你获得成功的秘诀是什么？"的问题时说："假如我看得远些，那是因为我站在巨人们的肩上。"意思是说，首先是要接收前人的知识，在这个基础上再运用自己的聪明和智慧去发展知识、发现知识。可见读书的重要意义。

遵循理论联系实际的原则，坚持理论与实际的结合与统一；用理论分析实际，用实际验证理论，从理论和实际的结合中理解和掌握知识，培养运用知识解决实际问题的能力。理论联系实际原则所反映和要解决的问题是：要保证所学知识与应用实践不致脱节，使掌握的知识能够运用到实践中去。那种忽视实际只求理论的思想是要不得的；那种轻视理论、甚至不要理论，一味追求实际的思想也是要不得的。

上面说的是共同性问题，也是一种学习态度，或学风问题。现在再说说如何学习数据结构。数据结构是一门实践性很强的课程，不仅要掌握必要的基本概念、基本知识和基本理论，更要注重实际应用能力的培养。

学好本书第 1 章很重要。这章的主要任务是掌握数据结构的基本概念、基本思想、基本知识和基本方法；从总体上对数据结构内容有一个全面的了解和认识；为以下各章的学习建立必要的知识基础和技术基础。内容主要是关于数据的逻辑结构和物理结构、算法及其设计两个方面。需要认真阅读和理解教材内容，一遍不行读两遍，两遍不行读三遍，直至弄懂为止。要有锲而不舍的学习精神，可以找几本参考书同时阅读，以扩展知识。

　　以下各章都是针对某一特定数据结构形式分别进行的介绍和讨论，共有 9 种。每种数据结构形式都按逻辑结构的定义与相关概念、物理结构的实现与特点、相关基本运算及其算法、典型应用及其算法设计等几个环节展开，并嵌插一定数量的应用实例以丰富学习内容，提高学习兴趣。读者可以把这视作学习的导引，把每种数据结构学会、学透、学深。每章附有本章小结，有画龙点睛之功效；也可以作为读者学习该章后的总结。本书每章末还附有习题，题型丰富，基本覆盖本章内容，应当认真去做。这对相应知识的理解和掌握、自测检验是有好处的。

　　学习数据结构的重点在于学会和掌握算法设计的一般方法和技巧。对本教材展现的算法一般按"问题分析"—"实例演示"—"算法思路"—"算法伪代码"的次序由浅入深地进行讲解，部分算法还提供了可运行的 C 语言程序代码。学习时可以采取"一看，二仿，三练，四创新"的方法，这是一种理论联系实际的学习方法。学习某一个算法时，首先要看懂、学会教材或参考资料上展现的算法。如果提供了相应的 C 语言程序，则去执行一下，并可提出一些"问题"来质疑。例如，这个算法为什么要这样设计？有些什么优点之处？有什么缺陷或不足，甚至错误吗？有没有更好的设计方案？等等。之后，不妨自己默写一遍，或试着改进它，或用别的描述法描述它。如果教材没有提供某算法的 C 语言程序，读者不妨自己试着编写一个，并调试、运行。最后，试着设计其他相关操作或应用的算法，并验证其正确性；或者为某问题设计一个新的算法，发挥自己的创新能力。这一方法可以反复进行，直至学会、学好为止。

　　学习数据结构课程最失败、最可悲的是在课程结束之后还不会自己设计和描述算法，哪怕是十分简单的算法，读者应当避免。

小结

1. 知识要点

本章主要知识要点如下：

① 数据、数据对象、数据元素和数据结构的概念。

② 数据的逻辑结构和物理结构的概念，3 种常见逻辑结构和 4 种物理结构的表示方法和机制。

③ 算法的基本概念与算法设计的方法，算法描述及其描述工具。

④ 算法分析的概念与基本方法。

2. 内容要点

本章的主要内容如下：

① 数据：信息符号化的结果，用于表示、存储、传输信息的一种结构化符号串，是计算机输入、处理和输出的对象。

② 数据元素：数据对象的基本组成单位，简称元素。在某些情况下，也称其为结点或顶点或记录，它能表示一个事实，且具有完整的意义。

③ 数据结构：指相互之间存在一种或多种特定结构关系的一组数据元素的集合。常用数据结构主要有 3 种，线性结构、树结构和图结构。

④ 逻辑结构：一种用户数据视图，即按应用环境与需求建立和表示数据元素之间关系形成的数据结构，也是用户直接观察数据的格局。它产生于用户的业务工作实际。

⑤ 基本运算：面向数据的管理性操作，是对数据结构的基本操作，或称公共性操作。主要包括对结构的运算、对值的运算和特殊运算等 3 类操作。

⑥ 物理结构：数据逻辑结构在计算机存储器中的实现或表示，也称存储结构。物理结构主要研究数据的存储方式，比较有效的物理表示有顺序结构、链式结构、间接寻址结构、模拟指针结构和散列结构。

⑦ 结构类型：对数据结构的定义和描述。

⑧ 算法：求解问题的方法、步骤和过程的总和。算法必须遵守规定的准则，有一定的质量要求。借助某种描述工具把算法设计的结构表述出来，称为算法描述。本书采用类 C 语言作为描述工具。

⑨ 算法分析：求解同一问题的算法可以有多种设计方案，以适应不同的硬、软件环境。算法分析是比较这些方案优劣的方法，主要有时间效率分析和空间效率分析两个方面。时间效率分析又称时间复杂度。

3．本章重点

本章的重点如下：

① 数据结构的基本要素：数据项、数据元素、关联关系、数据结构、基本运算、算法等。

② 数据结构的基本概念：逻辑结构、物理结构、不同结构的约束条件。

③ 物理结构：顺序结构、链式结构及其变种（间接寻址结构、模拟指针结构、散列结构），基本运算与物理结构的关系等。

④ 算法的概念与实现方法：算法、算法的准则、算法设计、算法描述工具与算法描述、算法程序设计等。

⑤ 数据结构在计算机科学及其发展、软件设计和计算机应用领域中的现实意义。

习题

一、名词解释

1．试解释下列名词的含义。

信息、数据、数据项、数据类型、数据元素、逻辑结构、存储结构、顺序存储结构、链式存储结构、算法、时间复杂度

2．写出下列词汇的同义词。

媒体、数据元素、存储结构、数据项、时间复杂度分析、流程图。

二、单项选择题

1．信息与数据之间的关系是_____。

  A．信息与数据无关系   B．信息就是数据

  C．信息是数据的载体   D．数据是信息的载体

2．下列关于数据结构的叙述中,错误的是_____。

  A．数据结构是相关数据元素的集合

  B．数据元素是由若干数据项构成的

  C．数据结构就是文件

  D．数据结构分逻辑结构和物理结构两种

3．关于数据项有_____两个不同的概念。

  A．名和型   B．名和值   C．型和值   D．型和长度

4．数据的逻辑结构和物理结构之间的关系是_____。

　　A．逻辑结构反映物理结构　　　　B．物理结构反映逻辑结构

　　C．逻辑结构和物理结构相互反映　D．逻辑结构与物理结构无任何关系

5．在数据的存储结构中，结点_____。

　　A．就是数据元素　　　　　　　　B．不是数据元素

　　C．就是系统数据　　　　　　　　D．元素数据与系统数据的组合体

6．关于算法效率，下面正确的说法是_____。

　　A．执行时间越短越好　　　　　　B．占用空间越少越好

　　C．既要执行快又要空间少　　　　D．时空折中

三、填空题

1．结点是存储结构的概念，它存储有_____数据，或_____数据和_____数据两者。

2．数据的逻辑结构有_____结构、_____结构和_____结构 3 类。

3．数据的物理结构有_____结构、_____结构、_____结构、_____结构和_____结构 5 类。

4．数据元素具有_____的意义，能确切表示_____。

5．链式存储结构中使用_____把结点串联起来，目的是反映数据的逻辑结构。

6．瑞士计算机科学家尼·沃思提出的著名公式是"_____ + _____ = 程序"。

7．算法必须遵守的准则是：① _____，② _____，③ _____，④ _____，⑤ _____。

四、问答题

1．设计数据的物理结构时，着重要解决的问题是什么？

2．顺序存储结构和链式存储结构对存储空间各有什么要求？

3．对物理结构，试比较链式结构与间接地址结构之间的主要差别。

4．算法与程序最显著的区别是什么？

五、思考题

1．为什么说"计算机科学就是研究算法的学问"？

2．你喜欢用什么方法描述算法？为什么？

3．根据你的认识，试说明算法在程序设计或软件设计中的现实意义。

4．请举一两个现实生活或工作、学习中的数据结构问题，并为之设计一个"好"的算法。

5．为什么要在评价算法的"好"与"不好"上打引号？

六、综合设计题

1．设有 n 个正整数构成的序列 $I=(I_1,I_2,I_3,\cdots,I_n)$，试设计一个算法，查找并统计出 I 中有多少个元素与 I_1 的值相等（分别用自然语言方式、流程图和类 C 语言描述）。

2．根据识别假硬币问题的第 3 个识别思想（见 1.4.1 节）设计相应的算法，并用类 C 语言描述这个算法。

第2章 线 性 表

本章导读

线性表又称表结构，或简称表，是最简单、最常用的一种数据结构，属典型的线性结构。线性表的案例在现实生活和工作中比比皆是，不胜枚举，在第 1 章中就有许多线性表的例子。本章的主要任务是介绍和讨论一般线性表的定义及其基本概念、几种常用存储结构及其特点、基本运算及其实现算法；最后介绍几个典型应用——数据查重、基于线性表结构的排序和查找。

本章内容要点：

- 线性表的基本概念、逻辑结构，以及顺序表和单链表结构；
- 线性表的基本运算及其实现算法；
- 基于线性表的排序算法，及其分析与实现；
- 基于线性表的查找算法，及其分析与实现。

学习目标

通过学习本章内容，学生应该能够：

- 理解线性表的逻辑概念、结构和基本运算；
- 掌握顺序表存储结构特点和基本运算实现方法；
- 掌握单链表存储结构特点和基本运算实现方法；
- 掌握基于线性表排序算法的基本思想和效率分析；
- 掌握基于线性表查找算法的基本思想和效率分析。

2.1 一个教务员的一天

系教务员的工作是执行系内教学事务管理。期末的一天早晨，某系教务员李娜娜刚上班，系主任就布置她统计本学期学生所学课程的平均分，并提供前 10 名平均分最高的学生名单，作为学期结束评优依据，第 2 天上班时交系主任办公室。李娜娜一听头都大了，因为在那个年代，这种工作只能手工作业，最多借助计算器；况且全系有近千名学生，一学期有六七门课程，一个一个地统计的工作量是很大的；但是领导布置的任务必须完成，也是自己的工作职责。

　　李娜娜不敢怠慢，立即开始工作。首先，她收集了所有相关的成绩表，按年级/班分开叠在一起；并为每班准备一张统计表格，表格有三栏（学号、姓名和平均分）；然后借助计算器按班对每个学生进行统计，将结果记录在统计表中。李娜娜白天干，下班回家加夜班干，她手脚还算快，整整花了 16 个小时才算完成。第 2 天一早交到系主任手里，深深地打了个哈欠。

　　这是李娜娜回忆十几年前的那一幕。现在也还常常接到这样的或类似的任务，但是不会再用十几小时了，而只要几分钟就能把结果交到领导手上。这是为什么？因为 5 年前，李娜娜开始用上了计算机，并安装上了教务管理系统软件。一旦收到成绩表，李娜娜就立即把成绩数据输入计算机。当领导需要什么统计性数据时，她只要打开计算机，动几下鼠标，就能立即打印出结果。

　　但是，因为李娜娜不懂计算机软件，还是想不明白这是怎么一回事。原理其实很简单：

　　首先，学生的成绩是一批数据。为了在计算机里有效记录这些数据，不再采用表 1-2 或表 1-3，而是设计了 3 张表格：一张是学生名单，有学号、姓名和班级 3 栏；一张是课程目录表，有课程代号、课程名称，学时数、学分数 4 栏；第三张是成绩登记表，有学号、课程代号、学期代号、成绩等 4 栏，如表 2-1～表 2-3 所示。显然，这 3 张表表示了相互关联的 3 个数据对象，而且比表 1-2 或表 1-3 更具有灵活性。它们的数据元素都是线性排列，是典型的线性表结构。

　　其次，如何统计平均分呢？最简单的方法是从学生名单表中依次取一个学号（如 21011101），根据这个学号在成绩登记表中查找符合要求的分数并相加，其和除以课程门数得到平均分，记录在第 4 张表中。第 4 张表有学号和平均分两栏，是一张临时表。

　　第三，如何提取出平均分最高的前 10 名学生呢？方法是把第 4 张表按平均分从高到低排序，再从排序结果中提取出最前的 10 个数据元素，即是所要的结果。这里，第一个问题是数据结构问题，第二、第三个问题是算法问题，后文将具体进行介绍。

表 2-1　学生名单

学　号	姓　名	班　级
21011101	魏　韦	200101
21011102	黄友生	200101
21021101	桂云霞	200102
21021102	袁　英	200102
23031101	吕　祥	200201
23031102	丁浩天	200201
23031103	方　园	200201
25071101	张报国	200202
25071102	阿伊古丽	200202
…	…	…

表 2-2　课程目录表

课程代号	课程名称	学时数	学分数
001	政治	64	4
002	语文	48	3
003	数学	128	8
004	英语	196	12
105	数据库	48	3
106	数据结构	64	4
107	网络基础	48	3
…	…	…	…

表 2-3　成绩登记表

学　　号	课程代号	学期代号	成　　绩
21011101	001	2010–2011（1）	98
21011101	002	2010–2011（1）	79
21011101	003	2010–2011（2）	85
21011102	001	2010–2011（1）	100
21011102	002	2010–2011（1）	87
21011102	003	2010–2011（2）	94
21021102	001	2010–2011（1）	88
21021102	002	2010–2011（1）	99
21021102	003	2010–2011（2）	79
…	…	…	…

2.2　线性表的基本概念

线性表是其结点在一个方向上（例如，横向地从左向右，或纵向地从上到下）按"一个接一个地排列"的方式组织数据形成的一种数据结构。

2.2.1　线性表的定义

下面先给出线性表逻辑结构的定义。

定义 2.1[线性表]　线性表是 n（$n \geqslant 0$）个同类数据元素的有限序列，记为

$$A = (a_1, a_2, \cdots a_i, \cdots, a_n)$$

其中，n 称为线性表的长度，即线性表所含数据元素的个数。对一个具体的线性表，n 是一个确定的正整数。当 $n=0$ 时，称为空表。所谓"同类"数据元素是指线性表中的所有数据元素都有相同的组成，都表示同一种实体。"序列"的意思是，线性表中的数据元素按次排成一条"线"。

A 表示线性表；a_i 表示 A 中的一个数据元素；i 表示数据元素在线性表中的位置，也称数据元素号。A 中的任何一个数据元素只与它的前一数据元素和后一数据元素建立结构关系。前一数据元素称为前驱（或前趋）元素；后一数据元素称为后继元素。如 a_i 的前驱元素是 a_{i-1}，后继元素是 a_{i+1}。当 $n>0$ 时，有且仅有一个数据元素无前驱元素，称为表头元素或表头结点，如 A 中的 a_1；有且仅有一个数据元素无后继元素，称为表尾元素或表尾结点，如 A 中的 a_n；其余数据元素皆同时有且仅有一个前驱元素和一个后继元素，如 A 中的 $a_i(1<i<n)$。利用这种"结构约束"把数据对象定义为线性表。

"线性"的概念只说明线性表中数据元素之间的关联关系，而不能说明数据元素特征上的先后关系。即不能说明哪个数据元素应该在前，哪个数据元素应该在后。数据元素在线性表中的逻辑次序不是唯一的、固定不变的，可以根据不同规定次序排列。数据元素在线性表中的次序通常有两种情况：一种情况是"时序"的，即按数据元素进入线性表的时间先后排列，其次序关系是没有规律的。第一个进入的为第 1 号元素，第二个进入的为第 2 号元素，最后进入的为表尾元素。另一种情况是"排序"的，即按数据元素中一个数据项或几个数据项组合的值从

小到大（或从大到小）排列；其次序关系由数据元素自身特征决定，是有规律的，并称其为有序线性表，或简称为有序表。例如，在表 1-1 中，如果选择"学号"为数据元素的关键词，并按学号从小到大排列学生数据。选用不同关键词排序得到的次序关系也不同。但必须注意，在某一特定时刻，数据元素的排列次序是确定的。

2.2.2　线性表上的基本运算

从线性表的逻辑结构视角出发，比较常用的基本运算如表 2-4 所示。

表 2-4　线性表的基本运算

序　号	函 数 名 称	函数标识符	功 能 说 明
1	创建表	ListCreate ()	建立一个空线性表，并返回表名
2	求表长	ListLength()	返回线性表中结点个数
3	判表空	ListEmpty()	若线性表空则返回 1，否则返回 0
4	表置空	ListPutEmpty()	清除线性表的所有结点，使其成为空表
5	定位	Locate()	根据结点号或关键词值在线性表中查找结点，并返回结点位置（查找成功）或-1（查找失败）
6	取结点值	GetElem()	返回线性表中第 i 号结点的值
7	插入	ListInsert()	将给定值插入线性表成为其新结点
8	更新	ListUpdate()	用给定值替换线性表中指定结点的值
9	删除	ListDelete()	删除线性表的第 i 个结点；成功返回 1，失败返回 0
10	合并	ListCombination()	合并两线性表成为一个线性表

由表 2-4 可以看出，有关线性表的基本运算还是比较丰富的；也从一个方面说明，线性表是频繁使用的一种数据结构。

还需要澄清的是，这里只呈现了基本运算的功能，即只说明了做什么。更重要的事情是要说明怎样去做，即完成功能的步骤和过程是什么，这就需要适当的算法支持。而算法与数据的物理结构直接相关。

由表 2-4 还可以看出，对于数据结构中的每个基本运算，将用运算的名称、函数标识符及其功能 3 个方面进行刻画。

① 名称：是为了称呼。

② 函数标识符：也称函数名，将用于标示算法。函数名的命名分为逻辑函数名和算法函数名；算法函数名又按不同物理结构分别命名。命名的原则是：要标识是什么逻辑结构、什么物理结构，以及什么功能。在基本运算列表中给出逻辑结构和功能的标识。例如，在表 2-4 中，基本运算"随机插入"的函数名为"ListInsert(L,i,e)"，List 表示是线性表结构中的运算，Insert 表示函数功能是在 L 中插入一个新结点。在算法设计中使用的函数名，还要在前者的基础上附加上物理结构的标示信息。例如，在本章 2.3.2 节中，随机插入运算的函数名为 SeqListInsert (L,i,e)，Seq 表示在顺序存储结构的线性表上的插入运算。再如，在本章 2.4.2 节中，随机插入运算的函数名为 LinkListInsert (L,i,e)，其中 Link 表示在链式存储结构的线性表上的插入运算。

③ 功能说明：描述运算的执行效力，包括参数、功能和返回值（如果有）。

以上关于基本运算的相关说明在不同数据结构问题介绍中都类似。

2.3 线性表的顺序结构

线性表的存储结构主要有两种：顺序结构和链式结构。为适应应用需要，也可以使用其他物理结构。本节先介绍顺序结构。

2.3.1 顺序表

采用顺序结构存储的线性表称为顺序表。顺序表是计算机系统中最简单、最常见的一种数据存储方式。这种存储方式顺应了存储器的自然特性。只要求有足够大小、地址连续的单元构成的一个存储空间片，就能存储一个完整的线性表。其基本思想是：线性表的结点按它的逻辑结构顺序一个接一个地依次存储，使得逻辑结构相邻的结点在存储结构上也是物理相邻的。

如 1.2.4 节所述，实现线性表顺序结构最直接、最合适的方法是应用一维数组。数组名可映射为顺序表的名，顺序表的当前结点存储在数组元素中，下标映射为结点号。数组上界表示为 m，为顺序表的容量，即可存储的最大结点个数；m 的取值取决于线性表可能达到的最大长度。顺序表当前实际拥有的结点数，即线性表的当前长度，表示为 n（$n \leqslant m$）。n 也是尾结点号，长度为 n 的线性表必须连续存储在数组的前 n 个数组元素中（下标为 $1 \sim n$ 的部分）称为"已用区段"；下标为 $n+1 \sim m$ 的后 $m-n$ 个数组元素为"空闲区段"，暂时无结点存储，供顺序表伸长时用（见图 1–8）。

对于一个特定的顺序表，需要根据其结点的特殊结构设计数组元素的相应结构。不同顺序表的结点结构可能有很大的差别。例如，100 以内的素数构成的数据对象的结点结构十分简单，只由一个整数类型的数据项构成；而表 1–3 所示数据对象的结点则由 7 个数据项构成。因此，顺序表存储结构类型描述的一般形式如下：

```
1    #define MAXSIZE  正整数常量；
     Typedef struct
     {  类型 1  数据项 1；
        类型 2  数据项 2；
5       …
        类型 k  数据项 k；
     }结点类型名；
     Typedef struct
     {  结点类型名   数组名[MAXSIZE]；
10      int  变量名；
11   }顺序表结构类型名；
```

如果结点结构简单，只有一个数据项且为基本数据类型，则第 2～7 行的结构是不需要的，只需要第 8～11 行上的定义。如果结点结构比较复杂，则会有比第 2～7 行更多的描述。下面举例具体给出顺序表的结构类型描述。

例 2.1 试用类 C 语言描述一个整数对象的顺序表的结构类型。

解：假设该顺序表存储不超过 1 000 个整数，则结构类型描述为

```
#define MAXSIZE  1000
typedef struct
```

```
{  int integer[MAXSIZE];
   int length;
}  IntSeq;
```

因为结点结构简单且为基本数据类型，所以无须专门定义。IntSeq 为顺序结构类型名。

例 2.2　一个二次方程　$ax^2 + bx + c = 0$　由 a、b、c 这 3 个系数决定。现有若干二次方程，每个方程的系数构成一组，所有方程的系数组存储为一个顺序表。试用类 C 语言描述这个顺序表的结构类型。

解：根据题意，把每个二次方程的系数构成的一组设计为一个结点。多少个方程就有多少个结点，估计不超过 100 个方程。其结构类型描述如下：

```
#define MAXSIZE  100
typedef struct
{   int a;
    int b;
    int c;
} NodeType;
typedef struct
{   NodeType coef[MAXSIZE];
    int  num;
} CoefSeq;
```

由上面的设计可以看出，这里的结点是由 3 个数据项构成的结构体 NodeType；最多有 100 个结点构成线性表；以顺序表方式存储，结构类型定义为 CoefSeq。应用时，每取得 1 个结点就是取得了 1 个二次方程的 3 个系数。

2.3.2　线性表基本运算在顺序表上的实现算法

线性表的基本运算都可以在顺序表上得以实现。这里主要给出创建表、插入、删除、定位和合并等几个操作。其余操作由读者自己设计，并写出算法，必要时编写出 C 语言程序。所有运算的算法细节都与顺序表的结构类型直接有关。为简单而又不失一般性，本节以仅由一个数据项构成的结点的线性表为例进行说明，如例 2-1 给出的整数表。至于多数据项结点的线性表只要对相应算法略加修改就能得到。

在叙述基本运算的实现算法时，分函数表示、操作含义、算法思路、算法描述和算法评说等几项内容进行展示，适当时给出 C 语言程序及其说明。

① 函数标识符：运算的函数表示，可在任何算法中引用的表示形式。

② 操作含义：说明基本运算的功能及其输出。

③ 算法思路：算法设计基本思想和初步考虑。

④ 算法描述：用类 C 语言描述的算法。

⑤ 算法评说：其评说算法的特殊之处，是给出时间复杂度。

以下算法基于例 2.1 中的结构类型描述。

1. 创建顺序表

函数表示：SeqListCreate()。

操作含义：在计算机系统内建立一个新的顺序表。

算法思路：根据目标结构类型定义一个顺序表并命名，如命名为 L。结构类型只是对顺序表结构的一种定义，并非有一个实际的顺序表存在。而创建表运算的执行将根据指定的结构类型产生一个线性表，并为之分配存储空间。新创建的表是一个空表，因此它的长度为 0。

算法描述：

```
SeqListCreate ( L )
{    顺序表结构类型 L;
     L.length ← 0;
}
```

算法评说：结构类型只是对顺序表结构的一个定义，并非有一个实际顺序表存在；而创建表运算的执行将根据指定的结构类型生成一个顺序表，同时为其分配一个连续的存储空间，空间大小由结构类型决定。例如，本例的空间大小是数组 integer[MAXSIZE]，占 $2 \times 1\,000 = 2\,000$ 个字节，长度变量 length 占 2 个字节，总计 2 002 个字节。新创建的表是一个空表，因此置它的长度为 0。运算执行成功后输出指向这个结构（即顺序表）的指针。

该算法的时间复杂度为 $O(1)$。

2. 判表空

函数表示：SeqListEmpty (L)。

操作含义：判断线性表 L 是否为一个空顺序表；若为空表则返回 1，否则返回 0。

算法思路：根据顺序表的存储结构可知，当长度等于 0 时，线性表为空。因此，只要测试长度的当前值是否为 0，就可以得出结论该表为空与否。

算法描述：

```
SeqListCreate(L)
{    if(L.length=0)
         return 1;
     else
         return 0;
}
```

算法评说：这个算法还可以更简单地设计为{ return ！L.length }一个语句，把顺序表长度值的相反值返回出来。！L.length 的值是，当 L.length 为 0 时为 1，反之为 0。该算法的时间复杂度为 $O(1)$。

3. 插入

插入是线性表的主要运算之一。有两种情况：一种情况是始终把新结点插入到顺序表的尾部，即尾结点的下一个位置，成为新的尾结点，顺序表的长度增加 1，称为"添加插入"；另一种情况是把新结点插入到顺序表的任意指定位置，包括顺序表的尾部，称为"随机插入"。

(1) 添加插入

函数表示：SeqListAppend (L, e)。

操作含义：把结点数据 e 添加到顺序表 L 尾结点后的一个位置，使其成为 L 的新尾结点。

算法思路：首先查看顺序表空闲区段是否还有空闲结点。若无，则拒绝插入（称为上溢）并返回 0（表示插入失败）；否则，把 e 存储到尾结点的后一位置，且长度加 1，并返回 1（表示插入成功）。

算法描述：

```
SeqListAppend ( L, e )
{    if(L.length≥MAXSIZE )
         return 0;
```

```
        else
        {   L.length←L.length+1;
                L.integer[L.length]←e;
            return 1;
        }
}
```

算法评说：算法中，if 语句的条件用了大于等于比较，使判断力更强劲。

该算法的时间复杂度为 $O(1)$。

(2) 随机插入

函数表示：SeqListInsert (L,i,e)。

操作含义：首先检查能否插入一个新结点，若不能，则拒绝插入，并返回 0（表示插入失败）；否则，把结点数据 e 插入顺序表 L 第 i 号结点的前一个位置，使其成为 L 的第 i 号结点。原来的第 i 号结点成为第 i+1 号结点；且长度加 1，并返回 1（表示插入成功）。

算法思路：首先查看顺序表空闲区段是否还有空闲结点，若无，则拒绝插入（称为上溢），并返回 0（表示插入失败），再检查位置号 i 是否落在 1~n + 1 之间，若否，则拒绝插入（参数错误），也返回 0（表示插入失败）；否则为可插入，执行插入操作，并返回 1（表示插入成功）。

根据顺序表的存储特征，为保证新结点插入后仍为顺序表，必须先把第 i~第 n 之间的所有结点依次逐个向后移动一个结点位置，把第 i 个结点位置空出。然后再把新结点存储到第 i 个结点位置上，并将长度加 1。插入操作的结果是：e 成为第 i 号结点，原第 i 号结点成为第 i+1 号结点，…，原第 n 号结点成为第 n+1 号结点，如图 2-1 所示。

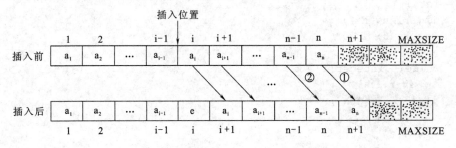

图 2-1　顺序表插入前后的变化示意图

结果的长度虽仍标记为 n，但比原来的 n 值多 1。当 i = n + 1 时，实际上不作任何结点移动。插入效果与添加插入一样，当 1 ≤ i ≤ n 时，移动是必不可少的。值得注意的是，结点的移动次序必须从后向前逐个进行（图 2-1 中箭头旁序号递增方向），为什么？可见随机插入比添加插入复杂一些，但它包含了添加插入的操作功能。

算法描述：

```
SeqListInsert (L,i,e)
{   int k;
    if(i<1 或 i>L.length+1 或 L.length≥MAXSIZE )
        return 0;
    else
    {   for(k=L.length;k≥i;k←k-1 )
        L.integer[k+1]←L.integer[k];
        L.integer[i]←e;
```

```
        return 1;
    }
}
```

算法评说：算法中，L.integer[i] ← e 可以改为 L.integer[k+1] ← e。为什么？

因为在插入新结点前需要移动原有结点，因此，算法的时间主要花费在结点移动上，所以该算法的时间复杂度为 $O(n)$。

4. 按值定位

定位运算即查找运算，是线性表的一种主要运算。所谓定位是指根据给定条件找到满足条件的结点，有两种情况：一种情况是，给定结点号找到该结点，这对顺序表没什么价值；因为可以直接运用数组下标与结点号的映射公式计算获得。另一种情况是，根据给定的结点关键词值找到该结点，并返回其结点号，即按值定位。下面给出按值定位运算的算法。

函数表示：SeqLocateElem(L,k)。

操作含义：在顺序表 L 中查找结点关键词值等于 k 的结点。若存在这样的结点，则返回其结点号（定位成功），否则返回 0（定位失败）。

算法思路：从顺序表的第 1 号结点开始，依次逐个结点与 k 值比较；当遇到第一个满足比较条件的结点时即停止，返回结点号。如果比较完所有结点都找不到满足比较条件的结点，则说明不存在这样的结点，返回 0。

算法描述：

```
SeqLocateKey(L,k)
{   int i=1;
    if(L.length=0)
    return 0;
    else
{   while(L.integer[i]≠k)
        i←i+1;
    if(i≤L.length )
        return i;
    else
        return 0;
    }
}
```

算法评说：有两种情况使定位失败。当 L.length = 0 时，顺序表为空，失败；当扫描完所有结点比较都不成功时失败。

因为需要对结点逐个进行关键词比较，因此，算法的时间主要花费在结点比较上，所以该算法的时间复杂度为 $O(n)$。

5. 删除

函数表示：SeqListDelete(L,i)。

操作含义：把第 i 个结点从顺序表中删除掉，删除成功时返回 1，反之返回 0。

算法思路：首先检查结点号 i 是否在 1～n 之间；若否，则拒绝执行删除操作，因为要删除的结点不在顺序表中。反之，只要把第 i+1～第 n 号之间的所有结点依次逐个向前移动一个结点位置，使原来的第 i+1 号结点覆盖到第 i 号结点的位置上，成为结果的第 i 号结点，原第 i 号结点就不再存在，实现了删除操作，长度 n 减去 1。图 2-2 呈现了删除前后顺序表的状况。当 i = n 时，实际不作任何结点移动。当 1 ≤ i < n 时，必有移动发生。注意，结点的移动次序必须从前向后逐个进行，沿图 2-2 中箭头旁序号递增方向。这正好与插入时的移动方向相反。

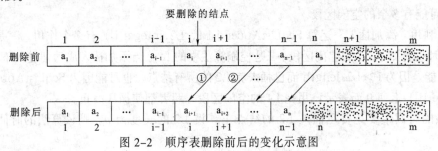

图 2-2 顺序表删除前后的变化示意图

算法描述：

```
SeqListDelete(L,i)
{   int k;
    if(i<1 或 i> L.length)
        return 0;
    else
    {   for(k←i;k<L.length;k←k+1)
            L.integer[k]←L.integer[k+1];
        L.length←L.length-1;
    return 1;
    }
}
```

算法评说：当第 i+1 号结点覆盖到第 i 号结点位置上时就意味着第 i 号结点不存在了。与插入相同，算法的时间主要花费在结点移动上，所以该算法的时间复杂度为 $O(n)$。

6. 合并

合并运算的结果有两种提供方式。一种是把两个顺序表的所有结点连接在一起，并存储为一个新的顺序表；即产生出第 3 个顺序表作为结果。再一种是把第 2 个顺序表的结点从第 1 号开始逐个插入到第一个顺序表的尾部，直到其空闲区段用完为止。本算法按第 2 种方式实现。

函数表示：SeqListCombination (L1,L2)。

操作含义：L1 与 L2 必须是同质顺序表。所谓同质，即结构类型相同。操作把 L1 与 L2 两顺序表进行合并，L1 的结点在前，L2 的结点在后，并把合并结果存储在 L1 中。

算法思路：利用前面的"添加插入"运算，把 L2 中的结点从第 1 个开始依次逐个向 L1 进行添加插入，直到插入完 L2 中的所有结点，或 L1 的空闲区段用完为止。

算法描述：

```
SeqListCombination(L1,L2 )
{   int i;
    for(i←1;i≤L2.length 且 SeqListAppend(L1, L2.integer[i]);i←i+1);
        L1.length←L1.length+1;
}
```

算法评说：合并可能有 3 种结果。当 L1 的空闲区段长度为 0 时，L2 没有任何结点被合并到 L1 中；当 L1 的空闲区段长度不为 0，但不能容纳 L2 的所有结点时，部分 L2 的结点被合并到 L1 中；当 L1 的空闲区段长度大于等于 L2 的已用区段时，L2 所有结点都被合并到 L1 中，且 L1 还可能有多余的空闲区段。

算法利用"添加插入"运算 SeqListAppend(L1, L2.integer[i]) 有多个作用。一是执行插入，并同时也检测了 L1 的空闲区段。二是控制算法中的 for。当添加插入成功则进入下一循环；否则，可能是因为 i > L2.length 而已插入完 L2 的所有结点，也可能因为 SeqListAppend(L1, L2.integer[i]) 返回 0 而表示已用完 L1 的空闲区段，两者都使循环终止。

算法的时间主要花费在插入 L2 的结点上。设 L2 的长度为 n，则该算法的时间复杂度为 $O(n)$。

2.3.3 建立一个顺序表

基本运算"创建顺序表"的结果只是一个"空"顺序表，并已经分配了要求的存储空间。建立一个顺序表是在创建顺序表的基础上向表中装入结点数据。至于如何装入，有许多方法和途径。作为例子，这里的方法是从键盘输入一个结点数据，再运行基本运算"添加插入"把新结点添加到表尾结点的后面。如此反复进行若干次就装入了若干结点。

程序 2-1：

```
01  #include<stdio.h>
    #include<string.h>
    #define MAXSIZE  100
    typedef struct
05  {   int integer[MAXSIZE];
        int  length;
    } IntSeq;
    void SeqListCreate(IntSeq *L);
    int SeqListAppend (IntSeq *L ,int e);
10  void  SeqDisplay(IntSeq *L,char bt[]);
    void main()
    {   int x,i;
        IntSeq *S;
        SeqListCreate( S );
15  printf("The sequence list has be created.\n");
    printf("\n Please to input a integer node:\n");
    scanf("%d",&x);
    While( x >= 0 && SeqListAppend (S, x) )
    {   printf("\n Please to input a integer node again:\n");
20      scanf("%d",&x);
    }
        SeqDisplay(S,"S");
        getch();
    }
25  void SeqListCreate( IntSeq *L )
    {   L->length ← 0;
    }
    int SeqListAppend (IntSeq *L ,int e)
    {   if(L->length >= MAXSIZE )
```

```
30      return 0;
    else
    {   L->length ++;
        L->integer[ L->length ] ← e;
        return 1;
35      }
    }
    void SeqDisplay(IntSeq *L,char bt[])
    {   int k;
    printf("\n%s:",bt);
40      for( k = 0;k<= L->length;k++)
        printf("%d ", L->integer[k]);
42  }
```

程序说明：程序的第 4～7 行是顺序表的结构描述，定义了一个整数组成的顺序表结构体。第 8～10 行是 3 个函数原型，分别是创建顺序表函数、添加插入运算函数和顺序表显示函数。第 11～24 行是主函数，主要任务是创建一个顺序表 S，借助键盘输入不超过 100 个大于等于 0 的整数，并添加插入到顺序表 S 中，最后显示顺序表是 S 的所有结点数据。其中，第 15～21 行是向顺序表装入结点数据，第 22～24 行是创建顺序表函数体，第 25～36 行是添加插入函数体，第 37～42 行是显示顺序表函数体。

程序运行：程序运行开始时，将显示 "The sequence list has be created."，表示已经创建了一个顺序表。接着显示 "Please to input a integer node："；表示要求在键盘上输入第一个整数，第一个整数输入完成后再显示 "Please to input a integer node again："，表示要求继续输入整数。当输入负数时表示结点数据装入结束，并立即显示已装入的顺序表。

2.4　线性表的链式结构

线性表的链式结构常用的有 3 种形式：单向链表、循环链表和双向链表，并统称为链表。实际应用中以单向链表居多，所以本节重点讨论单向链表。

2.4.1　单向链表

在结点中只附加存储一个"指向下一个结点"的指针构成的链式结构称为单向链表，也简称单链表。正如 1.2.4 所述，单向链表的存储以结点为单位分配存储空间。每个结点除包含结点数据域外只包含一个指针域，其指针指向逻辑上的后继结点的存储地址，并称该指针为顺序指针，也可符号化为 next 指针（见图 2-3（a））；表尾结点的 next 指针域为空，用"∧"或 NULL 表示。链式结构无须为单向链表预留任何备用空间，存储新结点时立即申请一个结点空间，删除结点时及时释放结点空间，以更好地使用存储空间。定义一个指针变量指向单向链表的第一个结点，如图 2-3（c）中的 H；H 也同时作为单向链表的标识符，即链表名；又可称其为单向链表的链表指针。若单向链表为空，则指针变量为空，即不指向任何结点，如图 2-3（b）所示。

单向链表的结构类型一般定义成一个结构体,是至少包含结点数据以及指向该类结点的指针构成的结构体。一般格式可表示如下：

```
typedef struct  结构名
{   类型 1  数据项 1;
    类型 2  数据项 2;
    …
    类型 k  数据项 k;
    struct  结构名 *next;
}单向链表结构类型名;
```

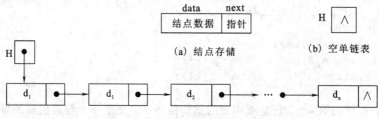

（c）非空单链表

图 2-3　单链表存储结构示意图

上面的描述把结点分成 k+1 个域。数据项 1 到数据项 k 是结点的数据域，视结点结构不同而定，可能有更复杂的描述；next 是结点的指针域。因为在算法中将经常引用结点和结点域，所以需要澄清指针、指针变量、指针所指结点和结点域等几个概念。指针是结点存储空间的地址。指针变量是存放指针或指针值的变量，如表示为 p，其值是指针。指针所指结点是以该指针为地址的空间中存储的结点，表示为*p；因此，引用结点就是获得指向它的指针。假定 p 是指向某结点的指针变量。在类 C 语言中，通过 p 引用它指向的结点；而结点域的引用方式表示为"指针变量->域名"，如 p->data 表示引用结点*p 的数据域；p->next 表示引用结点*p 的 next 指针域。

下面给出两个单向链表结构类型描述的例子。

例 2.3　试用类 C 语言描述一个整数对象的单向链表的结构类型。

解：因为该单向链表的结点数据是一个整数，所以结构类型描述较为简单。

```
typedef struct  node
{ int integer;
    struct  node *next;
}IntLink;
```

相比较，在例 2.1 中要给出线性表的长度，并预留了大量结点空间，而本例无须预留任何结点空间。IntLink 为单向链表结构类型名。

例 2.4　一个二次方程 $ax^2+bx+c=0$ 由 a、b、c 三个系数决定。现有若干二次方程，每个方程的系数构成一组。所有方程的系数组存储为一个单向链表。请试用类 C 语言描述这个单向链表的结构类型。

解：根据题意，把每个二次方程的系数构成的一组设计为一个结点，多少个方程就有多少个结点。单向链表结构类型描述如下：

```
typedef struct  cnode
{   int a;
    int b;
    int c;
    struct  cnode *next;
} CoefLink;
```

与例 2.2 不同，结点数据无须设计特别的结构描述，也无须预留结点空间。结构类型定义为 CoefLink。

为方便对单向链表的算法设计，需要对前述结构做一点改进。就是在单向链表的表头结点前增加一个附加结点，称为链头结点。让链表指针始终指向链头结点（见图 2-4），并称其为带链头结点的单向链表。链头结点的数据域不存放任何结点数据。必要时可以存放有特殊意义的附加信息，如标记性信息、计数信息等。链头结点的指针域存放指向表头结点的指针。当单向链表为空表时，链头结点的指针域为空，如图 2-4（a）所示。在此后的叙述中，如果不特别声明，所有单向链表都是指带链头结点的单向链表。

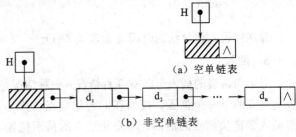

图 2-4　带链头结点的单链表示意图

2.4.2　线性表基本运算在单向链表上的实现算法

线性表的基本运算都可以在单向链表上实现。特别适合涉及插入或删除的那些操作。因为不再像顺序表那样，在插入或删除结点时需要进行大量结点的移动，而只要适当调整结点指针就可以完成。同样，为简单而又不失一般性，仅以由一个数据项构成的结点的线性表为例设计基本运算的算法。

以下算法基于例 2.3 中的结构类型描述。

1．创建单向链表

函数表示：LinkListCreate()。

操作含义：在计算机系统内建立一个新的单向链表。

算法思路：根据目标结构类型定义一个单向链表，申请一个链头结点空间，并将其地址存入单向链表的指针变量，链头结点的指针域为"∧"，最后返回新单向链表的指针。创建单向链表运算只生成了一个空单向链表，除有一个链头结点外，还未存储线性表的任何结点。

算法描述：本算法根据例 2.3 中的结构类型创建一个单向链表。

```
LinkListCreate ( H )
{   H ←申请一个 IntLink 类型结点的地址;
    H->next ← NULL;
    H->intenger ← -1;
}
```

算法评说：算法执行的结果生成一个单向链表。该单向链表除含有链头结点外，没有任何线性表的结点存储，故是一个空单向链表，如图 2-4（a）所示。

该算法的时间复杂度为 $O(1)$。

2．判单向链表空

函数表示：LinkListEmpty (H)。

操作含义：判断线性表 H 是否为一个空单向链表表；若为空则返回 1，否则返回 0。

算法思路：根据单向链表的存储结构可知，当链头结点的指针域为空时，单向链表未存储任何结点，即线性表为空。因此，只要检测链头结点的指针域就可以得出结论——该表为空与否。

算法描述：
```
LinkListCreate ( H )
{   if( H->next = NULL )
        return 1;
    else
        return 0;
}
```
算法评说：该算法的时间复杂度为 $O(1)$。

3．插入

对单向链表的插入可以有 3 种情况：一种情况是始终把新结点插入到单向链表的尾部，即表尾结点的下一个位置，成为新的表尾结点，称为"链尾插入"；第二种情况是始终把新结点插入到链头结点的后面，即表头结点的前面位置，成为新的表头结点，称为"链头插入"；第三种情况是把新结点插入到单向链表的任意指定位置，包括表的头部和尾部，称为"链随机插入"。

（1）链尾插入

函数表示：LinkListAppend（H，e）。

操作含义：把 e 插入在单向链表 H 的表尾结点的后面。

算法思路：与顺序表的添加插入不同，对单向链表的链尾插入必须要找到表尾结点的位置，即指向链尾结点的指针。所以必须从链头结点开始顺着链逐个地过渡到链尾结点。链尾结点的特征是其指针域为空。算法的思路是，先构造一个新结点。方法是申请一个结点空间，并设指针为 t；将 e 值存入数据域，指针域为空。再查找到链尾结点，并取得其指针，设为 p。最后，把 t 存入 p 的指针域，完成链尾插入。

算法描述：
```
LinkListAppend ( H, e )
{   IntLink *t,*p;
    t ←申请一个 IntLink 类型结点的地址;
    t->next ← NULL;
    t->integer ← e;
    p ← H;
    while(p->next != NULL)
        p ← p->next;
    p->next ← t;
}
```
算法评说：当单向链表为空时，插入的是第一个结点。

因为在插入新结点前需要沿着链找到链尾结点，因此，算法的时间主要花费在尾结点指针的查找上，所以该算法的时间复杂度为 $O(n)$。

（2）链头插入

函数表示：LinkListheader（H，e）。

操作含义：把 e 插入在单向链表 H 的表头结点的前面。

算法思路：分两步进行。第一步，构造一个新结点。方法是申请一个结点空间，并设指针为 t；将 e 值存入数据域。第二步，把链头结点指针域的指针存入 t 的指针域；把 t 存入 H 的指针域，完成链头插入。

算法描述：

```
LinkListheader (H, e)
{   IntLink *t;
    t ←申请一个 IntLink 类型结点的地址;
    t->integer ← e;
    t->next ← H->next;
    H->next ← t;
}
```

算法评说：与链尾插入一样，当单向链表为空时，插入的是第一个结点。

因为插入新结点时与表的长度无关，所以该算法的时间复杂度为 $O(1)$。

（3）链随机插入

函数表示：LinkListInsert (H, i, e) 。

操作含义：把 e 插入在单向链表 H 的第 i 号结点的前面。插入成功返回 1，否则返回 0。

算法思路：算法分三步进行。先构造一个新结点，方法是申请一个结点空间，并设指针为 t，将 e 值存入数据域；再查找到第 i-1 号结点，并取得其指针，设为 p；最后，把 p 的指针域的指针存入 t 的指针域，使 t 的指针指向第 i 号结点；把 t 存入 p 的指针域，使第 i-1 号结点的指针指向 t 结点（见图 2-5），完成链随机插入。

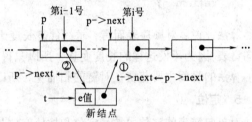

图 2-5　单链表结点插入示意图

算法描述：

```
LinkListInsert (H, i, e)
{   IntLink *t,*p;
    Int 变量  k = 0;
    t ←申请一个 IntLink 类型结点的地址;
    t->integer ← e;
    p ← H;
    while(k < i-1 且 p->next ≠ NULL)
    {   k ← k + 1;
        p ← p->next;
    }
    if(p->next = NULL)
        return 0;
    else
    {   t->next ← p->next;
        p->next ← t;
        return 1;
    }
}
```

算法评说：这个算法不适合单向链表为空时的插入，因为这时不存在合法的 i 值。

因为在插入新结点前需要沿着链找到第 i-1 号结点，因此，算法的时间主要花费在插入位置的查找上，所以该算法的时间复杂度为 $O(n)$。

4. 求表长

函数表示：LinkListLength(H)。

操作含义：求单向链表 H 的长度，即所含结点个数，并返回表长度值。

算法思路：求单向链表的长度比较麻烦，只能从链头结点开始沿链一个一个地计数得到。过程是，先测试链头结点的指针域是否为空；若空则长度为 0；否则，长度至少为 1，再测试下一个结点的指针域是否为空，若非空则长度加 1，如此继续，直到遇到结点的指针域为空，即表尾结点时为止，得线性表的长度。

算法描述：

```
LinkListLength(H)
{   IntLink *p;
    Int n=0;
    p←H;
    while(p->next≠NULL )
    {   n←n+1;
        P←p->next
    return n;
}
```

算法评说：对顺序表而言，求线性表长度十分简单，只要把长度变量的值返回即可。而对单向链表，因为不设这样的长度变量，所以只得扫描全链并计数得到线性表的长度。

算法的时间主要花费在对链的扫描上，所以该算法的时间复杂度为 $O(n)$。

5. 定位

对单向链表的定位，按号定位和按值定位是同样有必要的。

（1）按号定位

函数表示：LinkLocateNum(H, i)。

操作含义：查找单向链表 H 中的第 i 个结点，并返回该结点的指针；若 H 中不存在第 i 个结点，则返回空。

算法思路：首先检查 i 值是否大于 0，若小于等于 0，则 i 非法，返回空；若 i 大于 0，则从链头结点开始沿链一个一个地计数，并与 i 进行比较。当计数值与 i 相等时停止，说明已定位到第 i 号结点，并返回第 i 号结点的指针。若在计数和比较过程中先遇到指针域为空时，说明第 i 号结点不存在，则返回空。

算法描述：

```
LinkLocateNum(H,i)
{   IntLink *p;
    int n=0;
    if(i≤0)
        return NULL;
    else
    {   p←H;
        while(n<i 且 p->next≠NULL )
        {   n←n+1;
            p←p->next;
        }
        if(n=i)
            return p;
        else
            return NULL;
    }
}
```

算法评说：对于单向链表，无法根据结点号用公式来计算其位置。因为单向链表中结点位置是随机的，即使同一个单向链表的同一号结点的位置在不同时刻也未必相同。

算法的时间主要花费在对链的扫描上，所以该算法的时间复杂度为 $O(n)$。

（2）按值定位

函数表示：LinkLocateElem（H，k）。

操作含义：在单向链表 H 中查找结点关键词值等于 k 的结点。若存在这样的结点，则返回其指针（定位成功）；否则返回 NULL（定位失败）。

算法思路：从链头结点开始沿链一个一个结点地进行关键词与 k 的比较，当比较成功时，返回结点的指针；当比较完所有结点都不成功时，则返回空。

算法描述：

```
LinkLocateElem(H,k)
{   IntLink *p;
        p←H->next;
    while(p≠NULL 且 p->integer≠k)
        p←p->next;
    return p;
}
```

算法评说：本算法定位的是第 1 个满足 k 的结点，其后也许还有满足 k 的结点存在。与顺序表的按值定位比较，单向链表的按值定位没有太多优势。同样要从表头结点开始一个一个结点地比较；只是顺序表不断递增下标，单向链表不断移动指针而已。

算法的时间主要花费在对链的扫描上，所以该算法的时间复杂度为 $O(n)$。

6．删除

函数表示：LinkListDelete（H，i）。

操作含义：把第 i 个结点从单向链表中删除掉。删除成功时返回 1，反之返回 0。

算法思路：单向链表的删除操作分 3 步进行。第一步，根据 i 在单向链表 H 中找到要删除结点的位置。用指针变量 p 指向第 i-1 个结点，其后继结点就是待删除的结点。这一步可以调用按号定位算法，也可以在算法中直接完成。如果调用按号定位算法，则必须检测其执行结果。若按号定位算法执行结果为空，则表示未找到要删除的结点。这是由于给出的 i 值不当造成的，如 i 小于 1，或 i 大于单向链表现有结点个数时终止算法（失败）。第二步，调整指针，先把第 i-1 号结点中的指针移送到一个指针变量 q 中，即 q 指向第 i 号结点。再把第 i 号结点中的指针（指向第 i+1 号结点）移送到第 i-1 号结点的指针域中。这样就把第 i 号结点从单向链表 H 中摘除掉，如图 2-6 所示。第三步，向系统归还结点空间，用 free(q)语句表示释放 q 指向的结点空间。

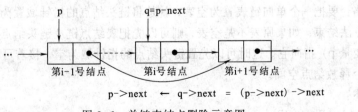

图 2-6　单链表结点删除示意图

算法描述：

```
LinkListDelete( H, i )
{  IntLink *p, *q;
   p←LinkLocateNum(H,i-1);
   if(p=NULL)
      return 0;
   else
   {  q←p->next;
      p->next←q->next;
      释放(q);
      return 1;
   }
}
```

算法评说：注意到，对单向链表上的结点删除时必须及时释放归还已删除结点的空间。

算法的时间主要花费在扫描链以找到第 i-1 号结点上，所以该算法的时间复杂度为 $O(n)$。

7. 更新

函数表示：LinkListUpdate (H, i, e)。

操作含义：将单向链表 H 中的第 i 号结点的结点数据更新为 e 值。当第 i 号结点存在时，运算正确执行，并返回 1，表示更新成功；若第 i 号结点不存在，则运算失败，返回 0。

算法思路：首先找到第 i 号结点，可调用按号定位算法完成。若按号定位算法返回非空指针，则说明已找到第 i 号结点，可以对该结点进行数据更新。若返回空，则说明第 i 号结点不存在，数据更新不执行。

算法描述：

```
LinkListUpdate(H , i, e)
{  IntLink *p;
   p←LinkLocateNum(H,i);
   if(p=NULL)
      return 0;
   else
   {  p->integer←e;
      return 1;
   }
}
```

算法评说：算法的时间主要花费在扫描链以找到第 i 号结点上，所以该算法的时间复杂度为 $O(n)$。

8. 置表空

函数表示：LinkListPutEmpty(H)。

操作含义：将单向链表 H 置为空表，不管原来是空表还是非空表。

算法思路：要把一个单向链表置为空表，就是将链头结点的指针域置为空。如果原表已经是空表，则算法结束；如果原表不是空表，则可以先把表结点链从链头结点上摘下来，并用指针（如指针变量 p）指向它。这时可以先置链头结点的指针域为空，接着可以从 p 指向的结点开始沿链逐个释放结点空间。

算法描述：

```
LinkListPutEmpty(H)
{  IntLink *p,*q;
   p←H->next;
```

```
H->next←NULL;
while(p≠NULL)
{   q←p;
    P←p->next;
    释放(p);
}
}
```

算法评说：该算法无须返回什么，因为这个功能总是可以达到的。

算法的时间主要花费在链上结点的释放上，所以该算法的时间复杂度为 $O(n)$。

9. 合并

函数表示：LinkListCombination（H1,H2）。

操作含义：H1 与 H2 必须是同质单向链表。所谓同质，即结构类型相同。把 H1 与 H2 两个单向链表进行合并，H1 的结点在前，H2 的结点在后，并把合并结果存储为 H1。

算法思路：首先定位到 H1 的表尾结点；再把 H2 的表头结点指针（H2->next）存入 H1 的表尾结点的指针域，即宣告完成。

算法描述：

```
LinkListCombination( H1,H2)
{   IntLink *p;
    p←H1;
    while(p->next≠NULL )
    p←p->next
    p->next←H2->next;
    释放(H2);
}
```

算法评说：该算法面对 4 种可能情况。第 1 种，两表都不为空，这是一般情况。第 2 种，两表都为空，这时定位到了 H1 的链头结点且链头结点的指针域为空，而 H2 的链头结点指针域亦为空；因此，p->next = H2->next 使 H1 的链头结点指针域为空，即合并后 H1 仍为空表。第 3 种，H1 为空表 H2 不为空表，先定位到了 H1 的链头结点且链头结点的指针域为空；而 H2 的链头结点指针域不为空；因此，p->next = H2->next 使 H1 链头结点指针域有 H2 链头结点指针域的指针，即 H1 表即为 H2 表。第 4 种，H1 不为空表 H2 为空表，则先定位到 H1 的表尾结点且其指针域为空，而 H2 的链头结点指针域为空；因此，p->next←H2->next 使 H1 表尾结点指针域仍为空，即 H1 表保持原态。所有这 4 种情况在该算法中统一处理，而不分别对待，使算法显得简单；但在第 4 种情况下，定位到 H1 表尾结点的操作是多余的。因此，如果修改算法进行分别处理也是可取的。读者不妨一试。

算法的时间主要花费在 H1 表尾结点定位上；所以该算法的时间复杂度为 $O(n)$。

2.4.3 建立一个单向链表

与建立顺序表一样，建立一个单向链表也是先执行基本运算"创建单向链表"获得一个"空"单向链表，但不为结点分配存储空间。同样可以从键盘上一个结点一个结点地输入，并运行基本运算"插入"，如"链头插入"，把新结点添加到单向链表中。

程序 2-2：

```
1    #include<stdio.h>
     #include<string.h>
     #include<malloc.h>
```

```
              typedef struct  node
   5    {   int integer;
                struct  node  *next;
        }IntLink;
        void LinkListCreate (IntLink *H);
        void LinkListheader (IntLink *H, int e);
  10    void  LinkDisplay (IntLink *H );
        IntLink *L;
        void main()
        {   int x;
            LinkListCreate( L );
  15        printf("The Linkage list has be created.\n");
            printf("\n Please to input a integer node:\n");
            scanf("%d",&x);
            While(x>=0 )
            {   LinkListheader (L, x);
  20            printf("\n Please to input a integer node again:\n");
                scanf("%d",&x);
            }
            LinkDisplay(L);
            getch();
  25    }
        void LinkListCreate(IntLink *H )
        {   H←(IntLink *)malloc(sizeof(IntLink));
            H->next ← NULL;
            H->integer ← -1;
  30    }
        void LinkListheader (IntLink *H, int e)
        {   IntLink *t;
            t ←( IntLink *)malloc(sizeof(IntLink));
            t->integer ← e;
  35        t->next ← H->next;
            H->next ← t;
        }
        void LinkDisplay(IntLink *H)
        {   IntLink *p;
  40        p ← H->next;
            printf("\n%s->",bt);
            while(p != NULL)
            {   printf("->%d ", p->integer);
                p ← p->next;
  45        }
            printf("\n... The end ...\n");
  47    }
```

程序说明：程序的第 4～7 行是单向链表的结构描述。第 8～10 行是 3 个函数原型，分别是创建单向链表函数、链头插入运算函数和单向链表显示函数。第 12～24 行是主函数，主要任务是创建一个单向链表 L，借助键盘输入若干个大于等于 0 的整数，并将链头插入到单向链表 L 中，最后显示单向链表 L 的所有结点数据。其中，第 16～23 行是向单向链表装入结点数据。第 26～30 行是创建单向链表函数体。第 31～37 行是链头插入函数体。第 38～47 行是显示单向链表函数体。

程序运行：程序运行开始时，将显示"The Linkage list has be created."；表示已经创建了一个单向链表。接着显示"Please to input a integer node："；表示要求在键盘上输入第一个整数；第一个整数输入完成后再显示"Please to input a integer node again："；表示要求继续输入整数。当输入负数时表示结点数据装入结束，并立即显示已装入的单向链表的所有结点。

2.4.4　循环链表

在设计单向链表的基本运算算法时读者也许已经发现，许多算法需要耗费时间沿链扫描得到表尾结点的指针。实际上，如果对单向链表进行小小的改变就会避免这种扫描，这就是循环链表结构。

循环链表简称环链表，是在单链表的基础上把表尾结点指针域的值为"空"改为存储指向链头结点的指针，从而使链表首尾相接，形成一个"圆环"，故称循环链表，如图 2-7（a）所示。特别地，在创建循环链表（空表）时，其链头结点指针域的指针值就是链表指针，如图 2-7（b）所示。

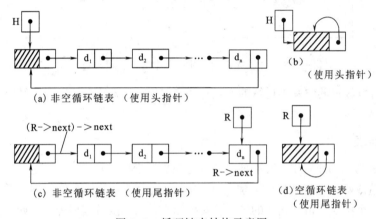

图 2-7　循环链表结构示意图

循环链表的特点是：从链表的任意结点出发，都可以通过后移指针扫描链表中的所有结点。判别表尾结点的方法是：表尾结点指针域的指针值是否与链表指针相等，若相等则该结点为表的表尾结点，否则是非表尾结点。

对于图 2-7（a）所示的结构，要找到表尾结点还必须从链头结点开始"顺链"而下，扫描全表才能找到。显然，时间效率仍然没有改观。改进的办法是为循环链表设置链尾指针变量，而不设置链头指针变量（见图 2-7（c）、(d)）。这样，R 指向表尾结点，R->next 实际上就是链头指针，表头结点指针就是(R->next)->next。可见，仍然只设置一个指针变量，但解决了获得表头结点指针和表尾结点指针的问题。这为某些基本运算提供了许多方便，提高了时间效率，例如链尾插入、合并等。当合并 H1、H2 时，如果使用链尾指针变量的循环链表，则合并运算的算法可设计为，

```
LinkListCombination( H1,H2)
{   IntLink *p;
    p ← H2->next;
    H2->next ← H1->next;
    H1->next ← p->next;
    H1 ← H2;
    释放(p);
}
```

比较而言，算法简单多了，而且时间复杂度仅为 $O(1)$。可以看出，整个合并过程只是一个指针调整的过程，如图 2-8 所示。第 1 步，保存 H2 的链头指针到临时变量 p 中。第 2 步，保存 H1 的表尾结点指针域值到 H2 的表尾结点指针域，作为合并后的表尾结点指针域的值。第 3 步，把 H2 的表头结点指针存储到 H1 的表尾结点指针域，将两表挂接起来。第 4 步，把 H2 的指针送到 H1，使 H1 指向新链表的表尾结点。最后记住，要及时释放 H2 的链头结点空间，即 p 指向的结点。

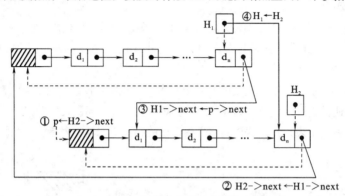

图 2-8　循环链表上合并运算中的指针调整过程

类似地，可以改进其它基本运算的实现算法。作为练习，读者可以自己写出有关基本运算的实现算法。

2.4.5　双向链表

对于线性表的大部分应用，有了单向链表与循环链表已经足够了，但是对于某些应用，如果把线性表构造成双向链表结构会更加有效。双向链表是在单向链表的基础上在结点中再增加一个"指向前一个结点"指针构成的链表。具体而言，结点除数据域外含有两个指针域，next 指针域和 prior 指针域，分别存放指向后继结点和前驱结点的指针，如图 2-9（a）所示。线性表的结点通过两个方向的指针链接，用标记双向链表指针变量（如 H）标识。双向链表也简称双链表，如图 2-9（c）所示。图 2-9（b）是空双向链表的结构。因为双向链表的后继链和前驱也是首尾相链的，所以又称双向循环链表。

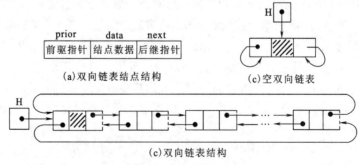

图 2-9　双向链表结构示意图

双向链表结构类型的类 C 语言描述如下：

```
typedef struct  结构名
{   类型 1  数据项 1;                              // 结点结构数据项 1 的域
    类型 2  数据项 2;                              // 结点结构数据项 2 的域
```

```
    ...
    类型 k   数据项 k;                    // 结点结构数据项 k 的域
    struct   结构名 *prior                // prior 指针域
    struct   结构名 *next                 // next 指针域
    }双向链表结构类型名点;                 // 命名结构类型
```

  双向链表是一种对称结构，提供了向前搜索和向后搜索两种机制，使操作，特别是插入和删除操作更便利。设 p 是指向某结点的指针，该结点与它的后继和前驱结点的指针有如下的等价关系：

$$p = (p\text{->}prior)\text{->}next = (p\text{->}next)\text{->}prior$$

  从图 2-10 也可以看出，p 、(p->prior)->next 、(p->next)->prior 实际是指向同一个结点的指针。其实际意义是提供了任意引用直接相邻结点的机制。

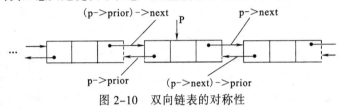

图 2-10　双向链表的对称性

  双向链表的这种对称结构比较适合对线性表的修改性操作。例如，当 p 已知时，要在结点 *p 之前或之后插入一个新结点，或者删除结点 *p 或在它之前或之后的结点都是很容易的事。图 2-11 (a) 、 (b) 分别显示了两种插入位置的指针调整过程。必须注意的是指针调整次序；否则会发生指针丢失而造成操作失败。图中的序号标示了执行顺序。至于删除操作将更为简单，如图 2-11 (c) 所示，要删除结点 *p，只要把 *p 的 next 域的指针移到它的前驱结点的 next 域，即 (p->prior)->next= p->next，把 *p 的 prior 域的指针移到它的后继结点的 prior 域，即 (p->next)-> prior=p->prior 就完成了。

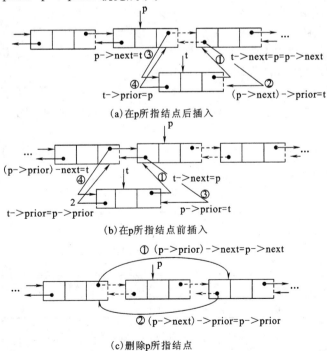

（a）在p所指结点后插入

（b)在p所指结点前插入

（c)删除p所指结点

图 2-11　双向链表的插入、删除操作

2.5 线性表的应用及其算法设计

线性表是计算机系统中最常见的一种数据结构，如记录式文件、数组、操作系统的进程队列等都是线性表结构的例子。它们用顺序结构或者用链式结构存储数据。

说到应用，总是要与"处理"甚至"处理系统"联系在一起。处理或处理系统的功能可以很小，只求解一个或一些简单问题，如排序一个线性表，统计线性表中满足给定条件的结点数据的总和等；也可以很大，可能有十分复杂的、综合的、甚至庞大的处理功能，如数据库管理系统、档案管理系统、营销系统、银行系统等。

从本质上讲，数据结构的基本运算也是一种处理。但是，由于这种处理是原子性的，为了区别，称它们为运算而不称处理。通常所说的处理都要用一个或一组算法支撑；基本运算的意义和作用就在于为那些处理算法提供足够的原子操作。就像一个建筑物那样，是用各种建筑材料（构件）执行施工计划（类似构建建筑物的算法）完成的。如果没有这些现成的构件，建筑物施工人员就要自己去开矿、炼钢、轧钢、烧水泥、浇制水泥制品、砍伐木材、打制家具等。

本节将举几个方面的实例说明线性表的实际应用价值以及有关的算法设计。

2.5.1 数据查重

数据查重是检测同一个线性表中数据元素或其组成数据项是否重复存储为多个结点。这在信息系统中是一种常见的处理，如学生成绩登记表（见表 1-3）是否有学生重复登记在册，商业信息系统的商品目录表中是否有同一商品信息的重复存储，通信录中是否有重复的联系信息，等等。

线性表的存储结构不同，查重的算法不同；查重的目的不同，算法也不一样。就查重目的而言，有清理性查重和统计性查重两种。前者是，当有"相同"结点存储时只保留其一（通常是顺序上的第一个），其余结点全部摘除；后者是，分别统计每一个结点在表中重复出现了多少次。本节只对清理性查重进行进一步讨论。

基本思想：清理性查重的基本思想是，从线性表的表头结点开始，逐一提取表中一个结点（它将保留在表中），用该结点数据与其他结点进行比较，若有相同者将其从表中删除。这一操作直到表尾结点的前驱结点为止，因为最后一个结点不会出现重复的了。在对每一个结点实施查重后，如果有重复结点，表的长度可能缩短。

统计性查重的基本思想与清理性查重基本一致。不同的是，不删除重复结点，而只对重复结点进行计数。因此，需要设置一个整数数组记录每一个结点在表中重复的次数。本节只对清理性查重进行进一步讨论。

实例演示：设有顺序表 L = (2, 5, 3, 2, 2, 5, 2, 5, 3, 6)，表长度 n = 10。查重的执行过程如表 2-5 所示。

表 2-5 查重的执行过程

扫描次序	查重结点	查重结果表	长度
0	原始表	(2, 5, 3, 2, 2, 5, 2, 5, 3, 6)	10
1	S[1]=2	(2, 5, 3, 5, 5, 3, 6)	7
2	S[2]=5	(2, 5, 3, 3, 6),	5
3	S[3]=3	(2, 5, 3, 6),	4

对每一个结点的查重就是对线性表的一次扫描。每一次扫描都是在上一次查重结果表的基础上执行查重。

　　算法设计：设有顺序表 L，长度为 n ，结点只有一个整数项，现要求对其执行清理性查重。对重复的结点只保留结点号最小的那个结点，其余重复结点皆删除。

　　查重从第一个结点开始，逐个结点检查。先提取表中一个结点，再用该结点数据与其后所有其它结点进行比较，当发现结点数据相同时，立即将其从顺序表中删除，这一过程称为一次扫描。下一次扫描在前一次扫描结果表上进行，直至检查完所有结点结束算法。

　　由实例演示可以看出，扫描算法的核心操作是比较和删除，最多执行 n-1 次扫描。这个算法相对复杂一些。按照逐步求精的设计原则，先设计算法的全局架构，并用流程图表示，如图 2-12（a）所示。这是一个循环过程，每一次扫描为循环的一次执行。至于如何实现"删除相同结点"，流程图中的表示是不精细的，需要进一步求精。对第 i 个结点，删除与之相同的结点的过程是从第 i+1 个结点开始逐个与第 i 个结点进行比较。相同者删除之，不相同者留之。如此直到第 n 个结点为止，完成一次扫描。图 2-12(b)) 所示为查重的具体细节。

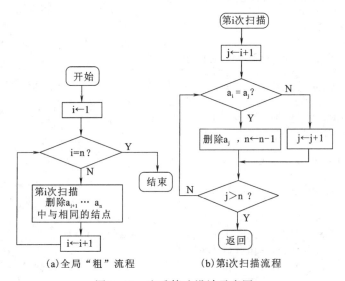

图 2-12　查重算法设计示意图

算法描述：

```
CleanUpRepeat( L )
{   int i,j;
    for(i=1;i<L.length;i=i+1)
    {   j←i+1;
        do
        {   if(L.integer[i]=L.integer[j])
                SeqListDelete(L,j);
            else
                j←j+1;
        }while(j<=L.length);
    }
}
```

　　算法评说：本算法是一个二重循环。外层的 for 循环控制算法执行 n-1 次扫描；内层的 do...while 循环执行扫描。遇到有结点删除时执行删除基本运算。注意，当有结点要删除时，删除执行后 L 表的第 j 号结点是移动过来的第 j+1 号结点，还未经过检测，因此 j 不能加 1。

再则，因为删除了一个结点，所以 n 减了 1。此时必须检查 j 与 n 的关系以决定扫描结束与否。

程序设计：为实践数据结构问题的 C 程序设计，下面给出清理性查重查询算法的 C 程序（见程序 2-3），供读者试运行和模仿。

程序 2-3：

```
1    #include<stdio.h>
     #include<string.h>
     #define MAXSIZE  100
     typedef struct
5    {   int integer[MAXSIZE];
         int  length;
     } IntSeq;
     void CleanUpRepeat( IntSeq *L );
     int SeqListDelete( IntSeq *L,int i);
10   void  SeqDisplay (IntSeq *L, bt[]);
     void main()
     {   int i,j;
         IntSeq LC={{2,5,3,2,2,5,2,5,3,6},10};
         printf("The old IntSeq is : ");
15       SeqDisplay (&LC,"LC");
         CleanUpRepeat(&LC);
         printf("The IntSeq after CleanUpRepeat is : ");
         SeqDisplay (&LC,"LC");
         getch();
     }
20   void CleanUpRepeat( IntSeq *L )
     {   int i,j;
         for(i=0;i<L->length-1;i++)
         {   j=i+1;
             do
25           {   if(L->integer[i]=L->integer[j])
                     SeqListDelete(L,j);
                 else
                     j=j+1;
             }while(j<=L->length-1);
30       }
     }
     int SeqListDelete(IntSeq *L,int i)
     {   int k;
         if(i<0||i>L->length-1)
35           return 0;
         else
         {   for(k=i;k<=L->length-1;k++)
               L->integer[k]=L->integer[k+1];
             L->length--;
40           return 1;
         }
     }
     void  SeqDisplay(IntSeq *L,char bt[])
     {   int k;
45           printf("\n%s:",bt);
         for(k=0;k<=L->length;k++)
             printf("%d ",L->integer[k]);
48   }
```

程序说明：程序的第 4～7 行定义顺序表的结构类型 IntSeq。第 8～10 行是 3 个函数查重、删除和显示顺序表的函数原型。第 11～19 行是一个主程序，包括建立一个顺序表 LC、调用显示函数输出原顺序表内容、调用清理性查重函数，最后调用显示函数输出查重结果顺序表内容。第 20～31 行是查重函数。第 32～42 行是删除函数。第 43～48 行是显示函数。

程序运行：本程序运行时无须做任何输入操作就能获得结果。有兴趣的读者可以适当修改第 12 行的顺序表结点就可以实践另一个实例。

进一步考虑：分析算法 CleanUpRepeat 的时间复杂度为 $O(n^2)$。因为是在顺序表中数据元素无序排列情况下设计的，所以第 i 次扫描要扫描 $n-i$ 个结点。当 $i=1$ 时最多扫描 $n-1$ 个结点；当 $i=2$ 时最多扫描 $n-2$ 个结点；……当 $i=n-1$ 时扫描 1 个结点。总计扫描结点数为

$$(n-1)+(n-2)+\cdots+2+1=(n^2-n)/2<n^2$$

如果顺序表中的数据元素是有序的，则算法会得到改进，时间复杂度也会大大提高。例如，当 L=（2，2，2，2，3，3，5，5，5，6）时，就说 L 是有序的。查重算法可以这样考虑，从第 1 个结点开始检测，将其后连续与之相同的结点删除。当遇到不相同结点时，就从下一结点开始重复上述操作。查重过程如表 2-6 所示。

表 2-6 查 重 过 程

扫 描 次 序	查 重 结 点	查 重 结 果 表	长 度
0	原始表	（2，2，2，2，3，3，5，5，5，6）	10
1	S[1]=2	（2，3，3，5，5，5，6）	7
2	S[2]=3	（2，3，5，5，5，6）	5
3	S[3]=5	（2，3，5，6）	4

根据上面的分析，算法描述如下：

```
CleanUpRepeat( L )
{   int i=1;
    do
    {   if(L.integer[i]=L.integer[i+1] )
            SeqListDelete(L,i+1 );
        else
            i←i+1;
    }while(i<L.length );
    }
}
```

显然，本算法只用一重循环就解决了，而且时间复杂度仅为 $O(n)$。对单向链表进行查重的算法留作练习，请读者自己设计。不同的是，注意链指针的推进、对表尾结点的判断以及结点删除时释放结点空间。

2.5.2 有序表的归并

归并与合并不同。基本运算"合并"只简单地把两个线性表按先后次序拼接在一起，而两个有序表的归并则不同。首先，两表都必须对于相同关键词有序；再则，合并后的表也必须是有序的，所以称为"归并"。

基本思想：因为参与归并的两表是有序的，且要求归并后的结果也是一个有序表。这个结

果表不仅要包含两表的所有结点，且仍然是有序的。现假设两表都是递增有序的，则完成归并的基本思想是，先从两表的两个最小结点中选择较小的那个结点作为结果表的第 1 号结点，并删除这个结点。接着在余下的结点中，再从两表的两个最小结点中选择较小的那个结点作为结果表的第 2 号结点。如此重复，直至最后一个结点进入结果表为止。

上面的思想有点过于保守，且要借助第 3 个表空间。实际上，两表的归并可能有 3 种情况：第一种情况，两表的结点相互穿插使结果表有序，这是一般情况；第二种情况，当一个表的最小结点大于等于另一个表的最大结点时，只要把前一个表合并到后一个表中即可；第三种情况，在归并过程中有一个表已成空表，则非空表的剩余结点直接输出到结果表中即可。

实例演示：设有单向链表 LM 和 LA；LM = (1, 5, 7, 10, 15)，LA = (2, 4, 8, 11)。归并过程如表 2-7 所示。

表 2-7　归　并　过　程

序　号	归并结点 t	插入位置 p	插　入　结　果
0			LM = (1, 5, 7, 10, 15) LA = (2, 4, 8, 11)
1	2	1	LM = (1, 2, 5, 7, 10, 15) LA = (4, 8, 11)
2	4	2	LM = (1, 2, 4, 5, 7, 10, 15) LA = (8, 11)
3	8	7	LM = (1, 2, 4, 5, 7, 8, 10, 15) LA = (11)
4	11	10	LM = (1, 2, 4, 5, 7, 8, 10, 11, 15) LA = ()

算法设计：

如何用算法实现上面的思想？现以单向链表为例设计有序表的归并算法。其实也很简单，就是以其中一个表作为主表，设为 LM，并保存归并结果；另一个表作为副表，设为 LA；归并时，把副表的结点从小到大、一个一个地插入到主表中。在插入过程中随时检测，当副表变成空表时，归并完成；或者，当副表的某结点大于等于主表中最大结点时，则将副表的剩余部分直接链接到主表的尾部，完成归并。图 2-13 用流程图的方法粗略描绘了这个算法。

算法的核心是在 LM 中查找插入位置和调整指针。为此，设置指针变量 p 和 q 在表 LM 中相随而行，并指向相邻的两个结点。当找到插入点时，首先判断 q 是否为空；若为空，则表示 LA 的剩余结点可以直接合并到LM 中，结束归并；若不为空，则在 p 和 q 两结点之间插入 t 结点，直到 LA 表变为空时为止。

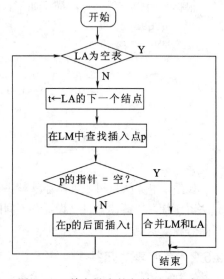

图 2-13　单向链表的归并过程示意图

算法描述：

```
ListMerger( LM,LA )
```

```
{   IntLink  *p,*q,*t;
    p←LM->next;
    q←p->next;
    while(LA->next≠NULL )
    {   t←LA->next;
        While(q≠NULL 且 t->intenger>q->intenger)
        {   p←q;
            q←p->next;
        }
        if(q＝NULL)
        {   p->next←t;
            LA->next←NULL;
        }
        else
        {   LA->next ← t->next;
            t->next ← q;
            p->next ← t;
            p ← t;
            q ← p->next;
        }
    }
    释放(LA);
}
```

　　算法评说：该算法除完成一般情形的归并外，对几种特殊情形也作了处理。当两表或副表为空时，因为有 LA->next != NULL 为假，故程序不做任何归并操作就结束。当 LA 的最小结点大于等于 LM 的最大结点时，因为首次查找插入点时就有 q != NULL 为假，并直接把 LA 的结点链接到 LM 的表尾结点上。这一处理同时也包括了归并过程中出现 LA 剩余结点中最小结点大于等于 LM 的最大结点的情形。但是，该算法对于 LM 最小结点大于等于 LA 的最大结点的情形有些欠缺；因为该算法要对 LA 的每一个结点作插入操作。

　　程序设计：下面给出归并算法的 C 程序的例子（见程序 2-4），供读者试运行和模仿。

　　程序 2-4：

```
1   #include<stdio.h>
    #include<string.h>
    #include<malloc.h>
    typedef struct  node
5       {   int integer;
            struct  node  *next;
    }IntLink;
    void LinkListCreate ( IntLink *H );
    void ListMerger(IntLink *LM, IntLink *LA );
10  void LinkListAppend(IntLink *H,int e);
    void LinkDisplay(IntLink *H,char bt[]);
    void main()
    {   int x,y;
        IntLink *L1,*L2;
15      LinkListCreate( L1 );
        LinkListCreate( L2 );
```

```
        printf("\n Please to input a integer node to L1 :\n");
        scanf("%d",&x);
        y=0;
20      while(x>=0)
            {   if(x>=y)
                {   LinkListAppend(L1,x);
                    y=x;
                }
25              else
                    printf("The integer is lesser:\n");
                printf("\n Please to input a integer node again:\n");
                scanf("%d",&x);
            }
30      LinkDisplay(L1,"L1");
        printf("\n Please to input a integer node to L2 :\n");
        scanf("%d",&x);
        y=0;
        while(x>=0)
35      {   if(x>=y)
            {   LinkListAppend(L2,x);
                y = x;
            }
            else
40              printf("The integer is lesser:\n");
            printf("\n Please to input a integer node again:\n");
            scanf("%d",&x);
        }
        LinkDisplay(L2,"L2");
45      ListMerger(L1, L2 );
        LinkDisplay (L1,"L1");
        getch();
    }
   void ListMerger(IntLink *LM, IntLink *LA )
50  {   IntLink *p,*q,*t;
        p=LM->next;
        q=p->next;
        while(LA->next!=NULL )
        {   t=LA->next;
55          while(q!= NULL && t->integer >= q->integer)
            {   p=q;
                q=p->next;
            }
            if(q==NULL)
60          {   p->next=t;
                LA->next=NULL;
            }
            else
            {   LA->next=t->next;
65              t->next=q;
                p->next=t;
                p=t;
                q=p->next;
```

```
                  }
70          }
          free(LA);
      }
      void LinkListCreate ( IntLink *H )
      {   H=( IntLink *)malloc(sizeof(IntLink));
75        H->next=NULL;
          H->integer=-1;
      }
      void LinkListAppend(IntLink *H,int e)
      {    IntLink *t,*p;
80        t=( IntLink *)malloc(sizeof(IntLink));
          t->next=NULL;
          t->integer=e;
          p=H;
          while(p->next!=NULL)
85        p=p->next;
          p->next=t;
      }
      void  LinkDisplay(IntLink *H,char bt[])
      {    IntLink *p;
90        p=H->next;
          printf("The begin %s",bt) ;
          while(p!=NULL)
          {   printf("->%d ",p->integer);
               p=p->next;
95        }
           printf("\n... The end ...\n");
97 }
```

程序说明：程序的第 4～7 行是单向链表的结构描述。第 8～11 行是 4 个函数原型，分别是创建单向链表函数、归并函数、链尾插入运算函数和单向链表显示函数。第 12～48 行是主函数，主要任务是创建单向链表 L1 和 L2，借助键盘输入若干个大于等于 0 的递增有序整数，并将链尾插入到单向链表 L1 和 L2 中，分别显示单向链表 L1 和 L2 的所有结点数据。第 49～72 行是归并函数体。第 73～77 行是创建单向链表函数体。第 78～82 行是链尾插入函数体。第 83～97 行是显示单向链表函数体。

程序运行：程序运行开始时，将显示"Please to input a integer node to L1 :"，表示已经创建了单向链表 L1 和 L2，要求向 L1 表装入数据。输入的第一个整数必须大于 0，此后必须按递增次序输入若干整数，否则会被拒绝并要求重新输入，个数自定，最后输入一个任意负数结束。输入完成后显示 L1 表的结点序列。接着以类似的方法向 L2 装入数据，然后执行归并，并显示归并后的结点序列，供验证算法的正确性。

2.6　基于线性表的查找

查找又名检索或搜索，是任何信息系统主要的、不可或缺的信息功能，如信息检索系统、图书检索系统、法律法规查询系统、各种情报检索系统等。特别是在互联网上，信息检索被大量频繁应用。数据一旦进入计算机系统，对数据的查找就是必然的，首当其冲的操作。因为任何数据处理都是以数据查找为先导的。

2.6.1 查找的定义

以表 1-3 学生成绩登记表为例，给定一个学号，如 23031102，查找该生各科成绩情况就是一个查找操作。

定义 2.2[查找] 根据给定查找值 k，在数据对象 D 中搜索是否存在与 k 值对应的数据元素的一种处理过程。

由定义可以看出，查找涉及以下几个要素：

① 查找表：即数据对象 D，这是查找的对象和基础。查找表可能是一个很小的数据集合，包含的数据元素较少，可以都存储在内存中；也可能是一个很大的数据集合，在外存储器上存储为一个文件。查找表一般构成线性表结构。查找表分为静态查找表和动态查找表两种。所谓静态查找表是指在查找过程中始终保持不变的查找表，无论数据元素的构成，还是表的长度。而动态查找表是指在查找过程中可能发生数据元素的插入或删除，从而改变表的长度，即规模。

② 查找关键词：又简称查找词，即查找依据。这是查找表中数据元素的一个数据项或几个数据项的组合，如表 1-3 中的学号、姓名等；也可以是数据项的某一部分，如表 1-3 中姓"魏"的学生。

必须注意的是，查找词与关键词是有区别的两个概念。关键词是唯一标识数据元素的一个数据项或几个数据项的组合，一般不是任何数据项或数据项组合能充当的。例如，表 1-3 中的学号是关键词。任何一个或几个分数数据的组合都不能用作关键词。姓名能否充当关键词要看数据实例情况，当始终不会出现同名学生时就可以，反之就不可以。查找词可以是关键词，这时，成功的查找只能获得唯一的数据元素。也可以是其他数据项或数据项组合或数据项的部分区段，这时，成功的查找可能获得一个数据元素的集合。因此，查找就是根据查找词在查找表中进行的搜索。

③ 查找值：即查找词的具体数据内容，这是查找的要求。例如，"学号"是查找词，"23031102"则是查找值。整个查找过程就在学号上进行，其他数据项只是随行数据。

④ 查找结果：执行查找操作产生的输出。查找可能成功，也可能失败。查找成功的输出跟数据元素有关，或者输出数据元素的位置号，或者输出数据元素本身。查找失败输出一个约定的特殊值，如"0"、"end"、"∧"或其他约定符号。

⑤ 查找算法：即查找的方法或技术。这是查找定义的技术层面，其本质是用查找值与查找词进行一些列比较，并决定成功找到要求的数据元素，或者断定不存在要求的数据元素。基于不同结构的数据对象的查找算法不同；不同查找算法穷尽对数据元素比较的控制方法不同。因而，查找算法优劣的关键是尽可能地减少比较操作的次数。

本节将先介绍基于线性表的顺序查找算法，无论是查找表还是查找方法都是以线性表为基础的。

2.6.2 顺序查找算法

1. 简单顺序查找及其算法

顺序查找是最简单的查找方法，即简单"扫描"查找表方法的计算机实现。

基本思想：设查找表为顺序表 S，存储为一维数组，长度为 n，查找关键词为 k ，查找值为 v ，输出数据元素号(查找成功)或 0(查找失败)。查找的方法是，从表的起始端开始，逐个数据元素地进行查找词比较，直到出现相等或查找完所有结点为止。查找成功时输出元素位置号，失败时输出 0。

算法思路：顺序表的顺序查找算法十分简单，是"比较"操作的 n 次循环。设置整数变量 i，存放结点号，初值为 1，并控制整个查找循环过程，最多循环 n 次。

算法描述：设顺序表如例 2.1 的结构描述，是由一个整数数据项为数据元素的线性表。顺序查找的算法描述如下：

```
SeqSearch(S,v)
{   int i;
    for(i←1;i≤S.length;i←i+1)
        if(S.integer[i]= v )
            return i;
    return 0;
}
```

算法评说：这个查找算法与顺序表的按值定位完全类似。

因为查找过程实质是扫描线性表全表,故时间复杂度为 $O(n)$。

2. 改进的顺序查找及其算法

简单顺序查找算法的一个问题是，对每一个查找表元素除查找词比较外，还要做一次查找是否结束的判断比较。改进的目的是免去后一比较以提高算法的时间效率。

基本思想：基本思想与顺序查找算法相同。改进之处是，在顺序表的表尾数据元素紧后面添加一个数据元素，其查找词置为查找值，称为哨兵结点。这样，在查找循环中就无须再每次显式判断是否结束循环的操作，提高了算法的时间效率。

算法思路：基本思路同顺序查找算法。不同的是，在算法初始化时插入哨兵结点，以控制循环的结束。显然，省去了 n-1 次是否结束的判断操作。

算法描述：

```
SeqImproveSearch(S,v)
{   int i=1;
    S.integer[S.length+1] ← v;
    while(S.integer[i]≠v)
        i←i+1;
    if(i≤S.length)
        return i;
    else
        return 0;
}
```

算法评说：这个查找算法需要注意，是否还有结点空间存放哨兵结点。

因为查找过程也要扫描线性表全表,故时间复杂度为 $O(n)$。

3. 快速顺序查找及其算法

快速顺序查找算法是对改进的顺序查找算法的改进，以便把时间效率再提高一些。

基本思想：快速顺序查找算法是把"比较"操作分解成两步进行。对一个 i 值使用两次，即 i 和 i+1，这样 i 的推进就由 1 改为 2 。使 i 的推进操作减少一半，进一步提高了算法的时间效率。

算法思路：基本思路同改进的顺序查找算法。不同的是用 i←i + 2 推进结点；把比较操作分成先后两步，对相邻的两个元素进行比较。当第一步比较为不等时，才执行第二步比较。

算法描述：

```
SeqFastSearch(S,v)
{   int i=1;
    S.integer[S.length+1]←v;
    while(S.integer[i]≠v)
    {   if(S.integer[i+1]≠v)
            i←i+2;
        else
        {   i←i+1;
            break;
        }
    }
    if(i<S.length+1)
        return i;
    else
        return 0;
}
```

算法评说：这个查找算法同样需要注意是否还有结点空间存放哨兵结点。当第二次比较成功时，要注意调整 i 的值。

因为查找过程也是要扫描线性表全表，故时间复杂度为 $O(n)$。

4．有序表的顺序查找及其算法

上述几种顺序查找算法对查找表中数据元素的排列顺序没有特定要求，或者说是乱序的。因此，在查找过程中不能随意漏掉对任何一个数据元素的检测。但是，如果表中数据元素对于查找词有序，则查找过程就能得到改善，时间效率得到提高。

基本思想：如果预知查找表对于查找词是有序的，不妨假设为广义递增顺序，或称不减顺序。其查找词的特征是后面的数据元素总是大于等于前面的数据元素。执行查找时仍从第 1 个数据元素开始依次一个一个地比较。当查找值与某数据元素比较时可能会出现 3 种情况：若相等，则查找成功，该数据元素为找到的数据元素；若大于，则还需要对后继数据元素继续检测；若小于，则终止查找，因为已经可以推断，查找值必小于此后的所有后继数据元素，不可能再找到与查找词相等的数据元素。

算法思路：查找的方法是从表的起端开始，逐个元素地进行关键词比较，直到出现相等元素，或较大元素，或查找完所有结点就结束查找。第一种情况为查找成功，输出元素位置号。后两种情况为查找失败，输出 0。

算法描述：

```
SeqOrderSearch(S,v)
{   int i=1;
    while(i≤S.length 且 S.integer[i]<v)
        i←i+1;
    if(S.integer[i]=v)
        return i;
    else
        return 0;
}
```

算法评说：当 while 条件不成立时有 3 种情况，若 S.integer[i] = v，则查找成功；若 S.integer[i] > v 或 i≤S.length，则查找失败。可见，即使查找失败也会中途停止，不至于一追到底，节省了时间。这个算法还可以用 for 循环描述。

因为查找过程可能会扫描线性表全表，故时间复杂度为 $O(n)$。

5. 单向链表顺序查找及其算法

单向链表的顺序查找与顺序表的顺序查找思想基本一致，不同之处仅在于存储结构的区别。查找过程中顺沿指针方向前进。

基本思想：查找从表头结点开始，通过结点的指针域向前推进，沿链逐个结点进行比较；直到指针域为空终止。若比较成功，则输出结点指针，结束查找；若比较不成功且指针域为空，则输出空，结束查找。

算法思路：设单向链表带有链头结点，线性表结点只由整数域和指针域构成，则整数域即为查找词。设一个指针变量 p 指向第 1 个结点，当比较不成功时，就用*p 结点的指针值改变 p 的指针值继续比较。直到比较成功或 p 为空为止。

算法描述：

```
LinkSearch(L,v)
{   IntLink *p;
    p←L->next;
    while(p≠NULL 且 p->integer≠v)
        p ← p->next;
    return p;
}
```

算法评说：while 循环结束可能是因为 p = NULL，也可能是因为 p->integer = v，因此，这时的 p 或者为空（查找失败），或者非空（查找成功），只用一个返回命令就可以了。如果单向链表是有序表，同样可以把有序表的顺序查找算法改造成对单向链表的有序表的顺序查找。读者不妨试一试。

因为查找过程可能会扫描线性表全表，故时间复杂度为 $O(n)$。

6. 多重查找及其算法

读者也许会提出质疑，上述几种查找算法只返回一个结果。如果查找词是关键词，也是合理的。如果查找词不是关键词，一个线性表中就可能有多个满足查找要求的数据元素存在，而每次查找到的又总是第一个元素。那么，如何才能查找到后面的那些元素呢？有两种考虑：一种是"一次一个集合"，即一次查找返回所有满足要求的元素，但这不是数据结构要解决的问题；二是"一次一个元素并具有向后查找的能力"，通过多次查找来穷尽线性表，即多重查找。

为此，需要设计一个函数执行后续的查找操作。分析查找算法可知，如果查找不从第 1 号数据元素，而是从指定的数据元素号开始向后查找，问题不就解决了吗？下面的算法是对简单顺序查找算法修改得到的。

```
SeqSearchNext(S,i,v)
{ for(;i≤S.length;i→i+1)
      if(S.integer[i] = v )
          return i;
    return 0;
}
```

该算法把开始元素号列入函数的参数，由函数调用者决定。函数 SeqSearch(S,v)和 SeqSearchNext(S,i,v) 两者配合就能完成多重查找，如图 2-14 所示。下面举例说明查找，特别是多重查找的应用。

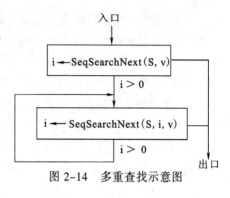

图 2-14　多重查找示意图

例 2.5　给定一个学号（如 21011102），利用学生成绩登记表（见表 2-3）计算该学生的平均成绩。

解：学生成绩登记表为一线性表，用顺序表结构存储。设其结构扫描为

```
#define MAXSIZE  1000
typedef struct
    {  string xh,kcdh,xqdh;
        int fs;
} NodeType;
typedef struct
    {  NodeType cjb[MAXSIZE];
    int n;
} SeqCjb;
```

设 S 为 SeqCjb 类型的顺序表，v 为学号查找值，则计算该学生平均成绩的算法描述如下：

```
SeqPjcj(S,v)
{   int k=0,m=0,a=0;
    k ← SeqSearch(S,v);
    if(k≤0)
        return 0;
    else
    {   m ← m + 1;
        a ← a + S.cjb[k].fs;
    }
    do
    {   k ← SeqSearchNext(S,k+1,v);
        if(k > 0)
        {   m ← m + 1;
            a ← a + S.cjb[k].fs;
        }
    }While(k > 0);
    return a/m;
}
```

在调用 SeqSearchNext()时，参数"数据元素号"是上一次查找成功的元素号加 1，否则会造成无限循环。

2.7　基于线性表的排序

排序是信息整理过程中不可或缺的步骤和处理方法，能使信息有序化，使信息更具应用价值。为此，计算机专家和计算机工作者对排序技术和算法的研究从来都没有停止过。

从数据查重算法和有序表查找算法可以看出，对有序表和无序表的算法思想、方法和技术不同，前者比后者更佳，但前提是线性表必须有序。排序是使线性表有序的处理技术，因此，

为了提高数据处理效率，简化算法过程，常常要对线性表作排序处理。现实生活中排序的实例也屡见不鲜。例如，电话号码簿、词典、学生登记表、产品目录、图书目录卡等都是经过排序的信息载体。因此，排序是信息系统的核心技术之一。

2.7.1　排序的定义

排序是一种数据处理的基本操作和重要技术，无论是计算机的或人工的。排序能有效提高一个数据处理系统的效率。那么，什么是排序？统而言之，排序就是按归定的定序标准把数据对象的所有数据元素重新排列，使之相对于定序标准有序。例如，114 电话查询台拥有某范围内所有电话用户的电话号码信息。每个用户信息包括用户名（或姓名）、电话号码和住址等 3 项数据。为了简便，给出一组用户，如表 2-8 所示表中用户的排列是无序的。

为了查询便利，按用户名对表 2-8 进行排序。用户名按其汉语拼音字母顺序排序，排序结果如表 2-9 所示。如果询问人报出用户姓名要询问电话号码，采用此表查找比较方便。

表 2-8　电话号码表（排序前）

序号	姓名	电话号码	住址
1	王宝才	6457××××	北京路
2	陈向东	2939××××	上海路
3	刘丹凤	3434××××	中山路
4	王衡宁	2234××××	莫愁路
5	吴家驹	9876××××	健康路
6	许环山	6655××××	水西门
7	徐有田	6854××××	港龙园
8	王平桃	1342××××	白云亭
9	李新语	5498××××	傅左巷
10	赵红军	8384××××	和平里

表 2-9　电话号码表（按姓名排序）

序号	姓名	电话号码	住址
1	陈向东	2939××××	上海路
2	李新语	5498××××	傅左巷
3	刘丹凤	3434××××	中山路
4	王宝才	6457××××	北京路
5	王衡宁	2234××××	莫愁路
6	王平桃	1342××××	白云亭
7	吴家驹	9876××××	健康路
8	许环山	6655××××	水西门
9	徐有田	6854××××	港龙园
10	赵红军	8384××××	和平里

表 2-10 是按电话号码进行排序的结果。如果询问人报出电话号码要询问用户姓名和住址，采用此表查找比较方便。

这 3 张表有什么差别吗？可以说没有，因为它们的数据内容完全一样；可以说有，因为它们的排列次序和序号不一样。

设一个数据对象有 n 个数据元素，表示为 $R = (e_i)$，称为待排序数据对象。每个数据元素可以看成由元素数据 d 和排序关键词 k 两部分构成，表示为 $e_i = d_i k_i$，$i = 1, 2, \ldots, n$ 为数据元素在 R 中的原始序号。排序的目标是调整数据元素的序号，使得当 $k_i \leqslant k_j$ 时必有 $i < j$ 成立。例如，在电话号码表中，"李新语"在表 2-8 中的原始序号为 9；在按姓名排序的结果表 2-9 中其序号调整为 2；在按电话号码排序的结果表 2-10 中其序号调整为 5。

表 2-10　电话号码表（按电话号码排序）

序号	姓名	电话号码	住址
1	王平桃	1342××××	白云亭
2	王衡宁	2234××××	莫愁路
3	陈向东	2939××××	上海路
4	刘丹凤	3434××××	中山路
5	李新语	5498××××	傅左巷
6	王宝才	6457××××	北京路
7	许环山	6655××××	水西门
8	徐有田	6854××××	港龙园
9	赵红军	8384××××	和平里
10	吴家驹	9876××××	健康路

定义 2.3　根据给定排序关键词 k，调整待排序数据对象 F 中所有数据元素的序号，使得当 $k_i \leqslant k_j$(递增序)或 $k_i \geqslant k_j$ 时(递减序)，有 $i < j$ 成立。

根据定义可知，排序涉及以下几个要素：

① 排序对象，即待排序数据对象。通常是一个线性表，如表示为 F 。

② 排序关键词，即排序依据。排序关键词决定着数据元素的次序；一般由数据元素中一个或一组数据项充当。如表 2-8 中的姓名或电话号码都可以作为排序关键词用。为此，常常把数据元素表示为 kd；k 为排序关键词部分，d 为其余数据部分；d 可以为空，即 k 是数据元素的全部。如果排序关键词只由一个数据项组成，则它决定数据元素的排序次序。如果排序关键词是由两个或两个以上数据项组成时，排序情况就不同了；数据项的组合顺序不同，排序结果就不同。规则是，第 1 个数据项的决定作用最强，第 2 个次之，第 3 个更次之，依此类推。换句话说，当第 1 个数据项不能决定两个数据元素的先后顺序时，才考虑第 2 个数据项。当第 1 和第 2 个数据项不能决定两个数据元素的先后顺序时，才考虑第 3 个数据项，等等。如果两数据元素在所有数据项上都相等，则它们的次序由排序算法决定。

③ 排序方向，即递增还是递减排序。递增和递减有严格递增和广义递增、严格递减和广义递减之分。"严格"的意义是，排序对象中不允许出现排序关键词值完全相同的数据元素，而"广义"的则允许。广义递增又称"不减"（即小于等于关系），广义递减又称"不增"（即大于等于关系）。如果排序对象中存在排序关键词值相同的数据元素，它们在排序结果中仍保持原来的先后顺序，则称排序是"稳定的"，否则是"不稳定的"。如果排序关键词由多个数据项组成，则每个数据项可以有自己的排序方向。例如，对电话号码表排序时可选择用户名递增方向和电话号码递减方向。

④ 排序操作，即排序方法和技术。以排序算法描述，进而可执行排序程序。

⑤ 排序结果，即已排好序的数据对象。通常仍是一个线性表，如表示为 R。与待排序数据对象比较，仅数据元素的排列次序不同而已。如果 F 和 R 存储于不同存储区域，则 F 和 R 同时可用。如果 F 和 R 存储于同一存储区域，即排序过程中 R 占用了 F 的存储空间，则 F 不再可用，并称其为就地排序。

因此，排序操作的函数可一般地表示为，

$$S(F, k_1/d, k_2/d, \ldots, k_m/d, R)$$

其中，F 为排序对象。K_i 为排序关键词，m 可以等于 1。d 为排序方向，可选用递增或递减。R 为排序结果，S 是排序算法，R 和 F 可以相同，即对 F 排序，结果仍存储在 F 中。F 和 R 可以是顺序表，也可以是链表。本书讨论中若无特别声明，都假定是顺序表。为讨论方便又不失一般性，还假定排序关键词是一个整数数据项，排序方向是递增的。

计算机排序有内排序和外排序之分。所谓内排序是指只在计算机内存中进行的排序。适合于数据元素比较少，或内存足够一次存储排序对象的问题。内排序速度比较快，算法简单。如果数据元素很多，可用内存不足一次存储所有元素时就要采用外排序。所谓外排序是借助外存空间（如磁盘）协助进行排序操作的排序算法。因为外排序需要频繁地进行内外存的数据交换，所以速度比较慢，算法也复杂一些。本书只讨论内排序的部分算法。

排序过程的实质是数据元素之间的排序关键词比较（测定顺序）和数据元素移动（结点到位）的反复过程。因为比较和移动的方法和策略不同，所以产生出了许多不同的排序算法。排序方法和技术的研究由来已久，提出的可用算法也很多。根据不完全统计，迄今为止大约有排序算法 60～70 种以上。这些排序算法技巧性很强，方法各异，效率千差万别。不同算法适应不同排序对象、不同规模、不同系统环境，以供用户择其优而用之。

一般来说，内排序算法归纳为有 7 类，插入排序、交换排序、选择排序、堆排序、归并排序、基数排序和树排序等。每一类又可能有几种不同的实现算法，如插入排序类有直接插入排序法和希尔排序法，等等。本节先介绍几个简单的排序算法，主要是直接插入排序、简单交换排序和简单选择排序。

2.7.2 简单排序算法

1. 直接插入排序

直接插入排序是最简单的一种排序方法，读者极易学会和理解。

基本思想：直接插入排序的基本思想是，把待排序表一分为二。前部为"已排序部分"，后部为"待排序部分"，如图 2-15 所示。初始时，已排序部分只有一个结点，其余所有结点都在待排序部分中。

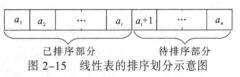

图 2-15 线性表的排序划分示意图

排序过程就是把"待排序部分"中的元素一个一个地插入到"已排序部分"中的正确位置并保证有序，直到"待排序部分"空为止。

初始时，总可以把排序对象划分成 (a_1) 和 $(a_2, \cdots, a_n)$ 两部分，(a_1) 是已排序部分。因为只有一个数据元素，所以总是有序的。接着的事情是从待排序部分的第 1 个元素 a_2 开始，逐个元素地与已排序部分中的元素比较，找到自己应该的位置，并插入其中。如此不断扩大已排序部分的长度，减小待排序部分的长度，直到所有元素都已进入已排序部分时结束。注意，因为排序结果仍存储在原线性表的空间，但结点顺序次序改变了，所以这种排序是就地排序。

实例演示：设有序列{41，25，17，12，28，14，23，16}，直接插入排序的过程如下：

操作次序	"已排序部分"	"待排序部分"
初始划分	41	25，17，12，28，14，23，16
第 1 次	25，41	17，12，28，14，23，16
第 2 次	17，25，41	12，28，14，23，16
第 3 次	12，17，25，41	28，14，23，16
第 4 次	12，17，25，28，41	14，23，16
第 5 次	12，14，17，25，28，41	23，16
第 6 次	12，14，17，25，23，28，41	16
第 7 次	12，14，16，17，25，23，28，41	（空）

其中，已排序部分的某行中带下画线的整数是上一行的待排序部分带下画线整数插入的。

算法思路：设顺序表 F，存储为一维数组，长度为 n，i，j 为整数变量。i 标记已排序部分与待排序部分的分界点，指向待排序部分的第 1 个结点位置，也是控制排序是否结束的标记，初值为 2。j 用于寻找插入位置时扫描已排序部分的位置指示，初值为 $i-1$。寻找过程中不断减 1。设置一个变量 temp，用于存放当前正待插入的那个结点，以空出该结点原来的位置。因为查找插入位置是从已排序部分尾部向前扫描，且每次要后移一个结点位置，为待插入结点空出位置。特殊情况下，待插入结点可能正好要插入在已排序部分的最后结点的后面。

算法描述：为了明确，本算法以例 2.1 中结构类型描述的顺序表为例进行设计。排序对象为 IntSeq 类型的顺序表 F，因为是就地排序，所以排序结果也为 F，排序关键词是 integer，排序方向设定为递增的。

```
SeqInseatSort(F)
{   int i,j, temp;
    for(i=2;i≤F.length;i←i+1 )
{   temp ← F.integer[i];
    j ← i-1;
    while(j≥1且temp < F.integer[j])
{   F.integer[j+1] ← F.integer[j];
    j ← j-1;
}
    F.data[j+1] ← temp;
}
}
```

算法评说：因为待排序结点是由左向右从待排序部分选取，而向已排序部分插入是由大到小扫描定位的，所以直接插入排序是稳定的。

因为算法是二重循环，所以直接插入排序的时间复杂度为 $O(n^2)$。

2. 简单交换排序

简单交换排序也是最简单的排序方法之一；与简单插入排序算法不同的是，简单交换排序算法通过关键词比较与结点交换的手段把待排序序列中的"最小值"结点一次性"升浮"到"顶端"位置。

基本思想：简单交换排序又俗称冒泡排序。设排序对象为 $\{a_1, a_2, \ldots a_n\}$，要求对其进行递增排序。基本思想是，把排序对象分成"已排序部分"和"待排序部分"；纵向地看，已排序部分在上部，待排序部分在下部，如图 2-16 所示。初始时，已排序部分为空。排序过程是，先对 n 个结点从底部开始依次向上两两进行比较，当出现 $a<a_{j-1}$ 时（称为"反序"）就交换 a_j 和 a_{j-1} 的值，使有 $a_j>a_{j-1}$ 的关系；即相邻两结点交换它们的位置。最后必能选出一个最小结点到达最上位置，成为已排序部分的第 1 个结点。这就好像最小结点是一个"最轻的气泡"自然地"冒升"到了待排序部分的顶部。这时，已排序部分有了 1 个结点，其余 $n-1$ 结点组成待排序部分，并称为一次扫描。接着依同样的方法再从 $n-1$ 个结点的待排序部分扫描，冒升出最小者置于它的最上位置，即已排序部分的第 2 个结点位置。如此往复，已排序部分不断向下延伸，待排序部分不断向下减短。直到待排序部分仅有 1 个结点时为止，并成为已排序部分的最下一个结点，完成排序过程。

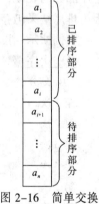

图 2-16　简单交换排序示意图

实例演示：设有线性表 $\{41, 25, 17, 12, 28, 14, 23, 16\}$。简单交换排序的过程如下：

① 第一趟扫描的过程如图 2-17 所示。其中，带箭头弧表示比较且有交换，无箭头弧表示仅有比较而无须交换。扫描结果使最小结点冒浮到了最上位置。下一趟扫描针对除"12"以外的结点进行，方法完全一样。直当仅剩下一个结点时扫描结束，获得排序结果。

② 整个排序过程一般需要 $n-1$（这里示 8-1=7）次扫描。图 2-18 中圆括号框住的部分为已排序部分。细心的读者也许已经看出，第 5 次扫描后整个线性表已经有序，此后的扫描是多余的。

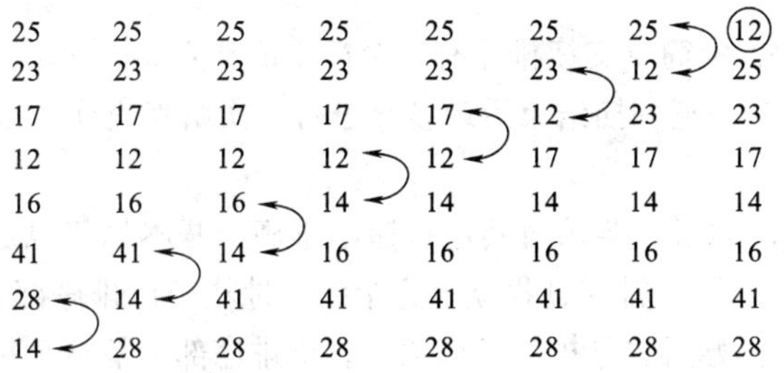

```
25   25   25   25   25   25   25 →(12)
23   23   23   23   23   23 → 12   25
17   17   17   17   17 → 12   23   23
12   12   12   12 → 12   17   17   17
16   16   16 ← 14 → 14   14   14   14
41   41 ← 14 → 16   16   16   16   16
28 ← 14 → 41   41   41   41   41   41
14 → 28   28   28   28   28   28   28
```

图 2-17　简单交换排序的一次扫描

```
25  (12) (12) (12) (12) (12) (12) (12)
23   25  (14) (14) (14) (14) (14) (14)
17   23   25  (16) (16) (16) (16) (16)
12   17   23   25  (17) (17) (17) (17)
16   12   17   23   25  (23) (23) (23)
41   16   16   17   23   25  (25) (25)
28   41   28   28   28   28  (28) (28)
14   28   41   41   41   41   41  (41)
排   第   第   第   第   第   第   第   排
序   1    2    3    4    5    6    7    序
对   趟   趟   趟   趟   趟   趟   趟   结
象   扫   扫   扫   扫   扫   扫   扫   果
     描   描   描   描   描   描   描
```

图 2-18　简单交换排序过程示意图

算法思路：设顺序表为 F，存储为一维数组，长度 n，要求用简单交换排序方法对其进行排序。根据前面的分析和实例演示可以发现，排序的核心是结点扫描。扫描实际是对结点进行两两比较的循环过程。在扫描中，"最小"结点渐渐冒升到它的正当位置。为此，用整数变量 i 标志扫描完成后最小结点的位置，同时也把扫描范围控制在 i 和 n 之间。i 的初值为 1，这既表示第 1 趟扫描，也表示现在要冒升的最小结点必须存储在 1 号结点位置。i 的终值是 $n-1$。说明最多要作 $n-1$ 次扫描，这是一个循环。扫描也是一个循环，核心操作是比较和必要时的结点交换。为控制扫描过程，还要设置一个整数变量 j，j 从 n 向 i 逐一推进，控制扫描过程的结束。对每一次扫描，j 的初置总是为 n，即从顺序表的最后一个元素开始向上扫描。

从实例演示还能发现这样一个事实，在第 5 趟扫描之后，待排序部分已经有序，无须再继续扫描下去。直接的原因是，在第 5 趟扫描中发生过反序结点的交换，而自第 6 趟扫描开始不再发生结点交换。为了标志这个事实，设置整数变量 k 记录扫描中是否出现过反序结点交换。扫描开始时令 $K=0$，扫描中出现反序时置 $K=1$。每一趟扫描结束后检查 K 为何值。若 $K=0$，表示无反序出现过，算法终止。若 $K=1$，表示有反序出现过，仍须继续扫描。

算法描述：本算法同样以例 2.1 中结构类型描述的顺序表为例进行设计。排序对象为 IntSeq 类型的顺序表 F，排序结果也为 F；排序关键词是 integer，排序方向设定为递增的。

```
SeqExchangeSort(F)
{   int i,j,k=1,temp;
    for(i=1;i≤F.length-1 且 k≠0;i←i+1)
    {   k ← 0;
        for(j=F.length;j > i;j=j-1)
            if(F.integer[j-1] > F.integer[j])
            {   temp ← F.integer[j-1];
                F.integer[j-1] ←  F.integer[j];
                F.integer[j] ← temp;
                k ← 1;
            }
    }
}
```

算法评说：算法由两重嵌套的 for 循环构成。外循环控制执行扫描次数，但未必要执行 $n-1$ 次扫描；当某次扫描不出现任何反序时，此后无须再继续扫描，待排序部分自然地进入已排序部分。特别地，当排序对象本来就是有序的，则第 1 次扫描之后就能获得排序结果。内循环控制扫描（比较与移动）过程，并记录有无反序出现的标志。因此，最坏情况下比较与结点移动的次数为 $(n-1)+(n-2)+\cdots+2+1=(n-1)n$ 次，所以简单交换排序算法的时间复杂度为 $O(n^2)$。

简单交换排序是稳定的、就地的排序。

3. 简单选择排序

简单选择排序的思想基于简单交换排序。但简单交换排序有一个严重的缺点，每一次比较都有可能发生两结点交换。而简单选择排序在一趟扫描结束后最多只进行一次结点交换。显然，时间效率比简单交换排序好得多。

基本思想：设排序对象为 $\{a_1, a_2, \ldots, a_n\}$，要求对其进行递增排序。基本思想也是把排序对象分成"已排序部分"和"待排序部分"。排序过程就是逐个结点地增长已排序部分，使包含全部结点，使待排序部分最后为空。初始时，已排序部分为空，待排序部分是整个排序对象。第 1 次，在第 1 号～第 n 号结点中找到最小结点，并与第 1 号结点交换，即把最小结点存入到 1 号结点位置，称其为第 1 趟扫描。这时，已排序部分含有了 1 个结点，待排序部分含有 $n-1$ 个结点。第 2 趟扫描在第 2 号～第 n 号结点中找到最小结点，并与第 2 个结点交换，即把最小结点存入到 2 号结点位置。整体而言，这是一个次小结点，称其为第 2 趟扫描。已排序部分增加了一个结点，待排序部分又减少了一个结点。第 i 次扫描在第 i 号～第 n 号结点中找到最小结点，并与第 i 号结点交换。如此往复，直到第 $n-1$ 号结点到位，第 n 号结点无须再扫描。这样，所有结点就都进入了已排序部分，完成排序过程。注意，每次扫描的实质是选择一个"最小"结点，故属选择排序类型。

实例演示：设有序列{41, 25, 17, 12, 28, 14, 23, 16}，下面演示一下简单选择排序的排序过程。设第 3 次扫描完成，已排序部分含有 3 个结点{12，14，16}。在此基础上进行第 4 次扫描，其演示过程如图 2-19 所示。

```
结点号：     1      2      3      4      5      6      7      8
扫描开始： 12     14     16  ‖ 41     28     25     23     17
                                 ▲
          记录的最小结点号：4

第1次比较： 12     14     16  ‖ 41     28     25     23     17
                                        ▲
          记录的最小结点号：5，     因为  28< 41

第2次比较： 12     14     16  ‖ 41     28     25     23     17
                                               ▲
          记录的最小结点号：6，     因为  25< 28

第3次比较： 12     14     16  ‖ 41     28     25     23     17
                                                      ▲
          记录的最小结点号：7，     因为  23< 25

第4次比较： 12     14     16  ‖ 41     28     25     23     17
                                                             ▲
          记录的最小结点号：8，     因为  17< 23

交换结点： 12     14     16  ‖ 41     28     25     23     17
                                 └──────────────────────┘

扫描结果： 12     14     16     17  ‖ 28     25     23     41
```

图 2-19 简单选择排序的一次扫描

其中，小三角标志出当前最小结点。"‖"是已排序部分和待排序部分的分界线。图 2-20 是整个排序的过程演示。

算法思路：设顺序表为 F，存储为一维数组，长度为 n，要求用简单选择排序方法对其进行排序。根据前面的分析和实例演示可以发现，这种排序的过程是通过 $n-1$ 扫描找出待排序部分中的"最小"结点，即选择，并进行一次交换，这是一个循环执行过程。每一次扫描也是一个循环，主要操作是比较，以便在待排序部分的诸结点中找到最小结点。

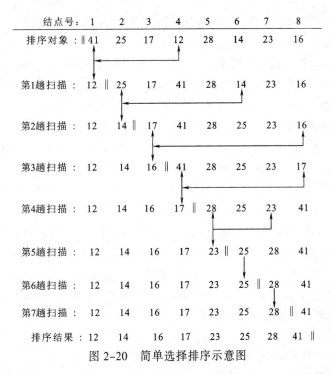

图 2-20 简单选择排序示意图

为此，设置整数变量 i、j、k。i 控制扫描的循环，初值为 1；j 控制扫描中的比较，初值为 $i+1$；k 记录最小结点位置号，初值为 i。

算法描述：本算法同样以例 2.1 中结构类型描述的顺序表为例进行设计。排序对象为 IntSeq 类型的顺序表 F，因为是就地排序，所以排序结果也为 F。排序关键词是 integer，排序方向设定为递增的。

```
SeqSelectSort(F)
{   int i,j,k,temp;
    for(i←1;i≤F.length-1;i←i+1)
    {   k ← i;
        for(j←i+1;j≤F.length;j←j+1)
            if(F.integer[j]<F.integer[k])
                k ← j;
        if(k≠i)
        { temp ← F.integer[i];
            F.integer[i] ← F.integer[k];
            F.integer[k] ← temp;
        }
    }
}
```

算法评说：算法由两重嵌套的 for 循环构成。外循环控制执行扫描次数，由变量 i 控制；执行 n−1 次扫描。内循环控制扫描（比较）过程，k 记录"最小"结点的结点号。扫描结束后如果 k=i，则不发生交换。因此，简单选择排序的主要操作是比较。简单选择排序是稳定的。

简单选择排序算法的时间复杂度为 $O(n^2)$，但与简单交换排序算法的时间复杂度不同，它只有比较操作而无交换操作；每次扫描结束时的一次交换不计在内。

4．希尔排序

前 3 种排序归类为简单排序，其特点是算法简单、稳定、就地，但效率比较低，适合于规模比较小的数据对象的内排序。希尔排序属插入排序类，是对直接插入排序的一个改进。希尔排序又称"缩小增量排序"或"递减增量排序"，由 D.L.希尔于 1959 年提出，并得到推广应用。

基本思想：假设待排序数据对象有 n 个数据元素。希尔排序的基本思想是，先取一个小于 n 的正整数 d_k 作为第一个增量，把全部数据元素分成 d_k 个组；每组最多 $\lceil n/d_k \rceil$ 个元素，最少 $\lfloor n/d_k \rfloor$ 个元素。所有距离为 d_k 的倍数的元素在同一组中。分别对各组内的元素进行直接插入排序，称为一次分组排序。然后，再取正整数 $d_{k-1} < d_k$ 作为第二个增量，重复上述的分组排序。直至所取的增量 $d_1=1$，$d_k > d_{k-1} > ... > d_2 > d_1=1$，即最后一次分组使所有元素在一个组中，再进行最后一次直接插入排序，结束希尔排序。所以，该方法又称为分组插入排序法。

那么，如何选取增量序列 $\{d_k, d_{k-1}, ..., d_2, d_1\}$ 呢？首先，要保证 $d_k < n$，最好 n 是 d_k 的某个倍数；再则，要保证有 $d_k < d_{k-1} > ... > d_2 > d_1$ 成立；最后，要保证 $d_1=1$。一般来说，最好使 $\{d_k, d_{k-1}, ..., d_2, d_1\}$ 的变化有一定的规律，或者说是可以通过公式计算的。例如，可选奇数序列，取 $d_k=2k-1$ 且有 $2(k+1)-1 > n > d_k$，使 $d_k=2k-1$，$d_{k-1}=2(k-1)-1,...,3,1$。又如，可选序列 $d_k=(n/3)+1$，$d_{k-1}=(d_k/3)+1$，...，1。再如，可选指数序列，取 $d_k=h^k$ 且使 $h^{k+1} \geq n > h^k$，使 $d_k=h^k$，$d_{k-1}=h^{k-1},...,h^1,h^0=1$；特别地，当 $h=2$ 时有，$d_k=2^k$，$d_{k-1}=2^{k-1},...,2^1,2^0=1$，如 16、8、4、2、1 等。这也是常常被推荐的。

实例演示：设有序列 $\{41, 25, 17, 12, 28, 14, 23, 16, 17\}$，$n=9$；增量序列为 $\{4,2,1\}$。

第 1 次用 $d_3=4$ 把全部数据元素分为 4 组。第 1 组有 3 个元素，其余 3 组每组有 2 个元素，并对增量 $d_3=4$ 进行排序，如图 2-21 所示。注意，图中本行表示待排序的那个分组中的元素，也表示出了上一行分组的排序结果。

类似地，接着对增量 $d_2 = 2$ 进行排序，最后对增量 $d_1 = 1$ 进行排序，如图 2-22 所示。

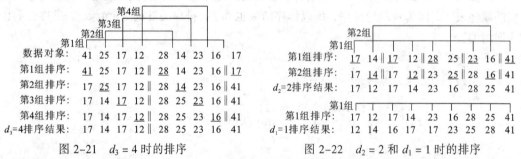

图 2-21　$d_3 = 4$ 时的排序　　　　图 2-22　$d_2 = 2$ 和 $d_1 = 1$ 时的排序

算法思路：设顺序表为 F，存储于一维数组，长度为 n，要求用希尔排序方法对其进行排序。算法的核心是分组排序，与直接插入排序算法类似。但是，在算法设计上并不如基本思想中说的那样一组一组地单独进行插入排序，而是采取齐头并进的方式。即先把每组的第 1 个元素设为已排序部分；接着将每组的第 2 个元素插入已排序部分，再将每组的第 3 个元素插入已排序部分，...，直至所有分组排序完毕，完成一次分组排序。这是一个简单的循环过程。为此，设置整数变量 d、i，d 存放当前执行增量，i 存放结点号，初始值为 $d+1$，即从第 $d+1$ 结点开始向后逐个结点地进行相应分组的插入排序。当 $i=2d+1$ 时，意味着开始每组的下一个结点的插入，等等。

在分组排序循环的外层再套上一层由增量序列控制的循环，当增量递减为 1 时结束排序全过程。

算法描述：本算法同样以例 2.1 中结构类型描述的顺序表为例进行设计。排序对象为 IntSeq 类型的顺序表 F，因为是就地排序所以排序结果也为 F，排序关键词是 integer，排序方向设定为递增的。增量序列设为 $d_k=n/2, d_{k-1}=d_k/2, \cdots, 1$。

```
ShellSort(F)
{   int increment = n/2;
    while(increment≥1)
    {   GroupPass(F, increment);
        increment ← increment /2;
    }
}
GroupPass(S, d)
{   int i,j,temp;
for(i←d+1;i≤n; i←i+1)
    if(S.integer[i] < S.integer[i-d])
    {   temp ← S.integer[i];
        j ← i-d;
        do
        {   S.integer[j+d] ← S.integer[j]
            j ← j-d;
        }while(j>0 且 temp<S.integer[j]);
        S.integer[j+d] ← temp;
    }
}
```

算法评说：这个算法由两个函数构成。ShellSort()控制增量序列，并调用 GroupPass()；GroupPass()完成一个特定增量的排序。这种设计符合结构化设计思想，降低了算法的复杂度。

希尔排序在效率上比直接插入排序有较大的改进。因为希尔排序开始时增量较大，分组较多，每组的记录数目少，各组内直接插入较快。后来增量逐渐缩小，分组数逐渐减少，而各组的记录数目逐渐增多。但由于已经按前一增量排过序，使数据对象较接近于有序状态，所以使新一轮排序过程加快。希尔排序是不稳定的、就地的，时间复杂度为 $O(n(\log_2 n)^2)$。

2.8 给教务员的一个解答

在 2.1 节中，虽然已经给教务员李娜娜的疑问做了些解答，但只是简单的、笼统的、概念的。现在有条件对其进行比较详细的解说。教务管理系统是一个综合性的软件系统，成绩统计只是它的一个功能。就这个功能而言，可以分几个层面进行说明。

第一个层面是操作界面，李娜娜做成绩统计时就是在这个层次上操作完成任务的。操作界面是提供最终用户使用的、简单的、直观的软件设施。李娜娜做成绩统计要做两件事：

一是成绩输入。每当教师的纸质成绩登记表送到后就立即输入到系统保存。输入界面可以是如图 2-23 所示的设计。操作时选择一个正确的学期代号、课程代号，这对一门课程的成绩是相对固定的。接着是选择一个学号，并输入他/她的分数，单击"保存"按钮保存起来。这是一个成绩数据的收集过程，是其后各种成绩处理功能的基础。

二是成绩统计。其操作界面可以是如图 2-24 所示的设计。只要单击"统计"按钮立即就可以得到统计结果，并显示在界面上。为了得到分数最好的前 10 个学生，只要单击"排序"按钮即得。因为这个按钮的功能就是把统计表中的数据按平均分由高到低排序，并重新显示统计表。这时就可以随意提取前若干名了，单击"打印"按钮便能打印出统计表格呈报。

| 图 2-23 | 学生成绩输入的一种界面设计 | 图 2-24 | 学生成绩统计的一种界面设计 |

第二个层面是数据的逻辑结构，即如何组织数据。这个层面比较专业，在教务员的心目中，学生成绩登记表应如表 1-2 或表 1-3 那样。但是，这种结构缺乏数据组织的合理性和灵活性，也不利计算机软件实现。为此，根据成绩管理的性质设计成 3 张表，见表 2-1、表 2-2 和表 2-3。从数据概念上理解，这 3 张表是 3 个数据对象，且它们之间具有天然的连接关系。从数据结构原理上理解，这 3 张表是 3 个线性表。为了处理便利，可以选定"学号"、"课程代号"和"学号+课程代号"分别为学生表、课程目录表和成绩表的关键词，并保持它们对于关键词有序，必要时对其进行排序操作。显然，3 张表表示了既独立又联系的 3 个实体（集合）——学生、课程目录和成绩，即它们既可以被独立维护和处理，又可以相互引用。例如，可以通过成绩表中的学号引用学生表中的姓名或其他数据；通过成绩表中的课程代号引用课程目录表中的课程名称或其他数据。反过来，可以通过学生表中的学号引用成绩表中关于该学生所学课程的成绩数据；可以通过课程目录表中的课程代号引用成绩表中所有有修读该课程的学生的成绩数据；等等。可见如此构造成绩数据的有效性。为了成绩统计处理的需要还设计了第 4 张表，学生成绩统计表（见图 2-24），这是一个临时表，也为线性表结构。因为其中的数据直接依赖于前 3 张表，且随前 3 张表中数据的变化而变化，故无在系统中固定保存的必要。

第三个层面是数据的物理结构，即如何存储数据。众所周知，计算机系统用文件的方式保存数据在外存储器(主要是磁盘)上，而文件的实质是线性表。为了简便，这里把它们定义为 3 张顺序表的形态驻入在内存中，而不去涉及文件的概念。类 C 语言的结构类型描述分别如下：

(1) 学生表(xsb)结构类型描述

```
#define MAXSIZE1  1000
typedef struct
{  string  xh,xm,bj;
} student;
typedef struct
{  student xs[MAXSIZE1];
    int  xn;
} SeqStudent;
```

(2) 课程目录表(kcmlb)结构类型描述

```
#define MAXSIZE2  100
typedef struct
{   string  kcdh,kcmc,
    int xss;
    int xfs;
    course;
```

```
typedef struct
{ course kc[MAXSIZE2];
    int  kn;
} SeqCourse;
```

（3）成绩表(cjb)结构类型描述

```
#define MAXSIZE3  32000
typedef struct
{   string  xh,kcdh,xqdh;
    int  fscj;
} score;
typedef struct
{   score cj[MAXSIZE2];
    int  cn;
} SeqScore;
```

还有第 4 张表，作为临时表的成绩统计表，其类 C 语言描述的结构类型描述如下：

```
#define MAXSIZE1  1000
typedef struct
{    string  xh,xm;
    int  zf;
    int  pjf;
} statistics;
typedef struct
{  statistics tj[MAXSIZE1];
    int  tn;
} SeqStatistics;
```

由结构类型描述可以分别定义 3 个顺序表和 1 个临时的顺序表如下：

学生表: `SeqStudent  X;`
课程目录表: `SeqCourse  K;`
成绩表: `SeqScore  C;`

第四个层面是处理，即算法设计。前 3 个层面是数据结构的内容，是静态的；而这个层面则是处理行为，是动态的。用户操作界面上的每一个按钮都对应一个程序，按动一个按钮就意味着执行相应程序；程序设计的基础是算法。作为示例，下面只给出图 2-24 中的"统计"按钮执行的相应程序的算法。

```
ScoreStatistics(X,K,C)                // 生成成绩统计表数据
{   string h,m;
    int i,j,s,n;
    SeqStatistics  T;
    T.tn ← 0;
    for(i←1;i≤X.xn;i←i+1)
    {   h ← X.xs[i].xh;
        m ← X.xs[i].xm;
        s ← 0;
        n ← 0;
        if(Count(C,h,s,n)=1)
            if(SeqListAppend(T, h,m,s,s/n) = 0)
                return;
    }
}
Count(C,h,s,n)                        // 统计某学生的总分
{   int k;
    k ← SeqSearch(C,h);
    if(k = 0)
        return 0;
    else
    {   n ← n + 1;
```

```
            s ← s + C.cj[k].fscj;
    }
    do
    {   k ← SeqSearchNext(C,k+1,h);
        if(k > 0)
        {   n ← n + 1;
            s ← s + C.cj[k].fscj;
        }
    }While(k > 0);
    return 1;
}
SeqSearch(S,v)                      // 查找某学生的第一个成绩数据
{   int k;
    for(k=1;k≤S.cn;k=k+1)
        if(S.cj[k].xh = v )
            return k;
    return 0;
}
SeqSearchNext(S,k,v)                // 查找某学生的后续成绩数据
{   for(;k ≤ S.cn;k=k+1)
    if(S.cj[k].xh = v )
        return i;
    return 0;
}
SeqListAppend (S，xh,xm,sum,aver)    // 向成绩统计表中追加统计数据
{   if(S.tn≥MAXSIZE1 )
        return 0;
    else
    {   S.tn ← S.tn + 1;
        S.xh[ S.tn ] ← xh;
        S.xm[ S.tn ] ← xm;
        S.zf[ S.tn ] ← sum;
        S.pjf[ S.tn ] ← aver;
        return 1;
    }
}
```

　　本算法由 5 个函数构成，符合结构化设计的思想和原则。"统计"按钮执行函数 ScoreStatistics()，控制对所有学生的成绩统计过程。它平行调用函数 Count()和 SeqListAppend ( )。 Count()根据给定的学号统计出某学生的总分；SeqListAppend ( ) 把统计出的成绩数据追加到 成绩统计表中。Count()调用 SeqSearch()和 SeqSearchNext()；SeqSearch()在成绩表中查找给 定学号的第 1 个成绩数据；SeqSearchNext()查找后续的成绩数据。

　　这个算法并不高明，只为运用本章所讲知识和方法而已。如果保证 3 张顺序表有序，则可 以利用有序表的特性设计出更优秀的算法。

　　通过上面的解说，李娜娜基本明白了个中究竟。她平时可使用图 2-23 所示的操作界面收 集成绩数据。当要完成 2.1 节的任务时在图 2-24 的界面上操作，只要顺序单击"统计"、"排 序"、"打印"按钮即可得到结果报表，最后单击"退出"按钮离开。

小结

1. 知识要点

本章介绍线性表有关的主要内容。线性表在数据设计和软件设计中有极其重要的地位和意 义。必须掌握的知识如下：

① 线性表的定义、结构特点和基本运算。

② 线性表通常采用的两种存储结构——顺序表结构和链表结构。

③ 不同物理结构存储的线性表的主要基本操作的算法：定位、插入、删除、更新。

④ 单向链表、双向链表、循环链表等的物理构造及其特点。

⑤ 基于线性表的查找算法——顺序查找、快速顺序查找、有序表查找、多重查找等。

⑥ 基于线性表的排序——直接插入排序和希尔排序、简单交换排序、简单选择排序等。

2. 内容要点

本章的主要内容如下：

① 线性表：简称表，是同类结点的有限序列；结点个数称长度表示为 n。除第一个和最后一个结点外的结点只与一个前驱结点和一个后继结点关联。第一个结点没有前驱结点，最后一个结点没有后继结点。表中结点的排列次序是时序的或排序的。

② 顺序表：按顺序存储结构存储的线性表称为顺序表。通常，用一维数组存储，并用整数变量存储表的当前长度。

③ 顺序表的常见术语：

- 表头元素或头结点：线性表的第一个结点。

- 表尾元素或尾结点：线性表的最后一个结点。

- 结点号：结点在顺序表中排列的序号，即第几个结点。

- 结点地址：结点在顺序表中的存储单元地址。

- 地址计算：根据结点号计算结点存储地址的计算过程。

- 地址计算公式：计算顺序表中结点的通用公式，一般表示为

$$\text{LOC}\ (a_i) = \text{LOC}\ (a_1) + \ (i - 1)\ b = h + \ (i - 1)\ b$$

④ 链表：按链式存储结构存储的线性表。链表的结点由结点数据域和指针域构成。按指针的不同运用，又分为单向链表、循环链表和双向链表。

⑤ 链表的常见术语：

- 链头结点：链表的第 1 个结点，但不是线性表的第 1 个结点。

- 链头指针：指向链表第 1 个结点的指针，存储于指针变量中，该变量为链表名。

- 链结点：链表中的结点，通常由结点数据域和指针域构成。

- 顺序指针：链结点中的指针，它指向后继结点，也称 next 指针。

- 前驱指针：链结点中的指针，它指向前驱结点，也称 prior 指针。

- 单向链表：链结点中只含顺序指针的链表。

- 循环链表：使单向链表中尾结点的指针指向链头结点形成的链表。

- 双向链表：在链表的结点中同时设置前驱指针和顺序指针形成的链表。

⑥ 线性表的基本运算：针对线性表执行的基本操作，主要有创建表、置表空、求表长度、判表空、结点定位、插入、删除、更新、读、合并等。实现基本运算的算法与线性表的存储结构密切相关。

⑦ 学会如何创建一个顺序表和单向链表。

⑧ 排序和排序算法：排序是按约定的定序标准把一组有序对象重新排列；排序算法是实现排序操作的方法。不同排序方法和不同存储结构的排序算法不同，效率也很有差别。

⑨ 查找和查找算法：查找是根据给定值在数据对象中搜索是否存在对应的数据元素而进行的处理或操作。查找算法是实现查找操作的方法。不同查找方法、不同存储结构、不同有序性的查找算法不同，效率也有差别。多重查找在处理中有重要的意义。

⑩ 基于线性表的算法设计：重点算法是线性表的定位、插入和删除。顺序表的插入和删除算法的关键是结点的移动，必须注意结点移动方向。链表的插入和删除算法的关键是结点扫描和指针调整。调整指针时必须注意调整次序，防止指针丢失。线性表有关的算法的时间复杂度一般与表的长度 n 有关。

3. 本章重点

本章的重点如下：

① 线性表的逻辑概念、顺序表存储结构设计的特点和地址计算、单链表存储结构设计和指针。

② 线性表基本运算的实现算法，以及与存储结构的关系。

③ 排序的概念，基于线性表的几种排序的算法实现，并分析它们的时间效率。

④ 查找的概念，基于线性表的几种查找的算法实现，并分析它们的时间效率。

习题

一、名词解释

试解释下列名词术语的含义：

结点、结点号、结点位置、结点地址、后继结点、前驱结点、哨兵结点、顺序表、单向链表、循环链表、双向链表、结点数据域、指针域、指针变量、链头指针、链头结点、头结点、尾结点、关键词、有序表、查找、多重查找、排序

二、单项选择题：

1. 向顺序表插入结点时，_____。
   A. 一定会移动结点　　　　　　　　　B. 一定不会移动结点
   C. 不一定会移动结点　　　　　　　　D. 不知道

2. 在_____条件下，随机插入和添加插入的效果一样。
   A. $i > m$　　　　　B. $i < m$　　　　　C. $i = n+1$　　　　　D. $i = n$

3. 单向链表的结点中含有一个_____指针。
   A. 前驱　　　　　B. 顺序　　　　　C. 空　　　　　D. 任意

4. 当循环链表为空时，链头结点的指针指向_____。
   A. 链头结点　　　　B. 下一个结点　　　　C. 空　　　　　D. 不知道

5. 双向链表的对称性表现为_____。
   A. p = (p→next)→next = (p→next)→prior
   B. p = (p→prior)→next = (p→prior)→prior
   C. p = (p→prior)→next = (p→next)→prior
   D. p = (p→next)→next = (p→prior) →prior

6. 下列关于线性表物理结构的叙述中，错误的是_____。
   A. 顺序表用一维数组存储，数组上界固定不变
   B. 顺序表的长度一定小于等于对应数组上界

C．链表无须为线性表预留结点空间

D．链表操作中，插入结点时须申请一个结点空间，删除时未必释放结点空间

7．在单向链表中，链表名是一个_____。

A．整数变量　　　B．正整数　　　　C．指针变量　　　　D．指针

8．在清理性查重操作过程中，被查重线性表的长度_____。

A．保持不变　　　B．必定会缩短　　C．可能会缩短　　　D．可能会加长

9．当排序关键词由多个数据项组成时，下列关于排序方向的说法中，正确的是_____。

A．必须都为递增　　　　　　　　B．各数据项方向可以不同，不要求一致

C．必须都为递减　　　　　　　　D．可以为递增或递减，但必须一致

10．下列关于查找的说法中，正确的是_____。

A．只要给定了查找值，就一定能找到一个结点

B．如果给定值是关于查找表主关键词的，就一定能找到一个结点

C．查找表可以是关于关键词的有序表，或无序表

D．查找过程是对结点进行比较和交换的过程

三、填空题

1．设有一顺序表，从地址为 2010 的字节开始存储，结点长度为 50 个字节，则表的第 31 号结点的地址是_____。

2．如果顺序表长度 n 和数组容量 m 相等时，再执行插入操作会发生_____现象。

3．顺序表的结点仅由_____数据构成，而不含_____数据。

4．在链式存储结构中，链结点包括数据域 data 和指针域 next。如果 p 是指向某结点的指针，则*p 表示_____，p->data 表示_____，p->next 表示_____。

5．若排序关键词是几个数据项的组合，则排序结果与_____有关，其最重要作用的是_____。

6．排序操作涉及的要素有：①_____，②_____，③_____，④_____，⑤_____。

7．简单选择排序算法与简单交换排序算法比较，前者比后者减少了_____操作次数。

8．在对递增有序表的顺序查找中，当结点的关键词值_____查找值时，查找失败并结束算法。

9．在循环链表的存储结构中，设置"尾指针"的好处是可以同时取得指向_____结点和_____结点的指针。

四、问答题

1．用数组作为线性表的物理结构时，为什么要使数组的容量大于表的当前长度？

2．创建一个单向链表时，为什么在链头结点的指针域中存"∧"（空）？

3．在何种情况下要对单向链表执行链头插入算法或尾链插入算法？这两种算法有什么不同？

4．为什么在删除单向链表的第 i 个结点时，却要查找到第 $i-1$ 个结点？

5．在插入或删除操作中调整链指针时，为什么一定要注意正确的调整次序？

6．在查找表的端点设置哨兵结点为什么会提高查找算法的时间效率？

7．分析单向链表的顺序查找算法 LinkSearch()，说明为什么只用一个返回命令结束算法就能区分出查找是成功还是失败？

8．排序关键词和查找关键词有什么关系吗？

9．试说明合并与归并有什么异同。

五、思考题

1．为什么顺序表的添加插入不要移动结点，而随机插入要移动结点？

2．为什么顺序表插入时要从尾结点开始向后移动结点，而删除时是从删除位置的后一结点向前移动结点？

3．为单向链表增设链头结点有什么好处？链头结点位于单向链表的何处？如何构造？

4．new(s)表示申请一个新结点空间，free(s)表示归还一个结点空间。向谁申请？归还给谁？new(s)一定能申请成功吗？

5．考量排序算法"好"与"差"的主要依据是什么？

6．给定一个数据对象，在什么条件下可以把它设计为线性表？选择物理结构为顺序表或链表的依据是什么？至少应为其设计哪些基本运算？

六、综合/设计题

1．设有顺序表 Q，长度为 n。试设计一个"表置空"算法，将 Q 置为空表，并用类 C 语言写出该算法。

2．设有 n 个正整数构成的序列 $I = (I_1, I_2, I_3, \ldots, I_n)$ 和给定正整数 k。试设计一个算法，查找并统计出 I 中有多少个元素与 k 值相等。要求设计 I 的物理结构，并用类 C 语言写出其结构类型描述和算法。

3．设有顺序表 S，结点为一个数值数据项，长度为 n，x 为给定值。试设计一个算法，在顺序表 S 中查找与 x 相等的结点。若这样的结点存在，则输出结点号；否则用 x 值构成一个新结点，插入 S 作为尾结点。请先用类 C 语言写出算法，再用 C 语言编程并运行之。

4．设有单向链表 H，试设计一个算法将单向链表 H"逆转"。即结点的原顺序为 $H = (h_1, h_2, \ldots, h_n)$；执行算法后的顺序为 $H = (h_n, h_{n-1}, \ldots, h_1)$。请先用类 C 语言写出算法，再用 C 语言编程并运行之。

5．试写出间接寻址结构存储例 2.2 的线性表的结构类型描述，并写出插入和删除第 i 号结点的类 C 语言算法描述。

6．设有非空带链头结点的单向链表 L，结点数据域为整数 key、指针域为 next，结点顺序是关于关键词 key 有序。试设计一个顺序查找算法，根据给定值 k 在 L 中查找与 k 等值的结点并输出结点数据。请先用类 C 语言写出算法，再用 C 语言编程并运行之。

7．如果线性表 H 的物理结构是循环链表的，且 H 为链尾指针变量。请用类 C 语言写出链尾插入 LinkListAppend（H，e）函数和链头插入 LinkListheader（H，e）函数的相应算法。

8．先运行程序 2-3，再修改程序中给出的顺序表（重新给出结点数据和长度）运行程序 2-3。（可以反复多次）

9．设 H 为一单向链表，试为之设计清理性查重算法 CleanUpRepeat（H）。

10．设单向链表 H 是有序表，试设计并用类 C 语言写出有序表的查找算法。

11．试修改简单交换排序算法 SeqExchangeSort(F)，实现递减排序。

第3章 受限的线性表——栈、队列和串

本章导读

如果对一般线性表作出某些限制，如对基本运算的限制，就形成一些具有特别性质的线性表，如本章将要介绍的栈、队列。栈和队列是软件设计和程序运行中常用的两种数据结构。例如，对线性表的结点数据实施值约束；如限制结点只含一个字符，就形成另一种特别的线性表——串。由此可以理解本章标题中"受限"的意义。因此，本章的任务是介绍栈、队列和串等几个常见的受限线性表。

本章内容要点：

- 栈的概念和运算、顺序栈和链栈的设计与应用；
- 队列的概念和运算、顺序队列和链队列的设计与应用；
- 递归算法；
- 串的概念和运算，串的存储结构设计与应用；
- 栈、队列和串与一般线性表的异同。

学习目标

通过学习本章内容，学生应该能够：

- 理解栈的概念和结构特点，掌握栈的基本运算在顺序栈和链栈结构下的实现算法；
- 理解队列的概念和结构特点，掌握队列的基本运算在顺序队列、循环队列和链队列下的实现算法；
- 理解递归算法的基本思想，以及递归与栈的关系；
- 理解串的概念和结构特点；
- 掌握串的存储结构设计及基本运算的算法实现；
- 理解受限的线性表的意义。

3.1 栈

栈是一种特别的线性表，在软件设计中有频繁应用。在日常生活和工作中，按栈结构原理设计和制造的设施或工作方式的事例也屡见不鲜。

3.1.1　几个栈结构实例

下面举几个现实生活或工作中见到过的实例。

1. 手枪子弹匣的装弹与发射

手枪的子弹匣就是一个栈结构机构，其工作原理如图 3-1 所示。图 3-1 (a) 是子弹的装弹过程，图 3-1 (b) 是子弹的射出过程。从图中读者不难看出，子弹匣是只有一个开口的容器，其横截面只一个子弹大小。压入子弹和发射子弹都只能经过这个开口；子弹在匣里依次顺序紧密排列；排列的顺序与压入的时间有关。假定子弹匣的容量为 10 颗子弹，最先压入的为第 1 颗，接着压入的为第 2 颗，…，最后压入的为第 10 颗，也是最后一颗。而手枪射击时，子弹射出的次序正好与此相反，最先射出的是最后压入的那颗子弹，最先压入的却最后才能射出。

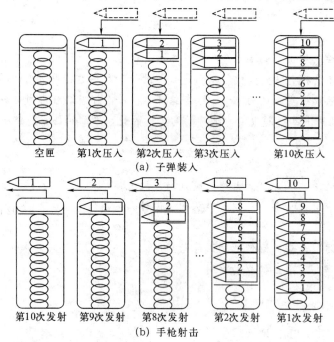

图 3-1　手枪子弹匣的使用

2. 列车调度设施

列车编组站是一个非常重要、繁忙的地方，它的主要工作是进行列车解编作业。列车的到达、解体、集结、编组和出发等一系列作业过程都在编组站的各个车场上完成。空中望去，是一个轨线密布而又复杂的场地与设施，如图 3-2 所示。

编组站的一项编组任务，常常要根据运行规划把一列火车的车厢次序进行调整重编。例如，一列火车 L 有 4 节车厢，编号为 L1、L2、L3、L4。开进调度场后要解编为 L2、L4、L3、L1 开出。因为 L 是在一条轨道上，不能随意移动，因此，在编组站的调度场设立一种 Y 形轨道线(见图 3-3)用于这种调度解编。

调度过程是，L1 从 A 轨进入 B 轨（见图 3-3，以后同），L2 从 A 轨进入 B 轨并立即从 B 轨进入 C 轨，L3 从 A 轨进入 B 轨，L4 从 A 轨进入 B 轨并立即从 B 轨进入 C 轨，L3 从 B 轨进入 C 轨，L1 从 B 轨进入 C 轨，完成调度解编任务。

图 3-2　编组站的空中鸟瞰

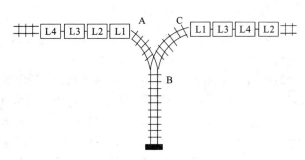

图 3-3　Y 形轨道列车调度设施

3. 程序调用的返回控制机制

在软件设计中,一个程序调用另一个程序,一个程序执行完成后再返回调用它的那个程序,这是很常见且很平常的方法。多个程序之间的多重调用也是软件设计中少不了的事。这里的关键是如何有效管理。例如,设有程序 p1、p2、p3、p4、p5 ,且有 p1 调用 p2,p2 调用 p3,p3 调用 p4,p4 调用 p5;当 p5 执行完成后必须返回到 p4,当 p4 执行完成后必须返回到 p3,再依次返回到 p2、p1。即调用是 p1→p2→p3→p4→p5 的次序,而返回必须是 p5→p4→p3→p2→p1 的次序,即返回的次序与调用的次序相反。如图 3-4 所示,其中 fi 为返回点,粗箭头为程序执行。

那么,如何有效控制返回的次序而不造成混乱呢?方法是设置一个表,设为 S,其底端封闭,上端开口,且只能一个数据从开口进出,如图 3-5 (a) 所示。当 p1 调用 p2 时,先把 p1 的返回点 f1 放在 S 中,再转到 p2 去执行。同样,当 p2 调用 p3 时,先把 p2 的返回点 f2 放在 S 中,再转到 p3 去执行。这时 f2 压在 f1 的上面。如此,当调用并执行 p5 时,表 S 有图 3-5 (b) 所示的状态。当 p5 执行完成要返回时,就从 S 中去取最顶上的返回点 f4 并执行返回。此后,将依次取得返回点 f3、f2。显然,当 p2 在其返回点以下执行时,S 有如图 3-5 (c) 所示的状态。当它要返回时,必取得返回点 f1。

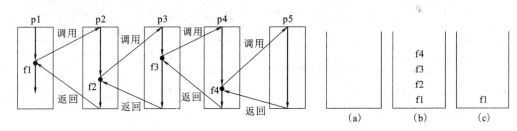

图 3-4　程序间的调用与返回　　　　　　图 3-5　程序调用返回控制

上面 3 个实例具有许多共同特征。其一,如果把子弹匣、Y 形轨道的 B 轨部分、表 S 都看成是一个容器的话,则都是一端开口而另一端封闭。其二,实体(子弹、车厢、返回点)只能从开口端进出。其三,所有已进入的实体都是按线性关系排列。其四,如果有实体要出来,则总是后进入的实体先出来。

3.1.2　栈的定义及其基本运算

本节介绍栈的逻辑结构及其基本运算。

1. 栈的定义

定义 3.1[栈] 栈是限制结点插入和删除只能在同一端进行的线性表。可插入和删除的一端称为栈顶，另一端称为栈底。

为控制对栈的操作，设置一个"栈顶指针"指示最后插入栈中的结点位置，处于栈顶位置的结点称为栈顶结点。设置一个"栈底指针"指示栈底位置，它始终指向最先插入的结点的下面位置。栈的结构如图 3-6 (a) 所示。不含任何结点的栈称为"空栈"。栈为空时，栈顶指针与栈底指针重合，如图 3-6 (b) 所示。

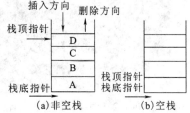

图 3-6 栈的结构

栈的插入又形象地称为压栈，删除称为弹栈。栈的重要特点是，最后压入的结点最先弹出，最先压入的结点只能最后弹出。因为栈本身还是线性表，所以栈又称为后进先出表，或称 LIFO (Last In First Out) 表。

2. 栈的基本运算

栈主要有表 3-1 列出的 8 种基本运算。其中，压栈和弹栈运算是把线性表定义为栈的约束机制（运算约束）。

表 3-1 栈的基本运算

序　号	名　　称	函 数 表 示	功 能 说 明
1	创建栈	StackCreate ()	建立一个空栈
2	判栈空	StackEmpty ()	栈空返回 1，否则返回 0
3	压栈	StackPush()	把新结点置为栈顶结点
4	弹栈	StackPop()	删除栈顶结点
5	读栈	StackGet()	读取栈顶结点数据
6	更新	StackUpdate()	用一个新结点数据替换原栈顶结点
7	栈置空	StackPutEmpty()	置栈为空
8	求栈长度	StackLength()	返回栈中当前结点个数

3.1.3 顺序栈及其基本运算的实现算法

可以用顺序结构或链式结构存储栈。这里先介绍栈的顺序存储结构及其基本运算的实现算法。

1. 栈的顺序存储结构

顺序结构存储的栈称为顺序栈。和顺序表一样，用一维数组存储之。栈底一般设在数组的第一个元素的前面，即低下标的一端，下标值为 0 的数组元素处，也可以反之。栈顶指针值是数组元素的下标，始终指向最后插入的那个结点（见图 3-7）。需要特别说明的是，这里说到的指针不是指针类型的指针，而是一个整数，仅是描述该数据功能意义的形象称呼。当栈顶指针和栈底指针都等于 0 时，栈为空。

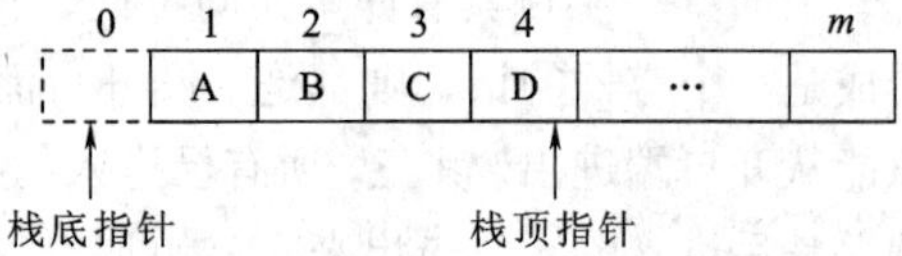

图 3-7 顺序栈的存储结构

为方便且不失一般性，假设结点数据为单个字符，则类 C 语言描述的顺序栈的结构类型如下。

结构类型描述 3.1:

```
#define  MAXSIZE 10
typedef struct
{ char StackNode[MAXSIZE];
   int top;
}SeqStack;
```

其中，StackNode[MAXSIZE]（一维数组）为栈体，top 为栈顶指针。栈底固定在数组的低下标端，即下标为 0 的数组元素处，所以无须设置栈底指针。当 top = 0 时，与栈底重合，栈为空。在 C 语言数组中，第一个元素的下标是 0，可以约定数组元素 StackNode[0]闲置不用。即栈体从 StackNode[1]开始起用。稍复杂些的顺序栈的结构类型描述见例 3.1。

例 3.1 为标示在一个迷宫中所处的位置信息，试设计一个以行、列坐标及方向数据（右=0、下=1、左=2、上=3）为结点的栈结构类型。

解：根据题意，结点应由行号、列号以及当前方向指示数等数据构成。因此，其结构类型的类 C 语言描述如下：

```
#define MAXSIZE  64
typedef struct
{ int row;
   int column;
   int direction;
} NodeType;
typedef struct
{ NodeType StackNode[MAXSIZE];
   int  top;
}MazeSeqStack;
```

2. 顺序栈上基本运算的算法

这里主要给出顺序栈的判栈空、压栈、弹栈和读栈运算，并基于结构类型描述 3.1。其余运算都很简单，留给读者设计并写出算法。

（1）判栈空

函数表示：SeqStackEmpty（S）

操作含义：判定栈 S 是否为空栈。若为空，则返回 1，否则返回 0。

算法思路：判定栈是否为空的方法就是判定栈顶指针是否为 0。根据栈结构的定义可知，当栈为空时，栈顶指针一定为 0。

算法描述：

```
SeqStackEmpty ( S )
{  if(S.top=0)
      return 1;
   else
      return 0;
}
```

算法评说：这个算法还可以更简单地设计为语句{return !S.top}，返回顺序栈栈顶指针的相反值。!S.top 表示当 top 为 0 时其值为 1，反之为 0。

该算法的时间复杂度为 $O(1)$。

（2）压栈

函数表示：SeqStackPush(S,x)

操作含义：压栈运算即栈插入操作，是把 x 值插入栈 S，成为新栈顶结点。

算法思路：首先判定栈 S 是否还有空闲结点位置，若有，则把 x 作为新结点插入到栈 S 的原栈顶结点之上，成为新的栈顶结点，修改栈顶指针使指向这个新栈顶结点，并返回 1 表示压栈成功。若无，称为上溢出，简称上溢，拒绝插入新结点，并返回 0 表示压栈失败。

算法描述：

```
SeqStackPush(S,x)
{   if(S.top ≥ M)
        return 0;
    else
    {   S.top←S.top+1;
        S.StackNode[S.top]←x;
        return 1;
    }
}
```

算法评说：压栈运算体现栈的插入特性，即总是把新结点加插到栈的顶部之上成为新的栈顶结点。但必须注意，因为是顺序存储结构，其容量有限，在执行插入前要首先判断是否还有空闲结点空间。

该算法的时间复杂度为 $O(1)$。

（3）弹栈

函数表示：SeqStackPop(S)

操作含义：弹栈运算即栈删除操作，是从栈 S 中删除掉栈顶结点。

算法思路：首先判定栈 S 是否为空。若栈为空，则无结点可删除，称为下溢出，简称下溢，不执行删除操作，并返回 0 表示弹栈失败。若栈不为空，则栈中至少有一个结点，可执行删除操作。方法是把栈顶指针指向栈顶结点的下一个结点，即完成弹栈操作，并返回 1 表示弹栈成功。

该算法的时间复杂度为 $O(1)$。

算法描述：

```
SeqStackPop(S)
{ if(!SeqStackEmpty(S))
    { S.top←S.top-1;
      return 1;
    }
    else
        return 0;
}
```

算法评说：该算法中调用了"判栈空"算法判断 S 栈是否为空；也可以用"if(S.top ≠ 0)"替代。弹栈运算体现栈的删除特性，即总是把栈顶结点删除掉，依次把它的下一个结点提升为栈顶结点。要注意的是，该算法并未对删除了的结点作任何处置；如果需要应用栈顶结点数据，则需要在出队操作之前先用"读栈"读出结点数据。

压栈和弹栈运算配合实现了栈的"后进先出"特性。

该算法的时间复杂度为 $O(1)$。

（4）读栈

函数表示：SeqStackGet(S,y)

操作含义：把栈 S 的栈顶结点数据读出作为函数的返回值。

算法思路：首先判定栈 S 是否为空。若栈为空，则无结点可读，称为下溢出，不执行读栈操作，并返回 0。若栈不为空，则栈中至少有一个结点，可执行读栈操作。方法是把栈顶指针指向的结点数据存入 y 中，并返回 1。

算法描述：

```
SeqStackGet(S,y)
{   if(S.top=0)
        return 0;
    else
    {   y←S.StackNode[S.top];
        return 1
    }
}
```

算法评说：注意，该算法并未改变栈的状态，即已读过的栈顶结点仍保存在原处。如果要删除这个结点，必须再用弹栈运算。

该算法的时间复杂度为 $O(1)$。

3.1.4　链栈及其基本运算的实现算法

对于栈容量要求比较大且最小与最大需求悬殊的栈而言使用链式存储结构是比较理想的。

1．栈的链存储结构

用链式存储结构存储的栈称为链栈。和链表一样，链栈的结点由结点数据和顺序指针构成；用链头指针指向链栈的栈顶结点；用顺序指针链接其余结点构成链。栈底结点的顺序指针值为"∧"，如图 3-8（b）所示。因为插入和删除总是在链的头部进行，所以链头指针也是栈顶指针；栈顶指针唯一确定一个链栈。当栈顶指针值为"∧"时，链栈空，如图 3-8（a）所示。因为链栈没有容量的限制，所以在可用的存储空间范围内一般不会出现上溢问题。

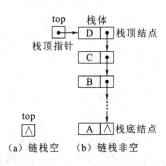

图 3-8　链栈的存储结构示意图

同样，为了方便且不失一般性，假设结点数据为一个字符，则用类 C 语言描述链栈的结点类型如下。

结构类型描述 3.2：

```
typedef struct snode
{   char StackNode;
    struct snode *next;
}LinkStackNode;
```

其中，StackNode 为结点数据域，next 为结点指针域。根据结点类型定义一个链栈为

```
LinkStackNode *top
```

top 既充当栈名，也充当链头指针和栈顶指针。创建新栈时 top 的值为空（"∧"）。注意，创建栈时栈名的命名是随意的，这里使用名 top 仅为一例而已。

2．链栈上的操作

对于链栈的基本运算，这里只给出压栈、弹栈和求栈长度的算法，并基于结构类型描述 3.2。其余基本运算的算法请读者自己设计和描述。

（1）压栈

函数表示：LinkStackPush(S,x)

操作含义：压栈运算即栈插入操作，是把 x 值插入链栈 S，成为新栈顶结点。

算法思路：首先申请一个结点空间，指针为 p，并把 x 存入结点的数据域，接着把该结点链入链栈成为新的栈顶结点。因为新结点插入后成为链栈的栈顶结点，所以只要把链头指针存入新结点的指针域（见图 3-9（a）中①），再把新结点的指针 p 存入链头指针（见图 3-9（a）中②）。完成压栈后的链栈如图 3-9（b）所示。

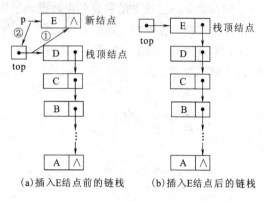

(a)插入E结点前的链栈　　(b)插入E结点后的链栈

图 3-9　链栈的压栈运算示意图

算法描述：

```
LinkStackPush(S,x)
{   LinkStackNode *p;
    P ←申请一个 LinkStackNode 类型结点的地址;
    P ->StackNode ← x;
    p->next ← S;
    S ← p;
}
```

算法评说：因为链栈的容量只受当前系统可用内存大小的控制，所以一般不考虑溢出问题，插入总能成功。新结点链入链栈是通过对链的调整完成的，需要注意不同链指针的传递次序，不可等闲视之。

该算法的时间复杂度为 $O(1)$。

（2）弹栈

函数表示：LinkStackPop(S)

操作含义：弹栈运算即栈删除操作，是从链栈 S 中删除栈顶结点。

算法思路：首先判定链栈 S 是否为空，若为空，则无结点可删除，为下溢，不执行删除操作，并返回 0 表示失败；若不为空，则栈中至少有一个结点，可执行删除操作，并返回 1 表示操作成功。弹栈的方法是让链头指针指向栈顶结点的下一个结点，并释放原栈顶结点空间，即完成弹栈操作。

算法描述：

```
LinkStackPop(S)
{   LinkStackNode *p;
    if(S =∧)
        return 0;
    else
    {   p ←S;
        S = p ->next;
        free(p);
        return 1;
    }
}
```

算法评说：与压栈不同，弹栈需要考虑链栈是否为空。同样要注意的是，该算法对删除了的结点不作任何处置，而且释放了该结点的空间。

该算法的时间复杂度为 $O(1)$。

（3）求栈长度

函数表示：LinkStackLength(S)

操作含义：统计链栈 S 中当前所含结点个数。

算法思路：从链栈 S 的链头指针进入，顺着链指针方向一个一个地数结点，直到某结点的 next 值为空时结束。为使链栈的状态在操作后保持不变，设置一个指针变量 p，初始值为 S 的链头指针值。此后，p 顺着 next 不断向栈底移动，犹如顺藤摸瓜。设置一个整数型变量 n 作为计数器，初始值为 0。每遇到一个有效结点，计数器 n 加 1，最后输出 n 的值。

算法描述：

```
LinkStackLength(S)
{  int n ← 0;
   LinkStackNode *p;
   for(p ←S;p≠空;p ← p->next)
      n ← n+1;
   return n;
}
```

算法评说：对顺序栈求栈长度十分简单，只要把栈顶指针的值返回就行了。因为顺序栈的栈顶指针是数组的下标，且栈底指针为 0。而对链栈就不同了，必须从链头开始一个一个结点地去数，没有什么捷径可取。

该算法的时间复杂度为 $O(n)$。

3.1.5　栈结构的应用实例

栈结构是软件中常用且十分有效的组成部分。3.1.1 节中介绍的程序调用返回控制机制是栈结构在软件中的实例之一。本节再介绍几个栈在软件中的应用实例。

1. 栈在算术表达式括号配对语法处理中的应用

这是一个简单的栈应用例子。在程序设计语言中，算术表达式是最常见的语言元素之一。为此，就要提出一种通用的算法，以检查表达式的正确性，有效地计算出表达式的值。为简化栈应用实例介绍的复杂度，这里仅介绍程序设计语言系统如何进行算术表达式中括号配对正确性的检查处理。

如所周知，一个算术表达式中可以任意使用括号以表示其计算历程，但必须正确使用。如果在算术表达式中出现括号，则括号必须成对出现，也可以嵌套。正确的如"（…（…（）…）…）"、或"（（）…（…（）…））"等，而"（…（…（）…）"、或"（（）…（…）…））"等就是错误的。那么，如何才能检查出一个算术表达式中括号使用是正确的还是错误的呢？

基本思想：在一个算术表达式中，如果出现括号，一定成对，即一个左括号"（"和一个与之配对的右括号"）"，且左括号在先，右括号在后。如果有括号嵌套，则一定是一对括号出现在另一对括号之内。

设定算术表达式存储为顺序表，数据元素为单个字符。任一元素或者是括号（"（"，"）"），或者是非括号字符（构成分量），最后一个元素为表达式终止符（如用"＃"）。设置一个存储左括号的栈 K，在扫描表达式时，凡遇到非括号字符就放弃，凡遇到左括号就将其压入栈中，凡遇到右括号就从栈中弹出一个左括号，以为之配对。若在弹栈时栈已为空，意味着没有左括号与之配对，则表示括号使用有错。若扫描完表达式后栈不为空，则意味着没有与之配对右括号了，也表示括号使用有错。

实例演示：设有一算术表达式存储为"a*(b+c)−bc*(ab−d*(x+1)/(2+k))#"，栈 K 初始时为空，括号配对检查处理从表达式最左端开始扫描，遇到非括号字符时放弃，继续向右扫描，若遇到左括号时将其压栈。遇到右括号时，先判栈是否为空，若栈不为空则弹栈，若为空则结束处理，并输出配对错误报警（左括号缺少）。若遇到结束符"#"则判栈是否为空，若栈为空则结束处理，并输出配对正确信息；若栈不为空则输出配对错误报警（右括号缺少）。演示过程如表 3-2 所示。

表 3-2　算术表达式中括号配对检查处理过程演示

步　骤	扫　描	K 栈	表达式扫描	操　作
1	a*	空	a*(b+c)−bc*(ab−d*(x+1)/(2+k))#	放弃
2	(	(	(b+c)−bc*(ab−d*(x+1)/(2+k))#	压栈
3	b+c	(	b+c)−bc*(ab−d*(x+1)/(2+k))#	放弃
4	)	空	)−bc*(ab−d*(x+1)/(2+k))#	弹栈
5	−bc*	空	−bc*(ab−d*(x+1)/(2+k))#	放弃
6	(	(	(ab−d*(x+1)/(2+k))#	压栈
7	ab−d*	(	ab−d*(x+1)/(2+k))#	放弃
8	(	((	(x+1)/(2+k))#	压栈
9	x+1	((	x+1)/(2+k))#	放弃
10	)	(	)/(2+k))#	弹栈
11	/	(	/(2+k))#	放弃
12	(	((	(2+k))#	压栈
13	2+k	((	2+k))#	放弃
14	)	(	))#	弹栈
15	)	空	)#	弹栈
16	#	空	#	结束

算法思路：只要设置一个栈，在扫描表达式中每当碰到"("时就将其压入这个栈的栈顶；"("可能连续被碰到好几个，但压无妨。当碰到")"时就到栈中去匹配一个"("，因为最先碰到的")"一定与最后碰到的那个"("正确配对，所以只要栈不空就弹栈，表示配对成功。但若此时栈为空，则意味着无"("与当前的")"配对，表明括号使用有错，则停止扫描，返回 0。若扫描完表达式后，栈为空，则表明整个表达式中括号的使用正确，返回 1；若这时栈不空，则意味着还有一些"("没有")"与之配对，表明括号使用有错，返回 0。

算法描述：设存储表达式的顺序表为 B，结点数据为 c；K 为暂时存放"("的栈，则括号配对语法处理算法如下：

```
BracketsPairCheck(B)
{   int i;
```

```
SeqStackPutEmpty(K);
for(i←1;; i←i+1)
{   if(B.c[i]='#')
        if(SeqStackEmpty(K))
            return 1;
        else
            return 0;
    else
        if(B.c[i]='(')
            SeqStackPush(K, B.c[i]);
        else
            if(B.c[i]=')')
                if(SeqStackEmpty(K))
                    return 0;
                else
                    SeqStackPop(K);
}
}
```

算法评说：这个算法直接对顺序表的结点进行处理，没有定义临时变量。算法过程应用了 if 语句的嵌套技术，层次分明。算法中调用了顺序栈的置栈空、判栈空、压栈、弹栈等基本运算，强化基本运算的应用理念。

设算术表达式中含有 n 个字符，则该算法的时间复杂度为 $O(n)$。

2. 栈在数制转换中的应用

数制转换是计算机输入/输出系统必备的软件元素。操作计算机时，输入的是十进制数，但必须首先将其转换为二进制数才能在计算机内进行运算和处理；计算机处理的结果又必须首先将其转换为十进制数才能进行输出（显示或打印）。

在计算机应用基础课程中，已经学习过把十进制整数转换成二进制数（称为 10-2 转换）的"除 2 取余"法。用辗转相除的数学方法转换，如图 3-10 所示。现在要用一个算法来实现，用一个程序来运行。

图 3-10　整数 10→2 转换的"除 2 取余法"

基本思想：设一个非负十进制整数为 d，转换出的二进制数为：B_n, ..., B_2, B_1, B_0。其中，B_i 是二进制数字 0 或 1。按除 2 取余法（余数必为 0 或 1），第 1 次得 B_0，第 2 次得 B_1，...，第 $n+1$ 次得 B_n。这个过程可表示为

$d_0=d$
$d_1=d_0/2$　　　　　　　　余数为 B_0
$d_2=d_1/2$　　　　　　　　余数为 B_1
　　...
$d_{n-1}=d_{n-2}/2$　　　　　余数为 B_{n-2}
$d_n=d_{n-1}/2$　　　　　　余数为 B_{n-1}
$d_{n+1}=d_n/2=0$　　　　　余数为 B_n

又可形式地表示为

$d_{i+1}=d_i/2$　余 B_i　　　　$(d_0=d, i=0, 1, ..., n)$

由上述分析可知，转换过程就是"除2取余"的重复过程。同时也可以看出，求取二进制数位时是从最低位数字 B_0 开始的，最后才求得最高位 B_n；而输出结果时却是从最后求得的 B_n 开始，即最后求得的 B_n 要最先输出，最先求得的 B_0 却要最后才输出。显然，这具有"后进先出"的特征。故在转换过程中完全可以先用栈结构实现二进制数字的存储，最后依次输出栈顶元素，直到栈空为止。

实例演示：设有十进制数 67。转换过程如图 3-11 所示。在图 3-11 中，按序号列出数据的转换过程。每一步整除运算都把余数（0 或 1）压入栈顶。到第 7 步转换完毕，依次弹出栈顶元素输出就得到转换结果，得到二进制数 1000011。

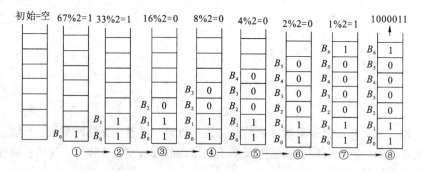

图 3-11　利用栈进行 10→2 转换的过程

算法思路：设置一个"二进制数位栈"，如栈名为 E，可以用顺序存储结构或链存储结构存储该栈。因为本算法中结果位数不很多，故采用顺序存储结构为好。转换过程是反复进行除法运算，并把余数（0 或 1）压栈的过程，形成一个循环。循环的终止条件是商等于 0。最后，对栈作重复弹栈操作，直到栈空为止。在设计该算法时应有效使用已有的算法，如创建栈、压栈、弹栈、读栈、判栈空等算法。

算法描述：

```
DtoB(d)
{   SeqStackCreate(B);
    int x = 0;
    do
    {   SeqStackPush(B,d % 2);
        d = d/2;
    }while(d≠0);
    while(!SeqStackEmpty (B ))
    {   SeqStackGet(B,x);
        SeqStackPop(B)
        printf("%d ",x);
    }
    printf("\n");
}
```

算法评说：算法直接调用了顺序栈的建立栈、判栈空、压栈、弹栈、读栈等基本运算。转换过程中，按后进先出次序存储二进制数字在栈 B 中，最后把结果直接输出（在显示屏上）。但作为计算机输入/输出软件系统的元素，其转换结果应首先在系统内存储。

该算法的时间复杂度为 $O(\log_2 n)$。

3. 栈与递归算法

DtoB()是基于"除 2 取余"法计算过程设计的算法。如果换一种思路也许能设计出更好的算法，这就是递归算法。

基本思想：根据问题的实质会发现，如果在求 B_0 之前先求出$(B_n\ B_{n-1}\ B_{n-2}...B_2\ B_1)$，然后再求 B_0 并输出便得$(B_n\ B_{n-1}\ B_{n-2}...B_2\ B_1\ B_0)$。类似地，在求 B_1 之前先求出$(B_n\ B_{n-1}\ B_{n-2}...B_2)$，然后再求 B_1 并输出便得$(B_n\ B_{n-1}\ B_{n-2}...B_2\ B_1)$。依次类推，在求 B_i 之前先求出$(B_n\ B_{n-1}\ B_{n-2}...B_{i-1})$，然后再求 B_i 并输出便得$(B_n\ B_{n-1}\ B_{n-2}...B_i)$。最终，在求 B_{n-1} 之前先求出(B_n)，然后再求 B_{n-1} 便得$(B_n\ B_{n-1})$。

计算过程可表示为如下一些列式子($d_i^{(2)}$表示 d_i 的二进制数)。

$$d_0=d, \qquad d_0^{(2)}=\{d_1^{(2)}\}\{d_0\%2\} \qquad =B_nB_{n-1}\cdots B_1\{d_0\%2\}=B_nB_{n-1}\cdots B_1B_0$$
$$d_1=d_0/2, \qquad d_1^{(2)}=\{d_2^{(2)}\}\{d_1\%2\} \qquad =B_nB_{n-1}\cdots B_2\{d_1\%2\}=B_nB_{n-1}\cdots B_2B_1$$
$$d_2=d_1/2, \qquad d_2^{(2)}=\{d_3^{(2)}\}\{d_2\%2\} \qquad =B_nB_{n-1}\cdots B_3\{d_2\%2\}=B_nB_{n-1}\cdots B_2$$
$$\cdots \qquad\qquad \cdots$$
$$d_i=d_{i-1}/2, \qquad d_i^{(2)}=\{d_{i+1}^{(2)}\}\{d_i\%2\} \qquad =B_nB_{n-1}\cdots B_{i+1}\{d_i\%2\}=B_nB_{n-1}\cdots B_i$$
$$d_{i+1}=d_i/2, \qquad d_{i+1}^{(2)}=\{d_{i+2}^{(2)}\}\{d_{i+1}\%2\} \qquad =B_nB_{n-1}\cdots B_{i+2}\{d_{i+1}\%2\}=B_nB_{n-1}\cdots B_{i+1}$$
$$\cdots \qquad\qquad \cdots$$
$$d_{n-1}=d_{n-2}/2, \qquad d_{n-1}^{(2)}=\{d_n^{(2)}\}\{d_{n-1}\%2\} \qquad =B_n\{d_{n-1}\%2\}=B_nB_{n-1}$$
$$d_n=d_{n-1}/2=1, \qquad d_n^{(2)}=\{d_{n+1}^{(2)}\}\{d_n\%2\} \qquad =B_n$$

$d_{n+1}=d_n/2=0$，执行回代

从这些式子可以看出，由于 d 反复被 2 整除，其商必趋于 0，这是一个终止条件，到达终止点后就立即执行回代，从 B_n 到 B_0 按序逐个地计算出每位二进位数字。从这些式子还可以看出，每一步计算都由两部分组成，前一部分是计算 $d_{i+1}^{(2)}$ 的二进制数，后一部分是计算 $d_i^{(2)}$ 的末位二进制数字；显然，当 $d_{i+1}^{(2)}$ 未计算完成之前是不能计算 $d_i^{(2)}$ 的末位二进制数字 B_i 的。最后可以看出，计算任一 $d_i^{(2)}$ （$i=1,2,...,n$）的过程都是完全相同的。

实例演示：设有十进制数 67。转换过程演示如下：

$$67^{(2)}=\{33^{(2)}\}\{67\%2\} \qquad =\{100001\}\{67\%2\}=1000011$$
$$33^{(2)}=\{16^{(2)}\}\{33\%2\} \qquad =\{10000\}\{33\%2\}=100001$$
$$16^{(2)}=\{8^{(2)}\}\{16\%2\} \qquad =\{1000\}\{16\%2\}=10000$$
$$8^{(2)}=\{4^{(2)}\}\{8\%2\} \qquad =\{100\}\{8\%2\}=1000$$
$$4^{(2)}=\{2^{(2)}\}\{4\%2\} \qquad =\{10\}\{4\%2\}=100$$
$$2^{(2)}=\{1^{(2)}\}\{2\%2\} \qquad 回 \qquad =\{1\}\{2\%2\}=10$$
$$1^{(2)}=\{0^{(2)}\}\{1\%2\} \qquad 代 \qquad =1$$

算法思路：由基本思想中的分析可知，每一步的计算都是相同的，即

$$d^{(2)}=\begin{cases} \{[d/2]^{(2)}\}\{d\%2\} & (当\ d/2\neq0\ 时) \\ \{d\%2\} & (当\ d/2=0\ 时) \end{cases}$$

因为 $d^{(2)}$ 与 $[d/2]^{(2)}$ 是执行相同的算法，所以只要设计这样一个算法，在执行 $d^{(2)}$ 的计算中又能调用该算法来计算$[d/2]^{(2)}$。也就是说，当计算 $d_i^{(2)}$ （$i=0,1,...,n$）时先计算 $d_{i+1}^{(2)}$，在完成 $d_{i+1}^{(2)}$

的计算之后再继续执行 $\{d_i\%2\}$，得到 $d_i^{(2)}$ 的结果。当 $i=n$ 时即得到最终结果。

算法描述：根据算法思路，设计算法如下。

```
RecDtoB(d)
{   if(d/2 ≠ 0)
        RecDtoB (d/2);
    printf("%d ",d%2);
}
```

算法评说：因为在这个算法中出现了自身调用自身的现象，即在 RecDtoB(d)执行中又出现了 RecDtoB (n/2)，故称这种算法为递归的，或递归算法。相对地，上面的算法 DtoB(d)称为非递归的。

那么，递归算法是如何执行呢？下面还是以 $d=67$ 为例进行说明。该例的执行过程如图 3-12 所示。图左边的箭头与序号表示调用次序；图右边的箭头与序号表示返回和输出次序。

再具体一点进行分析，首先用 $d=67$ 调用算法为 RecDtoB(67)。因为 67 整除 2 的商不为 0，所以不产生输出；而是用 $d=33$ 调用自身为 RecDtoB(33)。同样 RecDtoB(33)也不产生输出，而是用 $d=16$ 调用自身为 RecDtoB(16)。如此继续，直到调用 RecDtoB(1)时，因为 1/2 的商为 0，所以执行语句 printf("%d ",1%2)输出"1"；并返回到它的上一层调用者 RecDtoB(2)继续执行，并返回。如此依次返回到 RecDtoB(67)输出"1"，完成算法的执行全过程。

可见，二进制数制转换的递归算法与非递归算法不同，非递归算法是先计算出 B_i 再计算 B_{i+1}。又因为 B_i 必须在 B_{i+1} 之后输出，所以只能把 B_i 先存储在一个栈中。而递归算法则反之，是先计算出 $B_nB_{n-1}\cdots B_{i+1}$ 后才计算 B_i。尽管计算 B_i 的算法调用处在计算 B_{i+1} 的算法活动之前，但只是处于"潜伏待命"的状态；等到计算出 $B_nB_{n-1}\cdots B_{i+1}$ 并输出后，才会返回到计算 B_i 的算法继续执行，以计算和输出 B_i，并得到结果 $B_nB_{n-1}\cdots B_{i+1}B_i$。

尽管在递归算法中未必出现栈，如算法 RecDtoB()中就没有用到栈，但是，实现递归算法程序的运行必定有栈与之相随。因为实现算法递归调用的返回机制必须用栈来控制，而这种栈无须在算法中出现，由算法程序的运行平台系统提供和管理。这种栈不仅存储返回地址，同时还存储调用之前时刻的现场信息。

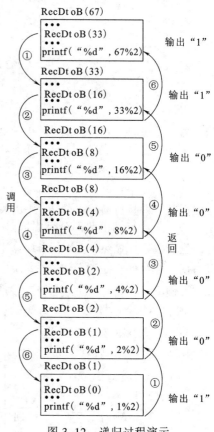

图 3-12　递归过程演示

递归算法一般有两种方式：一种是自身调用自身的方式，比较常见，如本例即为之，称为直接递归算法；另一种是多个算法之间循环调用的方式，如 p_1 调用 p_2，p_2 调用 p_3，$\ldots$，p_{k-1} 调用 p_k，p_k 调用 p_1，称为间接递归算法。

递归算法有结构简单、易于理解、可以用少量命令实现复杂算法思想的特点,但不够直观。更重要的是,要分析提取递归变量及递归主体却有一定的难度。再则,对递归算法有严格的要求,其一是,递归算法必须包含"终止条件";其二是,要保证递归算法的每一次调用都能向终止条件逐步逼近,并最终到达终止条件。

该算法的时间复杂度也为 $O(\log_2 n)$。

下面的程序 3-1 是运用递归算法进行十进制数向二进制数转换的可执行 C 程序例。供读者体会和练习。

程序 3-1:

```
1    #include<stdio.h>
     #define  MAXSIZE 100
     void RecDtoB(int d);
     void main()
5    {   int d;
         printf("input a decimal number : ");
         scanf("%d",&d);
         if(d>=0)
         {   printf("Conversed to Binary number =");
10           RecDtoB(d);
             printf("input a decimal number : ");
             scanf("%d",&d);
         }
     }
15   void RecDtoB(d)
     {   if(d/2 ≠ 0)
         RecDtoB (d/2);
         printf("%d ",d%2);
19   }
```

程序说明:由于采用递归算法,所以整个程序显得短小精干,结构简短,易于理解。程序中避免了许多有关栈的操作代码,但是,程序的运行不可避免地要用到栈,这将由 C 语言系统运行这个程序时在内部提供与管理。

程序仅由 19 行代码组成。第 3 行是 10-2 转换算法的函数原型;第 4 ～ 14 行是 C 语言主函数 main();第 15 ～ 19 行是 10-2 转换递归算法程序。

程序运行:程序运行开始时,将显示"input a decimal number :",请求输入一个任意非负整数;输入后将自动执行 10-2 转换函数,并输出其等值二进制数。接着再次显示"input a decimal number :",请求继续输入另一个任意非负整数。如果要结束程序就输入一个任意的负整数,如输入-1、-3、-10 等。例如,若输入 45,则显示形式为

```
input the decimal number : 45
Conversed to Binary number = 101101
```

3.2　队　　列

排队,几乎是每个人在日常生活中都能碰到的事;排队购物、排队上车、排队挂号看病等。排队有排队的规则,即先到者排在前面,后到者排在后面;先到者先接收服务,后到者后接收服务。那么,如何维持这个规则呢?一是道德约束,二是制度约束,三是设备约束。在某些场合,如火车站售票厅、公共汽车站、世博会场馆入口处等,常常见到用栏杆围成的通道,只能

单个人在其间通行。这种通道只有一个入口和一个出口。有人要加入队伍只能从入口进去，并排在队伍的最后，成为队尾；队伍中的第一人接收服务后从出口出去，他后面的那个人就上升为队伍的第一人，成为队头。

类似地，在数据结构中有一种结构称为队列，也是一种特别的线性表，并有特别广泛的应用价值。

3.2.1 队列的定义及其基本运算

本节介绍队列的逻辑结构及其基本运算。

1. 队列的定义

定义 3.2[队列] 队列是限制结点插入固定在一端进行，而结点删除固定在另一端进行的线性表。可删除端称为队头，可插入端称为队尾。

队列犹如一个两端开口的管道。队头、队尾各用一个"指针"指示，称为队头指针和队尾指针（见图3-13），用以实现对队列的操作和管理。不含任何结点的队列称为"空队列"。队列的特点是，结点在队列中按进队先后次序排列，先进队者在前，后进队者在后。结点出队按进队先后次序进行，即先进队者先出队，后进队者后出队。所以，队列又称为先进先出表，简称FIFO（First In First Out）表。

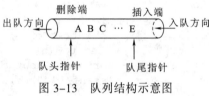

图 3-13 队列结构示意图

2. 队列的基本运算

队列主要有表3-3列出的6种基本运算。其中，入队和出队运算是把线性表定义为队列的约束机制（运算约束）。

表3-3 队列的基本运算

序 号	名 称	函数表示	功能说明
1	判队列空	QueueEmpty()	队列空返回1，否则返回0
2	入队	QueueIn()	把新结点置为队尾结点
3	出队	QueueOut()	删除队头结点
4	读队	QueueGet()	读取队头结点数据，但不改变队列
5	队列置空	QueuePutEmpty()	置队列为空
6	求队列长度	QueueLength()	返回队列中当前结点个数

3.2.2 顺序队列及其基本运算的实现算法

可以用顺序结构或链结构存储队列。这里先介绍队列的顺序存储结构及其基本运算的实现算法。

1. 队列的顺序存储结构

顺序存储结构存储的队列称为顺序队列。和顺序表一样，用一个一维数组存储之。队头设在数组的低下标端，队尾设在高下标端。队头、队尾指针值是数组元素的下标。队头指针始终指向队头结点的前一个结点位置，初始值为0。队尾指针总是指向队尾结点位置，初始值也为0，如图3-14（c）所示。图中空心箭头表示队头指针，实心箭头表示队尾指针。

因为顺序队列的容量是有限的（如 $m = 6$），所以当队列已满时再插入结点就产生上溢。当队列为空时再删除结点便产生下溢。

初始队列必是空队列，且有"队头指针 = 队尾指针 = 0"。但是，当队列为空时，队头指针和队尾指针未必等于 0。如图 3-14 所示，图（a）是初始空队列，队头指针和队尾指针为 0。图（b）是依次插入 A、B、C 三个结点之后的状态。图（c）和图（d）是删除了 a 和 b 的状态。图（e）是删除了所有结点后的状态，又成为空队列。这时"队头指针 = 队尾指针"，但不等于 0。可见，当"队头指针 = 队尾指针"时表示队列为空，不管是初始时还是非初始时。设 M 为队列的容量，Front 为队头指针，Rear 为队尾指针，则顺序队列有如下几个条件：

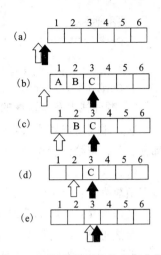

图 3-14　顺序队列的状态变化图

队列初始条件：$Front = Rear = 0$

队列满条件：$Rear = M$

队列空条件：$Front = Rear$

顺序队列的诸多算法都要遵循这些条件。

为方便且不失一般性，假设结点数据为一字符构成，则用类 C 语言描述的顺序队列类型结构描述的一般形式如下：

结构类型描述 3.3：

```
#define  M 100
typedef struct
{    char  QueueNode[M];
     int Front=0,Rear=0;
}SeqQueue;
```

其中，QueueNode[M] 为队列，Front 为队头指针，Rear 为队尾指针。（注意，Front 和 Rear 是整数类型，不是指针类型）。当 $Front = Rear = 0$ 时，为初始空队列。在编码 C 语言程序时，因为 C 语言数组的第一个元素的下标是 0，而不是 1；可以规定数组元素 QueueNode[0] 闲置不用。在设计 C 语言程序时需要注意这个微妙的差别。

稍复杂些的顺序队列的结构类型描述见例 3.2。

例 3.2 某商业部门在安排商品进货验收时，需要提取进货单信息。如果按进货单到达时间顺序验收，则可用一个队列实现，其结点是进货单。进货单上的主要信息有进货单号、品名、规格、数量与进货时间。试设计该队列的结构类型。

解： 根据题意，结点应由进货单号、品名、规格、数量与进货日期等数据构成。因此，其结构类型的类 C 语言描述为

```
#define MAXSIZE  1000
typedef struct
{   str GoodsNo;
    str Item;
    str Standard;
    str InDate;
    int Quantity;
```

```
}NodeType;
typedef struct
{   NodeType GoodsList[MAXSIZE];
    int Front=0,Rear=0;
} SeqQueueInGood;
```

2．顺序栈上基本运算的算法

这里主要给出顺序队列的入队、出队和读队列运算，并基于结构类型描述 3.3。其余运算都很简单，留给读者设计并写出算法。

（1）入队

函数表示：SeqQueueIn(Q,x)。

操作含义：入队运算即插入操作；是把 x 作为一个新结点插入 Q 队列的队尾。

算法思路：首先判别队列 Q 是否已满。若已满，则为上溢，不执行插入操作，并返回 0（插入失败），否则把 x 插入队列，并返回 1（插入成功）。插入的方法是，先把队尾指针进 1，再把 x 存入以队尾指针值为下标的数组元素中。这时队尾指针指向新插入的尾结点。

算法描述：

```
SeqQueueIn(Q,x)
{   if(Q.rear≥M)
        return 0;
    else
    {   Q.rear←Q.rear+1;
        Q.GoodsList[Q.rear]←x;
            return 1;
    }
}
```

算法评说：这个算法十分简单，只移动队尾指针和存储新结点两个操作。"Q.rear ≥ M"只为保险，可以将"≥"改为等号。

该算法的时间复杂度为 $O(1)$。

（2）出队

函数表示：SeqQueueOut(Q)。

操作含义：出队运算即删除操作，是删除队列 Q 的队头结点。

算法思路：首先判别队列 Q 是否为空。若为空，则无结点可删除，为下溢，不执行删除操作，并返回 0。反之，队列不为空，则把队头结点删除掉。删除的方法是把 front 进 1。这里不要求处置删除了的结点。

算法描述：

```
SeqQueueOut(Q)
{   if(Q.front=Q.rear)
        return 0;
    else
    {   Q.front←Q.front+1;
        return 1;
    }
}
```

算法评说：这个算法也十分简单，只要移动队头指针即完成操作。但必须首先检测当前队列是否为空，检测的方法是利用条件 Front = Rear，不管它们是否为 0。注意，该算法不处置删除了的结点数据；如果需要应用队头结点数据，需在出队操作之前先用"读队"操作读出结点数据。

入队和出队运算配合实现了队列的"先进先出"特性。

该算法的时间复杂度为 $O(1)$。

（3）读队列

函数表示：SeqQueueGet(Q)。

操作含义：读取并返回队头结点数据，而不改队列的现状，即不改变队头指针和队尾指针。

算法思路：因为队头指针指向队头结点的前一位置，所以队头指针加 1 是队头结点。在操作过程中不要改变队头指针和队尾指针的值。

算法描述：

```
SeqQueueGet(Q)
{   int e;
    e ← Q.QueueNode[Q.Front+1];
    return e;
}
```

算法评说：注意，算法执行不能改变队头指针和队尾指针。

该算法的时间复杂度为 $O(1)$。

3.2.3　循环队列及其基本运算的实现算法

顺序队列有一个致命的弱点，即队尾指针随入队运算的次数一直向 M 靠近；队头指针随出队次数追赶队尾指针。当队尾指针=M 时，表示队列已满，不再接收结点入队。实际情况是，只要执行过出队运算，在队头指针之前的结点都是空闲的；特别地，当队头指针=队尾指针=M 时，队列为空，但此时的入队运算仍然遭遇"溢出"。例如在图 3-15 中，图（a）是空队列；图(b)是插入 A、B、C、D、E、F 后队列满的状态；图 (c)是删除了 A、B、C、D 后的状态；图(d)是继续删除了 E、F 后的状态。在图(c)和图(d)的状态下，尽管队列前部有许多空闲结点，但插入结点时将发生溢出。因为根据队列满条件，队尾指针已等于 M（当前设定值为 6），产生溢出。这种溢出现象称为"假溢出"。

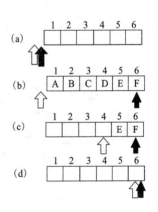

图 3-15　顺序队列的假溢出现象

那么，如何解决这个问题呢？办法有 2 种：一是，每当有结点出队时就把其后的结点依次向前移动一个结点位置，始终保持队列前部"充满"。这将使队头指针始终固定在初始状态，即恒为 0；而队尾指针随入队后移、出队前移。这样做的唯一缺点是算法时间开销大，不宜采纳。二是，采用循环队列结构。

1．循环队列的存储结构

循环队列是把顺序队列的头尾相接形成一个圆环；逻辑上把原 1 号结点作为 M 号结点的后继结点处理（见图 3-16）。在计算插入结点位置时，若队尾指针小于 M，则"队尾指针+1"为插入位置。若队尾指针等于 M，则队尾指针+1 的位置是 1，为插入位置。如图 3-16（a）

所示，若要插入 G，因为当前队尾指针是 6，所以把 1 赋给队尾指针，新结点将插入到 1 号结点位置。用同种方法可以在删除结点时计算队头指针。设队头指针为 Front，队尾指针为 Rear，则计算队头指针的方法是：

```
if (Front < M)
    Front ← Front + 1;
else
    Front ← 1;
```

同理，计算队尾指针的方法是：

```
if (Rear < M)
    Rear ←Rear + 1;
else
    Rear ← 1;
```

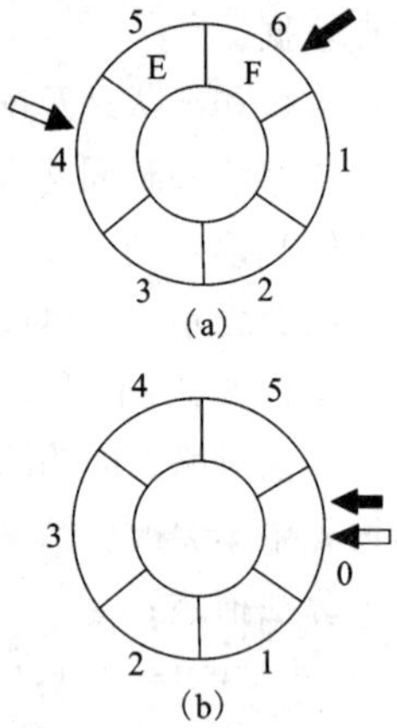

这种计算有些繁杂。为了简洁，可以使用取模运算实现。为此，结点编号改为从 0 开始，即编号 0、1、…、（M-1)，如图 3-16（b）所示，并运用类 C 语言的运算，有：

① 队头指针计算：Front ← (Front+1) % M。

② 队尾指针计算：Rear ← (Rear+1) % M。

例如，设 M=6，若 Rear =3，则 (3+1) % 6=4；若 Rear =5，则 (5+1) % 6=0，都指向了下一个结点位置。

图 3-16 循环队列示意图

现在再分析一下循环队列的队满和队空条件。参见图 3-17，其中图 (a) 是初始空队列；图 (b) 是插入 A、B、C、D 后的队列；图 (c) 是删除了 A、B 后的队列，也是循环队列的一般状态。对循环队列而言，如果插入速度高于删除速度，则队尾指针将追赶队头指针，到达队满状态，例如图 3-17 (d) 是在 (c) 状态下不断插入到达队满状态。这时队尾指针赶上队头指针，即队尾指针等于队头指针。这时可以说"队尾指针等于队头指针是队满的条件"。另一种情况是，如果删除速度高于插入速度，则队头指针将追赶队尾指针，到达队空状态。例如，图 3-17 (e) 是在 (c) 状态下不断删除到达队空状态。这时队头指针赶上队尾指针，即队头指针等于队尾指针。这时可以说"队尾指针等于队头指针是队空的条件"。这种队列状态不同，而条件相同的现象对算法设计是不利的，需要解决。解决的办法有多种，一般的解决方法是，对容量为 M 的循环队列，实际只使用 M-1 个结点空间，即插入 M-1 个结点后队列为满；保持一个不用的空结点，其位置不固定，如图 3-17 (f) 所示。此时队尾指针和队头指针只一步之遥。

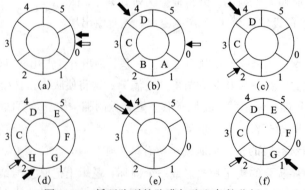

图 3-17 循环队列的队满与队空条件分析

根据上述分析，得出如下条件：

① 循环队列初始条件：队头指针=队尾指针=0，见图 3-17（a）。

② 循环队列满条件：（队尾指针+1）%M=队头指针，见图 3-17（f）。

③ 循环队列空条件：队头指针=队尾指针，见图 3-17（e）。

④ 队头指针进 1 计算：队头指针←（队头指针+1）%M。

⑤ 队尾指针进 1 计算：队尾指针←（队尾指针+1）%M。

2．循环队列上基本运算的实现算法

循环队列上基本运算的实现算法与顺序队列上基本运算的实现算法基本相同，只对指针进 1 的计算更换一下。这里主要给出循环队列的入队、出队和读队列运算的算法。

（1）"入队"算法描述

```
RingQueueIn(Q,x)
{   if((Q.rear+1)% M = Front)
        return 0;
    else
    {   Q.rear ←(Q.rear+1)% M;
        Q.GoodsList[Q.rear] ← x;
            return 1;
    }
}
```

（2）"出队"算法描述

```
RingQueueOut( Q )
{   if(Q.front = Q.rear)
        return 0;
    else
    {   Q.front ← (Q.front+1)% M;
        return 1;
    }
}
```

（3）"读队列"算法描述

```
SeqQueueGet(Q)
{   int e;
    e ← Q.QueueNode[(Q.Front+1)% M];
    return e;
}
```

3.2.4 链队列及其基本运算的实现算法

链式存储结构存储的队列称为链队列。

1．链队列的存储结构

与带链头结点单链表一样，链队列的结点由结点数据和 next 指针构成。队头指针指向链队列的链头结点。链头结点的指针域若为空，则为空队列（见图 3-18(a)）；若不空，则为指向队头结点的指针。队列中所有结点通过 next 指针链接起来形成一条单链表。队尾结点的 next 指针值为"∧"（见图 3-18（b））。与单链表不同的是，链队列设有一个队头指针指向队列的队头结点，也

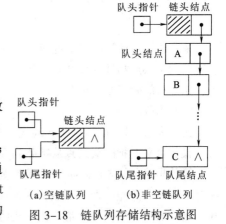

（a）空链队列　　（b）非空链队列

图 3-18 链队列存储结构示意图

唯一地标识一个队列。因为入队是在队尾进行，为操作便利和提高入队效率，设置一个队尾指针指向队尾结点。队头指针和队尾指针都是指针型变量。因为链队列没有容量的限制，所以在可用的存储空间范围内一般不会出现上溢问题。也不存在如顺序队列的假溢出问题。

假设结点数据为单字符数据，则用类 C 语言描述链队列结构类型如下：

结构类型描述 3.4：

```
typedef struct qnode
{   char QueueNode;
    struct qnode *next;
}LinkQueueNode;
typedef struct
{   LinkQueueNode *front, *rear;
}LinkQueue;
```

其中，QueueNode 为结点数据域，next 为结点指针域，front 为队头指针，rear 为队尾指针。

2．链队列上基本运算的实现算法

这里主要给出链队列的入队、出队和求队列长度 3 个基本运算的算法，并基于结构类型描述 3.4。

（1）入队

函数表示：LinkQueueIn(Q, x)。

操作含义：把 x 值插入链队列 Q 的队尾位置。

算法思路：因为链队列的容量只受当前可用内存大小的控制，所以一般不考虑溢出问题。首先申请一个结点空间，存储数据域为 x 值，指针域为"∧"，再把新结点链到链队列的尾结点之后，且队尾指针指向该结点。

算法描述：

```
LinkQueueIn(Q, x)
{   LinkQueue *t;
    T ←申请一个 LinkQueue 类型结点的地址;
    t-> QueueNode ←x;
    t->next ← NULL;
    Q->rear->next ←t;
    Q->rear ←t;
}
```

算法评说：该算法与单链表的尾插入相似；但比较而言，入队算法要容易得多。因为该算法直接利用队尾指针完成插入操作，而无须从队头结点顺链的方向寻找队尾结点指针。

该算法的时间复杂度为 $O(1)$。

（2）出队

函数表示：LinkQueueOut(Q)。

操作含义：把队头结点从链队列 Q 中删除。

算法思路：首先检测队列 Q 是否为空；检测方法是，看队尾指针与队头指针是否相等。若相等，则队列为空，产生下溢，并返回 0（出队失败）。若不等，则队列至少含有一个结点，执行删除操作。删除方法是，把队头结点的 next 值存入链头结点的 next 域。若队头结点的 next 值为"∧"，说明删除操作使队列成为了空队列；根据空链队列的结构定义，还需要修改队尾指针，使其指向队头结点。最后释放已删除的结点空间，并返回 1（出队成功）。一般情况下，出队运算操作过程如图 3-19 所示。

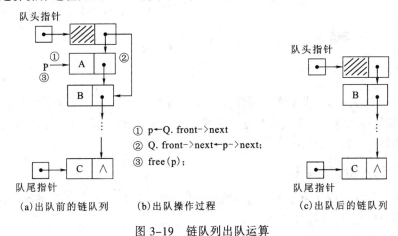

① p←Q. front->next
② Q. front->next←p->next;
③ free(p);

(a)出队前的链队列　　(b)出队操作过程　　(c)出队后的链队列

图 3-19　链队列出队运算

算法描述：

```
LinkQueueOut( Q )
{   LinkQueue *p;
    if(Q.front = Q.rear)
        return 0;
    else
    {   p ←Q.front ->next;
        Q.front ->next ← p ->next;
        if(Q->rear = p)
            Q.rear ←Q.front;
        释放(p);
        return 1;
    }
}
```

算法评说：设置临时指针变量 p 的目的是为释放出队的结点。与顺序队列不同，顺序队列的出队操作后原队头结点还存储在队列中，必要时还可以再利用；但链队列的出队操作后原队头结点被释放，不可再利用。

该算法的时间复杂度为 $O(1)$。

（3）求队列长度

函数表示：LinkQueueLength(Q)。

操作含义：计算队列 Q 中当前结点个数。

算法思路：与求单向链表的长度一样，只能从链头结点开始沿链一个一个地计数得到。设置一个临时指针变量 p，初值为队头结点的指针域值。计算过程是，先测试 p 是否为空，若为空，则表示队列为空，长度为 0；否则，长度至少为 1，再测试下个结点的指针域是否为空。若非空则长度加 1，如此继续，直到 p 与队尾指针相等时结束计算，即得队列的长度。最后返回队列的长度。

```
LinkQueueLength(Q)
{   LinkQueue *p;
```

```
        int n = 0;
        p ← Q.Front;
        while( p ->next ≠ NULL )
        {   n ← n + 1;
            p ←p->next;
        }
        return n;
    }
```

算法评说：本算法必须设置临时指针变量 p，不能直接使用 Front 来控制。算法判别队尾结点的 next 域是否为空决定继续还是结束。其实，也可以通过判别 p 是否等于 rear 来控制。

该算法的时间复杂度为 $O(n)$。

3.2.5　队列结构的应用实例

队列结构也是软件设计中经常用到的数据结构形式。在系统软件和应用软件设计中有广泛的应用。下面介绍几个队列的应用实例。

1．队列在数制转换中的应用

在 3.1.5 节中介绍了把十进制整数转换成二进制数的方法。对于十进制小数向二进制转换的方法是用"乘 2 取整法"。例如，有十进制小数 0.6，用"乘 2 取整法"转换成二进制小数为 0.10011……"乘 2 取整法"的转换过程如图 3-20 所示。需要注意的是，第一，整数转换的二进位是有限的，而小数转换的二进位未必是有限的。图 3-20 中，当转换到第 4 步时小数部分又是 0.6，对应的二进制数是一个无限循环小数。第二，整数转换是按从低位到高位的次序，而小数转换是按从高位到低位的次序。

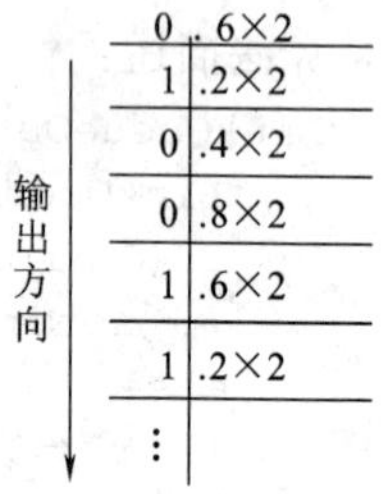

图 3-20　小数 10→2 转换的"乘 2 取整法"

基本思想：设一个非负十进制小数为 f，转换出的二进制数为 $0.B_{-1}B_{-2}...B_{-m}$。其中，B_{-i} 是二进制数字字符 0 或 1。按乘 2 取整法(整数部分必为 0 或 1)，第 1 次得 B_{-1}，第 2 次得 B_{-2},…，第 m 次得 B_{-m}。这个过程可表示为

$f_0 = f$

$f_1 = \{f_0 \times 2\},$　　　　$f^{(2)} = 0.[f_0 \times 2]f_1^{(2)} = 0.B_{-1}f_1^{(2)}$

$f_2 = \{f_1 \times 2\},$　　　　$f^{(2)} = 0.B_{-1}[f_1 \times 2]f_2^{(2)} = 0.B_{-1}B_{-2}f_2^{(2)}$

$f_3 = \{f_2 \times 2\},$　　　　$f^{(2)} = 0.B_{-1}B_{-2}[f_1 \times 2]f_3^{(2)} = 0.B_{-1}B_{-2}B_{-3}f_3^{(2)}$

　…　　　　　　　　　　…

$f_m = \{f_{m-1} \times 2\},$　　$f^{(2)} = 0.B_{-1}B_{-2}B_{-3}\cdots[f_{m-1} \times 2]f_m^{(2)} = 0.B_{-1}B_{-2}B_{-3}\cdots B_{-m}f_m^{(2)}$

　…　　　　　　　　　　…

其中，$[f_i \times 2]$ 表示取整数部分，$\{f_0 \times 2\}$ 表示取小数部分，$f_i^{(2)}$ 表示 f_i 的二进制数。

有一个问题是，因为转换的二进制数可能是一个无限循环小数；那么，这种转换何时终极？为此，控制转换终止的条件可以有 2 个；当 $f_{m+1} = 0$ 时终止转换；再就是给出二进制精确度要求，如转换到小数点后 5 位等。

实例演示：设有十进制小数 0.6，控制转换到小数点后第 5 位。转换过程如图 3-21 所示。在图 3-21 中，按序号列出转换过程。每一步乘法运算都把整数位（0 或 1）入队到队尾。到第 5 步转换完毕，依次输出队头元素就得到转换结果，得二进制数 0.10011。

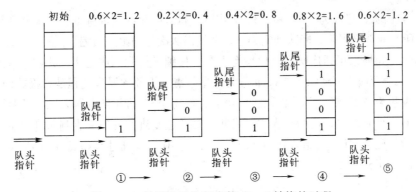

图 3-21　利用队列进行小数 10→2 转换的过程

算法思路：设置一个"二进制数位"的队列，如队列名为 D；可以用顺序存储结构或链式存储结构存储该队列。因为本算法中结果的位数不是很多，故采用顺序存储结构为好。转换过程是反复进行乘法运算，并把乘积的整数部分（仅为 0 或 1）入队；如此形成一个循环。最后，对队列作重复出队操作，直到队列空为止。在设计该算法时应有效使用已有的算法，如创建队列、入队、出队、读队列、判队列空等算法。

算法描述：算法中，f 为十进制小数，m 为二进制小数位数要求，队列结构类型描述为 SeqQueueDtoB。

```
FractionalDtoB(f,m)
{   int i,b;
    float x;
    SeqQueueDtoB D;
    x←f;
    for(i←1;i≤m;i←i+1)
    {   if(x>0)
        {   b←x×2;
            x←x×2-j;
            SeqQueueIn(D,b)
        }
        else
            breck;
    }
    while(!SeqQueueEmpty(D))
    {   SeqQueueGet(D,b);
        SeqQueueOut(D)
        printf("%d ",b);
    }
}
```

算法评说：算法 DtoB() 和 FractionalDtoB() 分别对正整数和正的纯小数进行二进制转换，因此，对于任何一个十进制数要分别对其整数部分和小数部分进行转换，并作正负号处理，然后加在一起。算法 DtoB() 运用栈辅助，而算法 FractionalDtoB() 运用队列辅助。

该算法的时间复杂度为 $O(m)$。

2. 报数问题

设有 n 个人站成一排，从左向右分别编号为 $1,2,\cdots,n$。现在从左向右报数"1,2,3,1,2,3,…"，报数为"1"者出队；报数为"2"和"3"者出队并排到队尾继续等待报数。这个报数过程反复进行，直到所有人都已出队，即队列空为止，并按出队次序输出人员编号。

基本思想：如果采用顺序队列存储所有人员。按编号排列顺序进队，其初始队列是，1 号为队头结点，2 号为第 2 个结点，…，n 号为队尾结点。报数的操作过程是，报数为"1"者输出并出队；报数为"2"者出队并再入队，接着报数为"3"者出队并再入队，即从队头开始，每 3 个人中第一个人输出，后两个人重新排队。如此往复进行处理，直到队列为空结束。

实例演示：设 $n=10$，初始队列为 1，2，…，9，10，处理过程如表 3-4 所示。最终输出结果为"1,4,7,10,5,9,6,3,8,2"。

表 3-4　报数问题实例演示过程

序　　号	原　队　列	新　队　列	输　　出
1	1,2,3,4,5,6,7,8,9,10	4,5,6,7,8,9,10,2,3	1
2	4,5,6,7,8,9,10,2,3	7,8,9,10,2,3,5,6	1,4
3	7,8,9,10,2,3,5,6,	10,2,3,5,6,8,9	1,4,7
4	10,2,3,5,6,8,9	5,6,8,9,2,3,	1,4,7,10
5	5,6,8,9,2,3,	9,2,3,6,8	1,4,7,10,5
6	9,2,3,6,8	6,8,2,3	1,4,7,10,5,9
7	6,8,2,3	3,8,2	1,4,7,10,5,9,6
8	3,8,2	8,2	1,4,7,10,5,9,6,3
9	8,2	2	1,4,7,10,5,9,6,3,8
10	2		1,4,7,10,5,9,6,3,8,2

算法思路：在基本思想中建议用顺序队列存储，则队列需预留 $n+2\times(n-2)+1$ 个结点空间。如当 $n=10$ 时，预留结点空间数为 27（$10+2\times8+1$）。如果采用循环队列，则只需要预留 $n+1$ 个结点空间。显然，采用循环队列有好的空间效率。

问题的结构类型描述(设 $n=10$)如下：

结构类型描述 3.5：

```
#define  M 11
typedef struct
{  int PersonNo[M];
   int Front=0,Rear=0;
}PersonQueue;
```

假设队列已存在，为 $Q = (1,2,3,4,5,6,7,8,9,10)$，则算法循环执行。

① 处理报数为"1"者：输出队头结点数据，再出队；

② 处理报数为"2"者：出队，入出队；

③ 处理报数为"3"者：出队，入出队。

循环结束条件是队列为空。

算法描述：算法基于结构类型描述 3.5。

```
NumberOff(Q)
{  int q;
   printf("The Sequence of Number off:")
   while(!RingQueueEmpty(Q))
```

```
{   q ← RingQueueGet(Q);
    printf("%d",q);
    RingQueueOut( Q );
    if(!RingQueueEmpty(Q))
    {   q ← RingQueueGet(Q);
        RingQueueOut( Q );
        RingQueueIn(Q,q);
    }
    if(!RingQueueEmpty(Q))
    {   q ← RingQueueGet(Q);
        RingQueueOut( Q );
        RingQueueIn(Q,q);
    }
}
}
```

　　算法评说：本算法主要用基本运算现实。运用基本运算实现数据结构应用问题是一个良好的习惯，也是结构化设计的主要手段之一。在软件设计中，运用基本运算的程序是代码重用的一种重要途径。

　　该算法的时间复杂度为 $O(n)$。

　　3. 配对应用

　　配对是指建立两个对象之间的一种相容关系的处理。例如，舞伴关系，即男性的舞伴是一个女性；反之，女性的舞伴是一个男性。

　　设有问题：已知一个队列，其结点的数据域是一个自然数。现输入一个自然数，用该自然数与队头结点数据配对。如果相等，则删除队头结点；如果不相等或队列为空，则把该自然数插入队列。如果输入数为 0，则结束处理。

　　基本思想：这个问题比较简单，思路也很清晰。把输入的数存入 x，先判 x 为何值，若 x = 0，则终止算法，否则判队列是否为空。若为空，则执行队列插入操作；若不为空，则与队头结点比较。比较相等，则执行队列的删除操作；否则执行插入操作。这个过程重复进行，直到输入 0 时结束。

　　实例演示：若队列的当前状态为（100,21），则每次输入数据后队列状态的变化如表 3-5 所示。

表 3-5　配对应用实例演示

输 入 次 序	输 入 值	队 列 状 态	操 作 要 点
		100,21	
1	5	100,21,5	5 插入队尾
2	100	21,5	删除队头结点
3	21	5	删除队头结点
4	5	空	删除队头结点
5	7	7	7 插入队尾
6	83	7,83	83 插入队尾
7	0	7, 83	结束处理

算法思路：问题涉及两种数据，一个是队列。这里拟建立一个链队列，名为 Q，队列的结构类型描述为

```
#define  M 1000
typedef struct
{   int PairNode[M];
    int Front=0,Rear=0;
}SeqQueuePair;
```

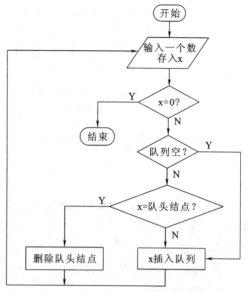

另一个是输入量，定义一个变量 x 存储。根据这两种数据设计问题的处理算法。为了直观，用图 3-22 所示的流程图表示出算法的概貌。算法涉及的主要操作有：判队列空，输入数据与队头数据比较，队列删除，队列插入等。再就是控制重复若干次，直到输入 0 为止。

图 3-22 中有 3 个条件判断框，它们的判断先后次序要确定。先判断算法是否该结束，再判断队列是否为空，最后与队头结点比较。因为当队列为空时无队头结点可与输入数据比较，当输入数据为 0 时，比较是无意义的，所以把这个比较操作放在最后执行。

图 3-22　自然数配对处理流程图

最后，注意该算法是一个重复循环过程，算法何时终止是由输入数据是否为 0 控制的。根据以上分析，就不难写出它的算法描述。

算法描述：

```
Pair(Q)
{   int x;
    printf("Succeed Pair:")
    while(scanf("%d",&x) ≠ 0)
    {   if(PairQueueEmpty(Q))
            PairQueueIn(Q,x);
        else
            if(x=Q.PairNode[Q.Front+1])
            {   PairQueueOut( Q );
                printf("%d",x);
            }
            else
                PairQueueIn(Q,x);
    }
}
```

算法评说：本算法中除了输入/输出命令以外也都用基本运算现实。读者也许已经注意到，这里的基本运算的函数表示稍有不同。实际上，同一功能的基本运算除与数据的逻辑结构、物理结构有关外，还与结点结构有关。

设连续输入了 n 个自然数，则该算法的时间复杂度为 $O(n)$。

4. 操作系统中的应用

操作系统软件中有许多关于栈和队列结构的应用实例，如进程队列、打印机队列等。用户

启动执行的每一个任务，操作系统都为其创建一个进程。对于多任务操作系统，如 Windows，同时可以接收若干任务，创建若干进程。为了管理这些进程，操作系统维护一个队列，称为进程队列。当创建了一个进程就立即加入进程队列等待占有 CPU 时间。当 CPU 空闲时，就把队头的进程调出占据 CPU 运行，并从进程队列中将其删除。正在 CPU 上运行的进程如果因为某一事件（如要打印输出）暂停运行，并离开 CPU，可再次插入进程队列等待机会继续运行。所以，任务的运行是用队列来管理和控制的。

打印机队列是管理打印任务的队列。当进程运行中需要打印输出信息时，就把打印任务插入打印机队列；当打印机空闲时就从打印队列中调出队头任务送往打印机执行打印操作，并从队列中删除；按"先来先服务"的策略管理打印任务。图 3-23 所示为 Windows 操作系统管理的打印机队列。从"已提交"栏可以看出，第 1 个打印任务是最先到达的，第 3 个打印任务是最后到达的。一旦打印机空闲可用时将首先打印输出第 1 个打印任务。

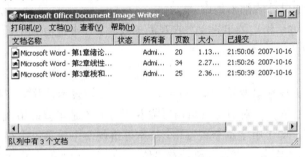

图 3-23　Windows 的打印机队列

3.3　串

读者都有在计算机上进行文本编辑的经历和经验，如编辑、打印一篇文章，编写、执行一个 C 语言源程序，等等。从本质上说，文章和源程序都是文字和符号有意义的排列，即是文字和符号（可能是数千或数万个）的一"串"。读者也许曾经对某篇文章作过这样的处理，把文章中所有"电脑"一词置换成"计算机"。因为电脑是民间俗语，不宜在学术论文中出现。这里的文章、源程序等是一种"串"，对文章、源程序进行的编辑、置换操作等是串处理。串是计算机输入/输出数据的基本结构。例如，从键盘上输入文字和符号是一种串，从内存输出到打印机上的文字和符号也是一种串。串是计算机非数值处理应用中最基本的数据对象和数据构造。

在第 1 章中，把数据元素定义为数据项的一种构造；数据项（主要指初等数据项）是不可再分的原子结构。在第 2 和第 3 章中，所有的算法都把数据项作为操作单位。在实际应用中这是不够的，例如有一个线性表的数据元素由图书编号、书名、作者名、出版社名等 4 个数据项构成。无疑，图书编号、书名、作者名、出版社名都是文字符号串。在线性表的处理算法中只能对这些数据项进行处理。当一个算法要识别数据项内的部分符号时，则破坏了数据项的原子性，但这又是数据处理必须的操作。例如，图书馆书目检索应用中，要查找含有"计算机"这 3 个字的书名，并列出清单。这种查找要在数据项"书名"内部进行。因此，可以把串看成是一种微观的数据结构，其构成元素是字符。

串在程序设计、数据库系统等均有十分广泛的应用。因此，几乎所有程序设计语言、数据库管理系统软件等都有极其完备的串处理功能和实现方法，提供功能强大的串操作能力。特别是在数据库管理系统中，把各种串操作内建为内部函数提供调用，非常便利。

3.3.1 串的定义及其基本运算

下面给出串的定义及其基本运算。

1. 串的定义

对于串，可以理解为计算机字符组成的一个有限序列。

定义 3.3[串] 凡满足下列条件的字符序列称为串。

① ""（空）是串。

② "α"（α为任意计算机字符）是串。

③ 设 P 和 Q 是串，则 P∥Q（∥为拼接符号）是串。

④ 除①、②、③以外的都不是串。

这是一个用递归方法给出的串定义。直观的理解是："串是由 n 个计算机字符组成的一个有限序列。"可以记为

$$S = "\alpha_1 \alpha_2 \alpha_3 \ldots \alpha_n" \quad (n \geq 0) \tag{3.1}$$

其中，S 为串名，或称串变量。α_i（i=1，2，…，n）表示计算机字符（也可以是汉字）；$\alpha_1 \alpha_2 \ldots \alpha_n$ 为串 S 的值；一对引号（单引号或双引号）不是串值的组成部分，仅是串的定界符。n 为串 S 的长度，即串中字符个数（1 个汉字等价与 2 个计算机字符）。

当 n>0 时，S 称为实串，或非空串；有串值 $\alpha_1 \alpha_2 \ldots \alpha_n$，即引号除外的部分。当字符 C_i 在串 S 中，则 i 称为 C_i 在串中的位置号。

当 n=0 时，S 为空串，其串值为空，即不包含任何字符的串，可表示为 S =""。

当 α_i 皆为空格（空格是计算机字符，但不可见，占一个字符位，为了清楚，以下用"□"表示）时，称为空格串，或称空白串；如，S ='□□…□'。空格串的长度 n 不为 0。注意，空格串不是空串。

2. 串间关系

任意两个串之间有相等、子串和不等关系。

（1）相等关系

两串相等关系有精确相等关系和左对齐相等关系两种。

① 精确相等：若串 S 和 Q 的长度相等，且自左至右逐对对应字符相同（区分字母大小写）时，则两串为精确相等，记为 S = Q 。

例如，串 S1 ="data_structure"、S2 ="data_structure"、S3 ="data□structure"，则有 S1 = S2，而 S1 ≠ S3。

② 左对齐相等：左对齐相等关系不要求两串有相同的长度。如果两个串自左至右逐对对应字符比较，且比较完较短串的所有字符都相当，则两串相等，表示为 S = Q。

例如，S4 ="数据结构是研究数据逻辑结构和存储结构的学科"，S5 ="数据结构"，S6 ="数据库"，则 S4 = S5，而 S4 ≠ S6、S5 ≠ S6。

（2）不等关系

不满足相等条件的两串为不等关系，不等关系必有大小关系。测试串大小的方法是，自左

至右逐对比较两串的对应字符，当遇到对应字符不等时停止，则较大字符所在串为较大，较小字符所在串为较小。

例如，比较 S1 与 S3 时，它们左起的头 4 个字符（"data"）对应相等，比较到第 5 个字符时出现不等，则有 S1 ≠ S3。因为 S1 中的字符"_"（下画线字符，ASCII 码为 95）大于 S3 中的字符"□"（表示空格字符，ASCII 码为 32），故有 S1 > S3 成立。

字母的大小由字母的 ASCII 码的大小决定，如字母 A 的 ASCII 码为 65，a 的 ASCII 码为 97，则 a 大于 A。汉字的大小由汉字编码的大小决定。

（3）子串关系

一个串中的任意 m（$m \leqslant n$）个连续字符构成的串称为该串的子串。子串关系是一种包含关系，即一个串包含在另一个串中。建立子串关系的两个串有主串（设长度为 n）和子串（设长度为 m）之分。包含一个串的串称为主串，被包含在主串中的串称为子串。设有串

S7 ="I am a student now.",S8 ="student",S9 ="student."。

则 S8 是 S7 的子串，S7 为主串，S8 为子串，S9 和 S7 没有子串关系，因为 S7 不包含在 S9 中。

若 m<n，则称为真子串。空串是任何串的子串，任何串是自身的子串，即子串可以与主串相等。

串的相等关系和子串关系在信息检索中有特别重要的意义和广泛的应用，如情报检索系统、网上搜索等。

3. 串的基本运算

串主要有表 3-6 列出的 13 种基本运算。

表 3-6 串的基本运算

序 号	名 称	函数表示	功 能 说 明
1	串精确相等	StrEqual()	两串精确相等返回 1，否则返回 0
2	串比较	StrCompare()	两串小于返回-1，相等返回 0，大于返回 1
3	判串空	StrEmpty()	若串为空返回 1，否则返回 0
4	置空串	StrClear()	把串置为空串
5	求串长度	StrLength()	计算串中字符个数，并返回个数
6	取子串	StrSubstring()	取串的指定位置的子串，并返回该子串
7	串匹配	StrMatch()	在主串中查找与给定子串相等的子串
8	串置换	StrReplace()	用某串去替换一个串中的指定子串
9	串插入	StrInsert()	在串的指定位置插入一个串
10	串删除	StrDelete()	删除串中指定位置的连续字符
11	并串	StrConcat()	拼接两串成为新串，并返回该新串
12	串赋值	StrAssing()	把一个串存入串变量，并返回这个串变量
13	串表达式	+、-	拼接两串成为新串，并返回该新串

3.3.2 串的顺序存储结构及其基本运算算法

串的存储也有顺序存储结构与链式存储结构两种主要方式，但以顺序存储结构最为常用，故作为重点介绍。

1. 串的顺序存储结构

串的顺序存储结构与线性表的顺序存储结构类似。不同的是，串的数据元素在任何情况下仅是一个单个的字符。现代计算机的存储器皆以字节为单位进行编址，每个字节为 8 位，正好能存放一个字符的 ASCII 码，所以用一个字节存放一个字符。鉴于串的结构与应用特点，多采用顺序存储结构。又由于串结构的活跃性，采用静态顺序存储结构和动态顺序存储结构两种存储方式。

古典计算机的存储器往往是以字为单元；随机型不同，字长有 16 位的、32 位的或 48 位的等多种情形。因此，串的存储结构有紧缩格式（一个字存储多个字符）和非紧缩格式（一个字存储一个字符）的区别。由于这种计算机不再普遍，故本书不作介绍。

（1）串的静态顺序存储结构

静态顺序存储结构存储的串称为顺序串。顺序意味着需要分配一组地址连续的存储单元，单元以字节为单位。静态意味着一次性为串分配足够数量的字节。一旦分配，在串存储期间就静止不变；使用过程中也不容改变。通常用一个一维字符数组存储，数组的每一个元素只占一个字节，如图 3-24 所示。若数组元素个数为 M，则存储在其中的串之长度 n 必须满足 $n \leqslant M$ 条件，否则会发生串之右端字符的截断。另一个问题是如何标记已存储串的长度，有两种方法：一种方法是设定一个特殊的结束标志(如*，见图 3-24 (a))作为串的最后一个字符，或如 C 语言中规定用"\0"标记串的结束。也可以设置一个整型变量（如 n）记录存储串的长度，如图 3-24 (b) 所示。

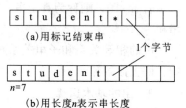

图 3-24 静态顺序串的存储结构

带长度变量的静态顺序串结构类型的类 C 语言描述如下：

结构类型描述 3.6：

```
#define MAXSIZE 100
typedef struct
{   char ch[MAXSIZE];
    int  length ;
}SeqStaticStr ;
```

由结构类型描述 3.6 可以看出，顺序串的结构类型与顺序表的结构类型基本一致。

（2）串的动态顺序存储结构

静态顺序存储结构过于死板，比较适合不改变串大小的一类操作，如取子串、串匹配、求串长度等操作；对于串插入、串删除等一类操作，因为其操作结果会使串的大小发生变化，特别是插入性操作会增长串长度，就显得不那么便利高效了。因为这些操作常常需要大量移动字符，而且，当串长度超过预留字节数时，只能简单地截断右端超出部分；当串长度过短又会造成空间闲置，降低空间效率。动态存储结构试图克服这些缺陷。

动态存储结构主要是堆式存储结构，存储的串称为堆串。堆式存储结构的基本思想是，在存储器中开辟一组地址连续单元的空间，能存储足够大小的串；这个空间犹如是单元的一堆，故称为堆空间。堆空间的使用方法是，根据串的长度在堆空间中动态申请相应长度的存储区域，把串顺序地存储在这个区域里。在对串进行操作的过程中，若原空间不够，可以根据当前串的实际长度重新申请，复制串到新空间，并释放原空间。在 C 语言中，用函数 malloc()申请分配空间，用函数 free()释放空间。

堆存储结构既有静态顺序存储结构的特点（一组连续的存储空间），在串操作中又没有长度的限制，具有明显的优越性和灵活性，故常在串处理的程序设计中被选用。类 C 语言描述的堆串存储结构类型如下：

结构类型描述 3.7：

```
typedef struct
{   char *ch;
    int length;
    }HeapString;
```

注意该结构类型描述与结构类型描述 3.6 的区别。

2．串基本运算的实现算法

在表 3-6 中列出了 13 个主要串的基本运算，许多运算的算法都比较简单，这里只对串精确相等、串比较、取子串等给出算法，以作示范。串匹配算法比较复杂且很重要，单独列一节介绍，其余串运算的算法留给读者自己去设计。所有运算算法均基于结构类型描述 3.6。

（1）串精确相等

函数表示：SeqStrEqual(S,R)。

操作含义：判断串 S 和 R 是否精确相等。若精确相等则返回 1；否则，返回 0 。

算法思路：因为是判串是否精确相等，所以首先看两串是否等长。若不等长则必不相等，返回 0，并终止算法。若等长，则从两串的第 1 个字符开始逐对对应字符进行比较。当遇到有一对字符不等就停止比较，并返回 0。当比较完所有字符对均未出现不相等的字符时，则返回 1，终止算法。例如有 S="abcdef",Q="abcdef",R="abcDef",T ="abcd"，则 SeqStrEqual(S,Q)) 返回 1；SeqStrEqual(S,R)) 返回 0；SeqStrEqual(S,T)) 返回 0。

算法描述：

```
SeqStrEqual(S,R)
{   int k;
    if(S.length≠R.length)
       return 0;
    else
       for(k=1;S.ch[k]=R.ch[k]且k≤S.length;k ←k+1);
       if(i > S.length)
          return 1;
       else
          return 0;
}
```

算法评说：算法的主体是一个 for 语句，当比较完所有字符且均相等，则 i 有值 S.length+1 并终止结束。若因有不等字符出现而结束循环，则必有 i ≤ S.length 。

该算法的时间复杂度为 $O(n)$，其中 n 为字符长度，即 S.length。

（2）串比较

函数表示：SeqStrCompare(S,R)。

操作含义：判断 S 和 R 之间的大小关系。若相等（包括精确相等和左对齐相等），则返回 0；若 S＞R 则返回 1；若 S＜R 则返回−1。

算法思路：比较过程与串精确相等算法很类似，但不要求两串长度相等。比较时按较短串的长度控制字符扫描；比较结束时，如果比较完较短串的长度，则为左对齐相等；若因某对字符不等结束比较，则要看不等字符对的字符大小；较大字符所在的串大于较小字符所在的串。

算法描述：

```
SeqStrCompare(S,R)
{   int k;
    for(k←1;S.ch[k]=R.ch[k]且k≤S.length且k≤R.length;k ←k+1);
    if(i > S.length 或 i > R.length)
        return 0;
    else
        if(S.ch[k]>R.ch[k])
            return 1;
        else
            return -1;
}
```

算法评说：当 for 语句执行结束时，i 是较短字符串的长度加 1。如果是等长的，则是任一串的长度加 1；此时若比较相等，实质为精确相等。因此，串比较运算包含了精确相等的运算功能。

该算法的时间复杂度为 $O(n)$；其中 n 为较短字符串的长度。

（3）取子串

函数表示：SeqStrSubstring(S,i,1)。

操作含义：从串 S 的第 i 个字符开始取连续 1 个字符构成新串，并返回这个新串。

算法思路：首先检测参数的正确性,i、l 必须满足 1≤i≤S.length 并且 1≤l≤S.length−i+1，否则为不合法参数。取子串时先定义一个临时串变量 T，取完子串后返回 T。若参数不合法，则返回一个空串。

算法描述：

```
SeqStrSubstring(S,i,1)
{   int k;
    SeqStaticStr T;
    if(1≤i≤S.length 且 1≤l≤S.length-i+1)
    {   for(k←1;k≤1;k ←k+1)
            T.ch[k]←S.ch[i+k-1];
        T.Length ←1;
    }
    else
        T.Length ←0;
    return T;
}
```

算法评说：取子串操作返回后，可测试结果串是否为空串。若为空串，可能有两种情况：一种情况是参数 i、l 不合法；另一种情况是 S 为空串。

该算法的时间复杂度为 $O(n)$；其中 n 为子串的长度。

（4）串赋值

函数表示：SeqStrAssing(S,R)。

操作含义：把串 R 传送到串变量 S，并存储其中。

算法思路：这个算法很简单，首先看 R 是否是空串，若是，则将串 S 置为空串；否则，把 R 逐个字符地传送到 S 中，并置 S 的长度等于 R 的长度。

算法描述:

```
SeqStrSubstring(S，R)
{   int k;
    if(SeqStrEmpty(R))
        SeqStrClear(S);
    else
    {   for(k=1;k≤R.length;k ←k+1)
            S.ch[k]←R.ch[k];
        S.length ←R.length;
    }
}
```

算法评说:该算法的时间复杂度为 $O(n)$,其中 n 为串 R 的长度 R.length。

(5) 并串

函数表示:SeqStrConcat(S,R,F)。

操作含义:把串 R 拼接到串 S 的尾部。若 F="+",则直接拼接;若 F="-",则先删去串 R 首部的若干连续空格后再拼接。并串结果存储在 S 中。

算法思路:首先看并串方式是"+"还是"-";若是"+",则把 R 的字符依次逐个地传送到 S 的紧接尾字符之后存储;若是"-",则先将串 R 的首部空格删除,再如"+"同样的方式拼接获得结果。

在静态顺序存储结构下,并串可能有 4 种情况:第 1 种情况,R 为空串,则实际不做拼接操作;第 2 种情况,S 和 R 长度之和小于等于 S 的最大长度,则两串连接的结果是 S 和 R 的全部字符;第 3 种情况,S 的实际长度小于 S 的最大长度,而 S 和 R 的长度之和大于 S 的最大长度;则串连接的结果是,S 包含 S 的全部字符和 R 的前部分字符,R 后部超出的字符被截断;第 4 种情况,串 S 占有了 S 的全部空间,则 R 的全部字符都被截断,即未实际做拼接。因此,在静态顺序串情况下,要看 S 尾部是否有足够空间存储串 R。如果空间不够,则会把串 R 尾端超出部分甚至全部截断。最后要计算并修改串 S 的长度为拼接后的串长度。

算法描述:

```
SeqStrConcat(S,R,F)
{   int k;
    if(R.length≠0)
    {   if(F='-')
        {   k=1;
            while(R.ch[k]='□')
                k ←k+1;
            R.length ←R.length-k+1
            R ←SeqStrSubstring(R,k,R.length);
        }
        if(S.length+R.length≤MAXSIZE)
        {   for(k ←1;k≤R.length)
                S.ch[S.length+k] ←R.ch[k];
            S.length ←S.length+R.length
        }
        else
            if(S.length<MAXSIZE)
                for(k ←1;k≤MAXSIZE - S.length)
```

```
              {   S.ch[S.length+k] ←R.ch[k];
                  S.length ←MAXSIZE;
              }
       }
}
```

算法评说：因为该算法是在静态顺序存储结构下的算法，所以要检测串 S 中是否还有可用空间。从算法可以看出，当 R 为空串或串 S 无空间可用时，没有做任何实际拼接操作，即算法只针对了第 2 和第 3 种情况。为了能完全执行并串运算，可以应用动态顺序存储结构，而且算法也简单得多。这留给读者自己设计。

该算法的时间复杂度为 $O(n)$，其中 n 为串 R 的长度 R.length。

3.3.3　串表达式

在许多系统软件（如程序设计语言、数据库系统软件等）中常常要对多个串进行比较复杂的运算。例如，设有串 S="data structure course",现要求根据 S 构造出字符串 T ="database systems course"。其做法是，从 S 中取子串"data"和"course",再与串常量"base systems"进行拼接。这可通过串表达式

T = SeqStrSubstring(S,1,4)+"base systems"+ SeqStrSubstring(S,15,6)

得到。其中，"+"为"拼串"或"串连接"运算。

1. 串表达式运算符

串表达式运算符主要有两个：

+：并串。把"+"两边的串无条件地连接在一起构成新串，如 T=S+R。

−：去空格并串。先删除"−"右边串的起始空格，再与左边的串连接。例如：

设 S="Nanjing", R="   University", 则

T=S+R ="Nanjing   University"

T=S−R ="Nanjing University"

串运算符都是双边运算，运算分量可以是串常量、串变量或串函数。

2. 串表达式运算的算法设计

串表达式运算符无优先级的规定，也无须使用括号。因此，串表达式的运算严格从左到右依次执行。例如，T=A+B+C−D+E 的执行过程如图 3−25 所示。执行流程也可简化为

T←A, T+B, T+C, T−D, T+E

最终在 T 中得到结果。

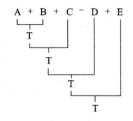

图 3−25　串表达式执行例子

假定串表达式存储在一个顺序队列里，其数据元素是经过处理后的表达式的语法单位，如串常量、串变量、串函数和串运算符等。设顺序队列 B 中存储有一个正确的串表达式，如上面例子，则串表达式的运算过程如图 3−26 所示。

在图 3−26 中，&X、&Q 表示间接串变量名。例如，若 X="T", 则&X 为 T, SeqStrAssign(&X,Q)即为 SeqStrAssign(T,Q)。"Q←函数运算结果"是指在串表达式中任意使用到的串函数的执行结果，该算法的主体是串赋值和并串运算。

因为表达式处理技术是程序设计语言、数据库系统软件的主要技术之一，实现算法比较复杂，所以这里只给出简化的流程图。

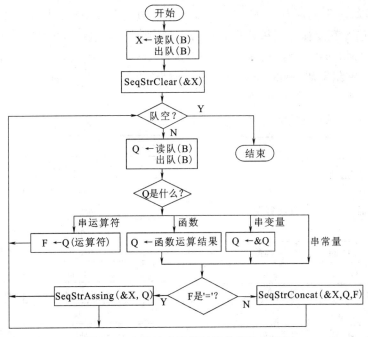

图 3-26　串表达式运算过程的算法流程图

3.3.4　串匹配

　　串匹配是信息系统不可缺少的功能，特别是网上查询的主要技术。例如，在百度上查找"数据结构基础教程"时，只要在文本框中输入"数据结构基础教程"并单击"搜索"按钮，百度就会在网络上匹配，凡含有"数据结构基础教程"的文章（可能在标题中，或正文中）都作为搜索结果列举出来。

　　设有主串 S 和子串 T。串匹配就是在 S 中找到一个或多个与子串 T 相等的子串并定位的操作。通常又称 S 为目标串，T 为模式串，故串匹配又称模式匹配。模式匹配成功就是指在目标串中找到模式串；反之，则指目标串中不存在模式串。

　　因为模式匹配的目标串可能很大、很多，因此模式匹配的效率至关重要。例如，要在巨著《红楼梦》中查找"贾宝玉"就是一个典型的模式匹配问题。如果没有高效率的串匹配算法会花很长时间。因此，许多人乐此不疲地研究、提出许多效率不同的串匹配算法。

　　本节作为入门，介绍两种串匹配算法，并设串采用静态顺序结构存储。

1. 简单串匹配算法

　　这是最直观的一种串匹配算法，也称 Brute-Force 算法，或简称 BF 算法。

　　函数表示：SeqStrMatch(S，T)。

　　操作含义：查找目标串 S 中是否有与模式串 T 相等（匹配）的子串存在。若存在，则返回 S 中自左至右首次与 T 匹配的那个子串的第 1 个字符在 S 中的位置，否则返回−1。

　　算法思路：读者不难想到，S 中可能含有多个与 T 匹配的子串，而且这些子串还可能交叠。但该算法的目标是只查找 S 中第 1 个与 T 匹配的子串。

　　匹配思路是，从 S 的第 1 个字符与 T 的第 1 个字符开始逐对字符地进行比较。若比较完 T 的所有字符皆相等，则匹配成功；若出现某对字符不相等，则 S 后移 1 个字符（如 S 的第 2

个字符）开始重新与 T 的所有字符比较。如此反复，直到在 S 中找到与 T 相等的子串（匹配成功），或者找遍 S 都没有与 T 相等的子串（匹配失败）为止。例如，设 S ="abcbbabcdc",T1="abcd"，T2 ="bcddea"，则匹配 SeqStrMatch(S, T1)和 SeqStrMatch(S, T2)过程分别如表 3-7 和表 3-8 所示。其结果是 SeqStrMatch(S, T1) = 5（见表 3-7），SeqStrMatch(S, T2) = -1（见表 3-8）。

表 3-7　成功匹配例

第?次	匹　　配	说　　明
1	S =abcbabcdcb	
	T =abcd	
2	S =abcbabcdcb	继续匹配
	T = abcd	
3	S =abcbabcdcb	继续匹配
	T = abcd	
4	S =abcbabcdcb	继续匹配
	T = abcd	
5	S =abcbabcdcb	匹配成功
	T = abcd	

表 3-8　失败匹配例

第?次	匹　　配	说　　明
1	S =abcbabcdcb	
	T =bcddea	
2	S =abcbabcdcb	继续匹配
	T = bcddea	
3	S =abcbabcdcb	继续匹配
	T = bcddea	
4	S =abcbabcdcb	继续匹配
	T = bcddea	
5	S =abcbabcdcb	继续匹配
	T = bcddea	
6	S =abcbabcdcb	匹配失败
	T = bcddea	

　　由例可以看出，模式串犹如一个"滑块"在目标串的下面滑动。每滑动一个字符位置就进行一次匹配，并判断成功与否。当滑块滑动到超过 S 尾部时，则匹配必为失败。由例还可以看出，匹配是以"字符比较"为基本操作单位的一个循环过程。一般来说，设目标串 S 和模式串 T 分别为

　　S ="$s_1 s_2 \dots s_n$", T ="$t_1 t_2 \dots t_m$"(m ≤ n)

并定义 S 的位置指针为 i（初值为 1），T 的位置指针为 j（初值为 1）。若在 i=p（初始时 p=1）时开始新一次匹配，当 S[i] = T[j]时，i、j 分别加 1 后再比较下一对字符；如此重复，当 j=m 时也有 S[i]=T[j]，则匹配成功，算法返回 i-j+1(退回 S 的位置到本次匹配的开始点)。若 j≤m 时出现 S[i] ≠ T[j]，则本次匹配失败；接着从 i=p+1 处再进入新一轮匹配。因 i、j 随字符对比较不断后移，那么，如何根据 i、j 计算新一次匹配时 S 的开始位置呢？

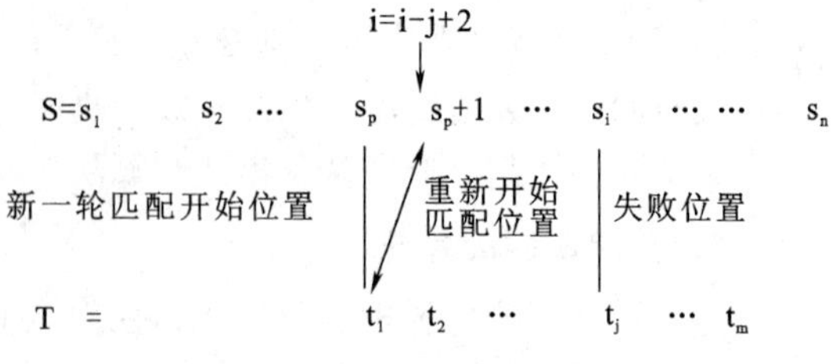

图 3-27　新一轮匹配的 i,j 计算

　　答案是根据上面的设定有 p =i-j+1，p+1=i-j+1+1=i-j+2。这样，在匹配失败后，置 i=i-j+2,j=1，重新开始新一轮匹配。直观的印象如图 3-27 所示。

　　算法描述：

```
SeqStrMatch(S, T)
{   int i=1,j=1;
```

```
        if(S.Length=0 或 T.Length=0)
            return -1;
        else
        {   While(i≤S.length 且 j≤T.length)
                if(S.ch[i]=T.ch[j])
                {   i←i+1;
                    j←j+1;
                }
                else
                {   i=i-j+2
                    j←1;
                }
            if(j > T.length)
                return i-T.length+1;
            else
                return -1;
        }
}
```

算法评说：算法开始处先检测目标串和描述串是否是空串。尽管从理论上说，空串是任何串的子串，但这不是串匹配所需要的。算法中没有设置变量 p 记录每次匹配的 S 的开始位置，而是通过 i、j 计算，尽量减少空间的使用。

设目标串和模式串的长度分别为 n、m，本算法的时间复杂度为 $O(m \times n)$。

2. 无回溯串匹配

简单串匹配算法简单、直观、易理解，但效率很低。原因是，当目标串与模式串比较出现不等字符对时，模式串在目标串上向后只滑动一个字符重新比较，即把新一轮匹配时目标串的位置回溯到 i=i-j+2 处开始。这种回溯有时是不必要的，造成算法效率低。下面看一个例子。

例 3.3 设 S ="abababcabb"，T ="ababc"，展示串匹配过程。

解：匹配从 i=1、j=1 开始；当 i=5、j=5 时比较失败。按简单串匹配算法，下一轮匹配从 i=2、j=1 开始，对 $S_2 \sim S_4$ 要再次做字符对比较。因为 $S_2=T_2 \neq T_1$，所以此次匹配注定还会失败。分析模式串 T 可以发现，$T_1 T_2 = T_3 T_4$。因为在第 1 次匹配中有 $S_1 S_2 = T_1 T_2$，$S_3 S_4 = T_3 T_4$，$S_5 \neq T_5$；推得 $S_3 S_4 = T_1 T_2$。但 S_5 是否等于 T_3 呢？需要比较。所以，只要从上次匹配 S 的不等点与 t_3 开始新一轮匹配即可，即使 i=5(保持不变)、j=3 并比较后继字符对。这次匹配成功。

由例 3.3 可以看出，新一轮匹配时目标串位置无须回退，模式串也未必一定要回退到第 1 个字符处，这使算法效率得到了提高。同时也可以看出，无回溯串匹配与模式串的特征有关。表 3-9 和表 3-10 分别给出了同一串匹配问题的两种方法。

表 3-9　简单串匹配例

第?次	匹　配	说　明
1	S = abababcbb T = ababc	$S_5 \neq T_5$
2	S = abababcbb T = ababc	$S_2 \sim S_5$ 再参与比较且 $S_2 \neq T_1$
3	S = abababcbb T = 　ababc	$S_3 \sim S_6$ 再参与比较匹配成功

表 3-10　无回溯串匹配例

第?次	匹　配	说　明
1	S = abababcbb T = ababc	$S_5 \neq T_5$
2	S = abababcbb T = 　ababc	从 S_5 与 T_3 比较开始新一轮匹配

（1）失败函数

例 3.3 揭示了这样一个事实，当字符对比较失败时，如何调整 j 值以继续匹配，例子是将 $j=5$ 调整为 $j=3$。究其原因是因为，从模式串第 1 个字符向后的 2 个字符组成的子串与从 $j-1$ 向前的 2 个字符组成的子串相等，因此有 $j=2+1=3$。一般来说，对模式串中的每一个字符 t_j 都有可能存在一个正整数 k，使 $t_1t_2\cdots t_k=t_{j-k}\cdots t_{j-1}t_j$；且都是 T 的真子集。设 t_j 的 k 值为 k_j，则 k_j 的计算公式为

$$k_j=\begin{cases} \max\{m|\ (0<m<j)\ \text{且}\ t_1t_2\cdots t_m=t_{j-m}\cdots t_{j-1}t_j\} & \text{当集合非空} \\ 0 & \text{其他情况} \end{cases}$$

如果存在 k_{j-1}，就表示对于模式串的字符 t_j，存在一个 k 使 $t_1t_2\cdots t_k = t_{j-k}\cdots t_{j-2}t_{j-1}$ 成立。由此，当 t_j 与 s_i 比较失败时只要回退 j 到 $k+1$，即从 t_{k+1} 与 s_i 开始后继比较，而无须回退到 $j=1$、$i=i-j+2$。于是把计算 $k+1$ 的式子称为失败函数，记为 next(j)；且 next(j) = $k_{j-1}+1$。失败函数的真正意义就在于，当匹配失败之后回退模式串到最接近 j 的位置，并保持目标串位置不作任何回退，可以继续向后比较。

例 3.4 设 T1 =ababc，计算其 k 和失败函数 next(j)的值。

解：T1 的 k 值和失败函数如下。

j	1	2	3	4	5
T	a	b	a	b	c
k	0	0	1	2	0
next(j)	0	1	1	2	3

例 3.5 设 T2 ="aaaab"，计算其 k 和失败函数 next(j)的值。

解：T2 的 k 值和失败函数如下。

j	1	2	3	4	5
T	a	a	a	a	b
k	0	1	2	3	0
next(j)	0	1	2	3	4

现在，再介绍失败函数在串匹配中的一般意义。设目标串和模式串分别为

$S = s_1s_2 \ldots s_n$, $\qquad T = t_1t_2 \ldots t_m$

假设本次匹配从 s_p 开始；并遇 $s_i \neq t_j$，这时的现状如下：

$$S = s_1s_2\cdots s_p\ s_{p+1}\cdots s_{p+k-1}\cdots s_{i-k}\quad s_{i-2}\ s_{i-1}\ s_i\cdots s_n$$

$$T = \quad t_1\quad t_2\ \cdots\ t_kt_{k+1}\ \cdots\ t_{j-k}\ \cdots\ t_{j-2}\ t_{j-1}\ s_j\qquad t_m$$

分析这个现状会发现

$s_p \ \ldots\ s_{i-1}=t_1\ldots t_{j-1}$

$s_{i-k}\ \ldots s_{i-2}s_{i-1}=t_{j-k}\ \ldots t_{j-2}t_{j-1}$

因为 $t_{j-k}\ \ldots t_{j-2}t_{j-1}=t_1t_2\ \ldots\ t_k$

所以 $s_{i-k}\ \ldots s_{i-2}s_{i-1}=t_1t_2\ \ldots\ t_k$

由此可知，一旦匹配失败，新一轮匹配从 s_{i-k} 开始（若从 s_p 到 s_{i-k} 之间的任何位置开始必

将失败）；又因为 $s_{i-k} \ldots s_{i-2}s_{i-1}$ 与 $t_1t_2 \ldots t_k$ 在上一次匹配中已经比较相等，无须再行比较，所以只要从 s_i 与 t_{k+1} 开始比较就行了。$k+1$ 正是 t_i 处的失败函数值，而 k 是 t_{j-1} 的 k 值，设为 k_{j-1}。

结论，当 t_j 与 s_i 比较失败后，用 $t_{\text{next}(j)}$ 与 s_i 继续进行比较，进入新一轮匹配。这种思想避免了在新一轮匹配时回溯到 s_i 之前任何字符对的比较，故称无回溯串匹配。

（2）无回溯串匹配算法

无回溯串匹配算法是由克努斯（D.E.Knuth）、莫瑞斯（J.H.Morris）和普拉特（V.R.Pratt）同时设计的，所以又称 KMP 算法。KMP 算法涉及两个算法，首先计算失败函数，而后进行匹配运算。下面先介绍失败函数的计算算法。

① 失败函数计算算法。失败函数的计算只取决于模式串自身，与目标串无关。需要为模式串的每一个字符 t_j 都求出它的失败函数 $\text{next}(j)$。因为 $\text{next}(j)=k_{j-1}+1$，所以关键是求出 k 值。

函数表示：StringNextPut(T,next[])。

操作含义：对模式串 T 求失败函数存储在一维数组 next 中。

算法思路：设 k_j 为 t_j 的 k 值，模式串的长度为 m，由 k 值的定义可知

当 $j=1$ 时，$\text{next}(1)=0$；

设 $1<j<m$ 时，$k_{j-1}=k$，$\text{next}(j) = k+1=k_{j-1} + 1$，则有

$$t_1t_2 \ldots t_k=t_{j-k+1} \ldots t_{j-1} \tag{3.2}$$

对于 $j+1$ 有两种情况：

若 $t_{k+1}=t_j$，即

$$t_1t_2 \ldots t_k \ t_{k+1}=t_{j-k+1} \ldots t_{j-1}t_j \tag{3.3}$$

由此推得 $k_j=k_{j-1}+1$，故有

$$\text{next}(j+1)=k_j+1= (k_{j-1}+1) +1= \text{next}(j)+1 \tag{3.4}$$

若 $t_{k+1} \neq t_{j+1}$，则表明

$$t_1t_2 \ldots t_kt_{k+1} \neq t_{j-k+1} \ldots t_{j-1}t_j \ t_{j+1} \tag{3.5}$$

由于有式 3.1 成立可知，t_k 的 k 值 k_k 已经求出，并设为 k'。若 $t_{k+1}=t_{j+1}$，则说明有

$$t_1t_2 \ldots t_{k'}=t_{j-k'+1} \ldots t_j \tag{3.6}$$

且 $t_1t_2 \ldots t_k$ 为最大长度子串，于是可得

$$\text{next}(j+1)= (k'+1) +1= \text{next}(k)+1 \tag{3.7}$$

式 3.7 说明，当 $t_{k+1} \neq t_{j+1}$ 时就递推到 $\text{next}(k)$，并比较 $t_{k'+1}$ 与 t_{j+1} 是否相等。若相等，则 $\text{next}(j+1)=\text{next}(k)+1$；若 $t_{k'+1}$ 与 t_{j+1} 不等，则按同理再行递推，直到求得 $\text{next}(j+1)$ 的值为止；或遇 $t_1 \neq t_{j+1}$，则 $\text{next}(j+1)=1$，否则 $\text{next}(j+1)=0$。

根据上述分析，给出失败函数的计算公式如下：

$$\text{nest}(j)=\begin{cases} 0 & \text{当} j=1 \text{或不存在下式的} r \text{时} \\ \text{next}^r(j-1)+1 & \text{存在使} t_{\text{next}^r(j-1)+1}=t_j \text{的最小正整数} r \end{cases}$$

其中 $\text{next}^1(j-1)=\text{next}(j-1)$，$\text{next}^r(j-1)=\text{next}(\text{next}^{r-1}(j-1))$，即 $r-1$ 次递推。

根据失败函数的计算公式，算法首先置 $\text{next}(1)=0$；接着从 $j=1,k=0$ 开始逐个字符推算出 m 个字符各自的失败函数值。$k=0$ 时说明将生成一个新子集，并产生出 $\text{next}(j)$。在 $\text{next}(j)$ 的

基础上再生成 next(j+1)，直到 next(m)生成结束。

算法描述：本算法以结构类型描述 3.6 的串为例。

```
StringNextPut(T,next[])
{   int j,k;
    j←1;
    k←0;
    next[1]←0;
    while(j<T.length)
    {   if(k=0 或 T.ch[j]=T.ch[k])
        {   j←j+1;
            k←k+1;
            next[j]←k;
        }
        else
            k←next[k];
    }
}
```

算法评说：这种算法计算的失败函数在某些情况下尚有缺陷。例如在例 3.4 中，当 j=4 时，若比较 $s_i \neq t_4$ 失败，则按 next(4)回退 j=2。因为有 $t_1t_2=t_3t_4$，所以有 $t_2=t_4 \neq s_i$。可见，这次匹配注定会失败；而合理的位置应当是 i=i+1，j=1。因此，失败函数的计算算法需要进一步改进，提出更合适的算法。有兴趣的读者可以参考相关论著。

令 m=T.length，则本算法的时间复杂度为 $O(m)$。

② 无回溯串匹配算法。在求得失败函数的基础上，现在给出匹配算法。

函数表示：SeqStrKMPMatch (S, T)。

操作含义：应用 KMP 思想对目标串 S 与模式串 T 匹配，并返回首次匹配成功的那个子串的第 1 个字符在 S 中的位置，或因匹配失败而返回-1。

算法思路：本算法先调用算法 StringNextPut()生成失败函数存储于数组 next[]。

匹配思路是，从 S 的第 1 个字符与 T 的第 1 个字符开始逐对字符地进行比较。若比较完 T 的所有字符皆相等，则匹配成功；若出现某对字符不相等，例如 $S_i = T_j$，则保持 i 不动，把 k 调整到 next(j)，即 k= next(j)，并进行后继字符的比较。

算法描述：本算法以结构类型描述 3.6 的串为例。

```
SeqStrKMPMatch (S, T)
{   int next[MAXSIZE],i=1,j=0;
    if(S.Length=0 或 T.Length=0)
        return -1;
    else
    {   StringNextPut(T,next);
        While(i<S.length 且 j<T.length)
        {   if(j=0 或 S.ch[i]=T.ch[j])
            {   i←i+1;
                j←j+1;
            }
            else
                j←next[j];
        }
        if(j>T.length)
```

```
        return i-T.length+1;
    else
        return -1;
    }
}
```

算法评说：与算法 SeqStrMatch() 比较，差别有两点。一是本算法调用了失败函数计算算法；二是字符比较不等时本算法用失败函数回退 j，i 不变，保持了上一轮匹配的比较成果。而算法 SeqStrMatch() 则是回退到"头"，把 i 回退到 i-j+2，把 j 回退到 1，完全废弃了上一轮匹配的比较成果。

令 n=S.length，m=T.length，则本算法的时间复杂度为 $O(n + m)$。

上述两种串匹配算法都是最基本的，在实际应用中是不够的。因此，常常需要对其进行改进和功能扩充。例如，匹配时未必提供目标串的全部，即在目标串的某个子串中匹配，这就需要在算法中指明子串的范围。因此，应用串匹配算法时应根据问题灵活设计。

3.3.5　串的应用

串结构无论在软件设计或应用问题中都有十分广阔的应用范围。

1. 文本查找

读者在使用 Word 编辑文本信息时不可避免地会使用查找功能。下面试举一例进行说明。

设有问题：一本《红楼梦》以顺序串结构存储在 H 中，现要求在 H 中查找并输出"贾宝玉"的名字在 H 中出现的所有位置。

基本思想：设 H 为结构类型描述 3.6 的顺序串结构。命名模式串为 M，亦为顺序串结构。因为模式串不适宜使用失败函数，故采用简单串匹配算法实现本问题。

实例演示：（略）

算法思路：因为目标串和模式串都是汉字串，每个汉字存储占相邻的 2 个字节，所以目标串和模式串指示变量后移量为 2，而不是 1。每当一次匹配成功就输出本次子串的开始位置信息。

算法描述：

```
SeqStrHongLouMengMatch(H, M)
{   int i=1,j;
    while(i<H.length)
    {   j←1;
        while(j<M.length)
        if(H.ch[i]=M.ch[j])
        {   i←i+2;
            j←j+2;
        }
        else
        {   i=i-j+2
            j←1;
        }
        Printf("%d",i-M.length+1);
    }
}
```

算法评说：本算法是在简单串匹配算法 SeqStrMatch() 基础上略加修改得到的。请读者注意修改的地方，以达到举一反三的效果。

设《红楼梦》文本串长度为 n，则该算法的时间复杂度为 $O(n/2)$，也即 $O(n)$。

2. 信息加密

信息加密有助于防止信息泄露，加密方法和加密算法也很多。作为串的一个应用，这里只介绍最简单的字符替换的加密方法。

设有问题：已知一字符串 Y 为英文文本信息，要求用字符替换方法对其进行加密。所谓字符替换加密方法是将原文中的字母用另一个字母替代。为此，先设计一个原文与密文的映射关系，即映射表，如表 3-11 所示。

表 3-11　字符替换加密法的字母映射表

原文字母	a b c d e f g h i j k l m n o p q r s t u v w x y z
映射字母	e f g h i j k l m n o p q r s t u v w x y z a b c d

用原文字母表示的文本称为原文，用映射字母表示的文本称为密文，则表 3-11 称为密钥。例如原文 student 的密文为 wxyhijx。从原文到密文称加密，从密文到原文称解密。

基本思想：扫描原文串。对原文中每个字符，按原文字母序查找字母映射表，并用对应的映射字母替换原文中的字母。解密过程是反其道而行之，即扫描密文串，对密文中的每个字符按映射字母序查找字母映射表，并用对应的原文字母替换密文中的字母。

实例演示：设原文为 information security，则密文为 mrjsvqexmsr wigyvmxc

算法思路：设密钥分别存储为两个字符串，YW 为原文字母串，YS 为映射字母串。加密过程是扫描原文，即从原文中取一个字符，在原文字母串中查找到这个字母，并定位；该位置对应于映射字母串中对应密文字母的位置；接着用映射字母去替换原文中的字母，直到原文的所有字母都被替换为止。解密过程则反之。

算法描述：分加密算法和解密算法。

（1）加密算法

```
SeqStrCoding(S,YW,YS)
{   int i=1,j;
    while(i≤S.length)
    {   j←1;
        while(j≤YW.length且S.ch[i]≠YW.ch[j])
            j←j+1;
        if(S.ch[i]=YW.ch[j])
            S.ch[i]←YS.ch[j])
        i←i+1;
    }
}
```

（2）解密算法

```
SeqStrCoded(S,YW,YS)
{   int i=1,j;
    while(i≤S.length)
    {   j←1;
        while(j≤YS.length且S.ch[i]≠YS.ch[j])
            j←j+1;
        if(S.ch[i]=YS.ch[j])
            S.ch[i]←YW.ch[j])
```

```
        i←i+1;
    }
}
```

算法评说：加密算法和解密算法基本一致，只是查找对象串和替换方向不同而已。

设 S 串长度为 n，该算法的时间复杂度为 $O(n)$。

小结

1. 知识要点

本章主要介绍了 3 种受限的线性表——栈、队列和串。

① 关于栈的概念与定义、操作特点和基本运算，以及栈的存储结构和部分基本运算的算法实现。

② 关于队列的概念与定义、操作特点和基本运算，以及队列的存储结构和部分基本运算的算法实现。

③ 关于串的概念与定义、操作特点和基本运算，以及串的存储结构和部分基本运算的算法实现，特别串匹配算法。

④ 栈、队列和串的应用实例。

2. 内容要点

显而易见，栈、队列和串都属线性表范畴，但在操作或结点构造上作了约束。读者主要理解和掌握其基本概念、基本特征以及基本运算的实现算法。

① 栈又称后进先出（LIFO）表，是受人为的插入（压栈）和删除（弹栈）操作限制所形成。应深刻了解栈的结构特点，重点认识和掌握栈在解决应用问题或系统软件设计中的重要作用和地位、栈基本运算的特殊性。

② 队列又称先进先出（FIFO）表，是受人为的插入（入队）和删除（出队）操作限制所形成。应深刻了解栈的结构特点，重点认识和掌握队列在解决应用问题或系统软件设计中的重要作用和地位、栈基本运算的特殊性；认识循环队列的意义以及各种状态的判断方法。

③ 串是约束其结点数据只为单个字符形成的线性表。串在信息系统、信息检索、情报检索、信息加密/解密等应用中有十分重要的意义。应深刻了解串的结构特点以及存储结构；重点认识和掌握串的比较和串匹配技术，特别要理解无回溯串匹配的基本思想和算法设计方法。

④ 深刻理解栈和队列之间的共性和差异，以及在何种情况下选择哪种结构应用。

⑤ 递归是计算机学科中的一个重要工具；运用递归方法设计算法是算法设计的一个重要内容。要求理解什么是递归、有什么特点、何种情况下可以应用递归方法设计算法、递归算法与栈的关系，以及递归算法与非递归算法的关系等。

3. 本章重点

本章的重点如下：

① 栈的概念、栈的顺序存储结构和链式存储结构设计，栈基本运算的实现算法，适合使用栈处理的问题应具备的条件。

② 队列与循环队列的概念，队列的顺序存储结构和链式存储结构设计、队列基本运算的

实现算法，适合使用队列处理的问题应具备的条件。

③ 递归算法的思想、栈与递归算法的关系。

④ 串的概念、串的存储结构设计、串基本运算的实现算法、几种串间关系、串匹配算法思想。

⑤ 理解栈、队列和串与一般线性表之间的相同特征和相区别的实质。

习题

一、名词解释

试解释下列名词术语的含义：

栈、栈顶指针、栈顶结点、压栈、弹栈、LIFO、FIFO、主调程序、被调程序、队列、循环队列、队头指针、队尾指针、串、串长、串值、空串、空白串、模式串、目标串

二、单项选择题

1．栈是一种特殊的_____表，其插入操作和删除操作在表的同一端进行。

    A．链表   B．顺序表   C．线性表   D．环链表

2．对栈的插入操作又形象地称为_____操作。

    A．加入   B．压栈   C．输入   D．插入

3．判断一个顺序栈是否为空栈的依据是_____。

    A．栈顶指针=栈底指针   B．栈顶指针<栈底指针

    C．栈顶指针>栈底指针   D．测试栈的每一个元素是否都是空值

4．弹栈操作的结果_____。

    A．取出并返回栈顶元素值   B．将栈顶元素清空

    C．移动栈顶指针指向下一个元素   D．向栈顶方向依次移动一个元素

5．读栈操作的结果是取出栈顶元素作为返回值，并_____。

    A．移动栈顶指针到下一个元素   B．不移动栈顶指针

    C．删除栈顶元素   D．向栈顶方向依次移动一个元素

6．对链栈执行压栈操作时，首先要_____。

    A．判栈是否已满   B．申请一个结点空间   C．调整栈顶指针   D．对结点赋值

7．对链栈执行弹栈操作时，首先要_____。

    A．判栈是否为空   B．释放一个结点空间   C．调整栈顶指针   D．取结点的值

8．如果进栈的顺序为 A、B、C、D 则出栈顺序不能为_____。

    A．A、B、C、D   B．A、D、B、C

    C．A、B、D、C   D．A、C、D、B

9．设一个栈存储在一维数组 STACK[m]中，并设栈底为第 m 个数组元素，栈顶指针为 top。在执行压栈操作时，首先执行_____。

    A．top=top+1   B．top=top−1   C．top=m   D．top=m−1

10．对于用一维数组存储一个顺序队列的情况，当_____时队列为空队列。

    A．队头指针=队尾指针   B．队头指针=队尾指针=0

    C．队尾指针=0   D．队头指针=0

11. 对一个空队列执行删除操作时将会发生_____。

    A．删除一个空结点   B．下溢出   C．溢出   D．无反应

12. 对数据元素具有_____特征的问题都可以用栈结构实现。

    A．后进先出   B．先进先出   C．任意进出   D．中进中出

13. 对数据元素具有_____特征的问题都可以用队列结构实现。

    A．后进先出   B．先进先出   C．任意进出   D．中进中出

14. 顺序栈的栈顶指针是一个_____变量，存储元素位置号。

    A．指针型   B．整数型   C．字符型   D．逻辑型

15. 组成串的元素是_____。

    A．整数   B．数据项   C．计算机字符   D．汉字字符

16. 空格串是_____串。

    A．空白的   B．都是空格字符的

    C．都是"□"字符的   D．没有任何字符的

17. 串 A 和串 B 进行精确比较时必须满足_____条件。

    A．A 的长度=B 的长度   B．A 的长度<B 的长度

    C．A 的长度>B 的长度   D．随意

18. 下列关于子串说法中，错误的是_____。

    A．一个串是自身的子串   B．空串是任何串的子串

    C．子串的长度一定小于主串的长度   D．子串是包含在主串中的串

19. 设有串 S="I am a student."，则 Strlength (S) =_____。

    A．11   B．15   C．17   D．14

20. 设有串 S="abcabcdabcdabcd"，T="abcd"则 StrMatch(S,T) =_____。

    A．1   B．4   C．8   D．12

三、填空题

1. 只要对数据的操作具有_____特征的问题都可以用栈结构来实现。

2. 队列是一种受限的线性表，即限制在表的一端进行_____操作，在另一端进行插入操作的线性表。

3. 栈是一种受限的线性表，即限制在表的一端进行_____操作，在_____进行插入操作的线性表。

4. 在栈的链存储结构中，top 为栈顶指针。若栈为空时，top 有值_____，这时对栈执行弹栈操作时将出现_____。

5. 有 3 个数 1、2、3，1 和 2 已进入栈中，栈顶为 2，则不能得到的数字顺序是_____。

6. 在循环队列中，队列满的条件是_____，队列空的条件是_____。

7. 在 C 语言中，设把一个栈存储在一维数组 STACK[m]中，并设栈底为第 0 个数组元素，栈顶指针为 top，则该栈的长度是_____。

8. 串的顺序存储结构中，用_____个字节存储 1 个字符。

9. 空串的长度为_____，空格串的长度为_____。

10. 设有串 T="data structure."，则该串的值是_____。

11．串比较的实质是字符比较。两字符比较时，根据字符的_____决定他们的相等、大于或小于关系。

12．堆存储结构的串称为_____，这种存储结构_____利用率比较好。

13．对经常参与"并串"操作的串，使用_____存储结构比较好。

四、问答题

1．试列举出一些有关栈的问题实例。

2．若车厢按 1、2、3、4 的次序进入调度岔道，能编组为 4、3、1、2 的次序开出吗？如果不能请说明理由。还有哪些开出次序也是不能的？

3．对顺序栈结构，"栈底"一定要设置在数组的低下标端吗？

4．设一个纯汉字的串 H，该串的长度有什么特别之处？

五、思考题

1．为什么栈的链存储结构中不要设置链头结点？如果设置一个头结点，则如何判别栈是否为空？

2．对链栈进行插入操作时一定不会发生"溢出"吗？为什么？

3．在计算循环队列的结点位置号时使用了"取模"运算。如果不用"取模"运算，请给出计算位置号的算法过程。

4．顺序队列为解决"假溢出"问题采用循环队列结构，为什么顺序栈不也考虑采用循环结构？

六、综合/设计题

1．在 3.1.5 节的"数制转换应用"问题中使用的是顺序栈。如果改用链栈结构，请修改算法描述 DtoB。

2．设有两个顺序栈 A、B，最大长度分别为 m、n，且 m>n。已知这两栈在运行过程中现行长度之和不超过 m，问如何设计这两个栈空间最省？并写出两个栈的压入和弹出操作的算法描述和 C 语言程序。

3．如果对链队列不设置队尾指针，则插入操作如何执行？试写出插入算法的类 C 语言描述。

4．请修改串匹配算法 SeqStrMatch()，使其执行功能时返回第 p 个匹配成功的子串的第 1 个字符位置号。

5．为基本运算"读栈"设计一个算法（应用结构类型描述 3.1）。

6．为基本运算"队列置空"设计一个算法（应用结构类型描述 3.4）。

7．为基本运算"串置换"设计一个算法（应用结构类型描述 3.6）。

第4章　推广的线性表——数组和广义表

本章导读

推广的线性表包括数组和广义表。矩阵与低维数组相似，矩阵是数学中的一种数学工具；数组是程序设计语言中的一种数据类型。它们的相似性表现在，都是相同类型数据元素的有限序列；数组又可以被看成是为矩阵提供的一种存储结构。由于这些原因，数组和矩阵也成为数据结构的研究对象。在这里，研究数组是研究数组的存储结构与线性表的关系；研究矩阵是研究如何应用数组存储矩阵。广义表是一般线性表的推广，即是可以以线性表为元素的线性表；或者说，线性表的元素自身可以是一个数据结构。

本章内容要点：
- 数组的概念；
- 矩阵的概念以及特殊矩阵；
- 广义表的定义、存储结构及其应用。

学习目标

通过学习本章内容，学生应该能够：
- 理解数组的概念和存储结构；
- 理解矩阵的概念以及矩阵与数组的关系，特殊矩阵的存储结构；
- 理解广义表的概念、特点及两种链式存储结构；
- 理解推广的线性表的意义。

4.1 数　　组

在前面各章中，凡介绍顺序存储结构时都应用一维数组实现，可见数组是顺序存储结构表示的极好工具，体现了数组的利用价值。因此，数组是应用极其广泛、频繁的一种数据组织形式。几乎所有程序设计语言皆提供有数组类型的定义、处理和管理功能。因此，掌握好数组的概念和技术对程序设计有积极的意义。

4.1.1　数组的定义

下面先给出数组的定义，再对定义作适当的说明。

　　定义 4.1[数组] 数组是 n （$n>1$）个相同类型的数据元素 $a_1, a_2, ..., a_n$ 逻辑上按一定维度规则排列构成的有限序列。

　　所谓相同类型是指数组中的所有数据元素都有相同的数据类型，例如，都是整数或都是字符串等。数组中的数据元素又称为数组元素。

　　所谓维度是指 n 个数据元素或者在同一个方向上排列，称为一维数组；或者在两个方向上排列，称为二维数组；或者在 3 个方向上排列，称为三维数组；或者在 m （$m>3$）个方向上排列，称为 m 维数组。一到三维数组比较直观可见，处于人类生活的空间（三维空间）里，可统称为低维数组。而 m 维数组则处于一个抽象空间（m 维空间）里，可统称为高维数组。

　　关于数组，还需要说明如下几点：

　　① 数组一旦定义，其数组元素个数及维度就固定不变。

　　② 数组中每个数组元素都与唯一 一组整数（如 $i, j, ..., k$）对应，整数个数与维数相同，称为数组的下标组，也简称数组的下标。

　　③ 下标值的变化范围，如下标 i 的变化范围为 $[a, d]$，称为下标界；a 称为下标下界，d 称为下标上界，且有 $a \leqslant i \leqslant d$。一般来说，下标下界固定为 1 或 0，下标上界根据问题定义为一个正整数。下标界的个数与维度数相等，即一维数组有一个下标界，二维数组有两个下标界，m 维数组有 m 个下标界。数组元素的下标不能超出下标界。

4.1.2　低维数组及其地址映射

　　所谓低维数组是指一维或二维或三维数组。低维数组因为处于人类视觉范围内，所以可以被直观地感知和观察。

1. 一维数组及其存储结构

　　在前面的章节里已经多次运用过一维数组，将其作为线性表类数据结构的顺序存储结构的载体。

　　一维数组是在一个方向（横向或竖向）上线性地排列数据元素构成的数组，故又称向量。表示为

$$A = (a_1, a_2, ..., a_n)$$

　　其中，A 为数组名，n 为数组元素个数，也是下标上界。

　　在程序设计语言的处理中，数组都是用顺序存储结构实现的，即存储在地址连续的内存单元中。因此，如果把 A 的数组元素看成线性表的结点，按顺序存储结构存储数组 A；则数组 A 在物理上就是一个顺序表。这正是在讲解线性表的顺序存储结构时都是用一维数组实现的原因。一维数组的类 C 语言结构类型描述为结构类型描述 4.1。

　　结构类型描述 4.1：

```
#define  MAXSIZE n
数据类型符 A[MAXSIZE];
```

　　其中，n 为一正整数常数，如 10、1000、10000 等，视数组元素多少而定。数据类型符定义数组元素的数据类型，如 int、float、char、或自定义的某种数据类型。

　　数组的存储结构基本都采用顺序存储结构，即存储为顺序表。因为数组元素个数固定，数据类型相同，所以一个一维数组占用的空间大小也是固定的。设 A_n 的一个数组元素占 b 个单元，则有

A_n 占用的存储空间 $= b \times n$（个单元）

那么，怎样建立数组元素的下标与存储地址之间的映射关系呢？若设数组 A_n 的存储区域起始地址为 S，即 $A[1]$ 的存储地址为 S；则第 i 个数组元素的存储地址表示为 $\text{LOC}(A[i])$，其地址映射公式为

$$\text{LOC}(A[i]) = \text{LOC}(A[1]) + (i-1) \times b = S + (i-1) \times b$$

并称为数组元素的地址映射。

在类 C 语言中，数组元素表示为 $A[i]$；i 可以是一个常数，如 5；或变量，如 k；或合法的表达式，如 $2 \times x + 1$；等等。

设数组 A 的数据类型为整数，$n = 6$，则图 4-1 给出了数组元素表示、物理存储地址和值之间的关系。

假设 $S = 1000$，$i = 5$，则引用数组元素 $A[i]$，就意味着要获取地址为 1008（$=1000 + (5-1) \times 2$）开始的连续 2 个单元（即 1008，1009 单元）中存储的 45。当该数组元素在一个表达式中出现，如 $y = 35 + A[i]$，执行表达式的运算时，y 的结果为 80。

数组元素	$A[1]$	$A[2]$	$A[3]$	$A[4]$	$A[5]$	$A[6]$
数组	35	304	29	812	45	5
数组元素地址	S	$S+2$	$S+4$	$S+6$	$S+8$	$S+10$

图 4-1　一维数组示例

2. 二维数组

二维数组是在横向和竖向两个方向上平面地排列数组元素构成的数组。横向者称为行，竖向者称为列，表示为

$$A = \begin{pmatrix} a_{11}, & a_{12}, & \cdots, & a_{1n} \\ a_{21}, & a_{22}, & \cdots, & a_{2n} \\ \vdots & & & \\ a_{m1}, & a_{m2}, & \cdots, & a_{mn} \end{pmatrix}$$

二维数组的类 C 语言描述为结构类型描述 4.2。

结构类型描述 4.2：

```
#define  MAXSIZE1 m
#define  MAXSIZE2 n
数据类型符 A[MAXSIZE1][ MAXSIZE2];
```

其中，m 为行数，n 为列数，分别是行下标和列下标的上界。数组共有 $m \times n$ 个数组元素。数组元素要用所在行的行号和所在列的列号表示。图 4-2 是一个 4 行 5 列的二维数组示例，如 $A[3][4]$ 表示第 3 行第 4 列上的那个数组元素（值为 77）。可见二维数组元素的引用需要用行下标和列下标两者。

二维数组可以看成是以行（或列）为元素的一维数组，表示其为一个顺序表时，其元素是数组的每一行。即

$$A = (A_1, A_2, \ldots, A_m)$$

而每一行又是一个一维数组。有

$$A_1 = (a_{11}, a_{12}, \ldots, a_{1j}, \ldots, a_{1n})$$
$$A_2 = (a_{21}, a_{22}, \ldots, a_{2j}, \ldots, a_{2n})$$
$$\cdots$$
$$A_i = (a_{i1}, a_{i2}, \ldots, a_{ij}, \ldots, a_{in})$$

	列				
	1	2	3	4	5
行 1	10	30	23	32	44
2	78	64	58	98	45
3	11	25	65	77	98
4	5	73	30	47	26

图 4-2　二维数组示例

...

$A_m = (a_{m1}, a_{m2}, ..., a_{mj}, ..., a_{mn})$

因此，二维数组可以看成是一个以 A_i 为元素的线性表，而 A_i 又是以 a_{ij} 为元素的线性表，即二维数组是一个嵌套的着线性表的线性表。从整体上理解，在这个线性表中，首先是第 1 行元素，之后是第 2 行元素，第 3 行元素，...，最后是第 n 行元素。数组元素的这种顺序称为行优先顺序。此外，也有采用列优先顺序的。

因为二维数组的存储结构也是顺序存储结构，数组元素个数固定，数据类型相同，且排列整齐，所以一个二维数组占用的空间大小固定。设 A 的一个数组元素占 b 个单元，则 A_{mn} 占用的存储空间 $= b \times n \times m$（个单元）。图 4-3 所示为二维数组的存储结构示例。

图 4-3 二维数组的存储结构示例

设二维数组的存储空间开始于地址 S，每行占 $n \times b$ 个单元。显而易见，数组 A 的每一行的开始地址为

LOC($A[1]$)=S

LOC($A[2]$)=$S+n \times b$

  $\cdots$

LOC($A[i]$)=$S +(i-1) \times n \times b$

  $\cdots$

LOC($A[m]$)=$S +(m-1) \times n \times b$

由此，A 的数组元素 a_{ij} 的地址映射公式为

LOC($A[i][j]$) = LOC($A[i]$)+$(j-1) \times b$ =$(S +(i-1) \times n \times b)+(j-1) \times b$

$\qquad$ =$S+(i-1) \times n \times b+(j-1) \times b$ = $S+((i-1) \times n +(j-1)) \times b$

假设 S=1000，b=2，i=2，j=3，则引用数组元素 $A[2,3]$ 的关键是通过下面的计算获得 $A[2][3]$ 的地址。

LOC($A[2][3]$)=1000+$((2-1) \times 6+(3-1)) \times 2$=1016

即 a_{ij}=58。

3. 三维数组

从二维数组不难推广到三维数组。三维数组是在三个方向上立体地排列数组元素构成的数组，有页向、行向和列向，表示为右边的式样。

三维数组的类 C 语言描述为结构类型描述 4.3。

结构类型描述 4.3：

```
#define  MAXSIZE1 p
#define  MAXSIZE2 m
```

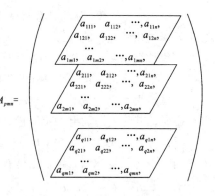

```
#define  MAXSIZE2 n
数据类型符 A[MAXSIZE1][MAXSIZE2][MAXSIZE3];
```

其中，p、m 和 n 为正整数常数；p 为页数，m 为行数，n 为列数，分别是页下标、行下标和列下标的上界。数组共有 $p \times m \times n$ 个数组元素。数组元素要用页下标、行下标和列下标三者标识，如 $A[2][3][4]$。

与二维数组类似，三维数组 A_{pmn} 可以看成是一个以 A_i（A_i 是二维数组）为元素的线性表，而 A_i 又是以 A_{ij}（A_{ij} 是一维数组）为元素的线性表，即三维数组是一个嵌套了两层线性表的线性表。这种嵌套关系如图 4-4 所示。

设存储三维数组为顺序表的存储空间开始于地址 S，每页占 $m \times n \times b$ 个单元。每行占 $n \times b$ 个单元，则三维数组元素的地址映射公式为，

$$\text{LOC}(A[i][j][k]) = S+(i-1) \times m \times n \times b+(j-1) \times n \times b+(k-1) \times b$$
$$= S+((i-1) \times m \times n+(j-1)) \times n+(k-1)) \times b$$

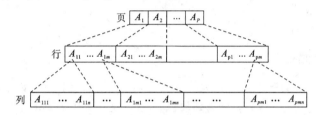

图 4-4　三维数组的嵌套线性表结构

4.1.3　高维数组及其地址映射

对于绝大多数问题的求解，低维数组已经足够，特别是一维和二维的居多，很少用到高维数组。但在数学问题或理论研究中也不可避免地用到高维数组。所谓高维数组是指维度在 4 维或以上的数组，处于一种抽象空间里。

设维度为 m（$m > 3$），则高维数组的类 C 语言描述为结构类型描述 4.4。

结构类型描述 4.4：

```
#define  MAXSIZE1 d₁
#define  MAXSIZE2 d₂
    ...
#define  MAXSIZEn dₘ
数据类型符 A[MAXSIZE1][MAXSIZE2] ...[MAXSIZEm];
```

其中，$d_i(i=1、2、...、m)$ 为正整数常数；分别是第 1 维、第 2 维、...、第 n 维下标的上界。数组共有 $d_1 \times d_2 \times ... \times d_m$ 个数组元素。数组元素要用 m 个下标标识，如 $A[i_1][i_2]...[i_m]$。

与低维数组类似，m 维数组同样被看成是以较低一维的数组为元素的线性表。设 m 维数组的存储空间开始于地址 S，每个数组元素占 b 个单元，则 m 维数组元素的地址映射公式为

$$\text{LOC}(A[i_1][i_2]...[i_m]) = S + \left(\sum_{j=1}^{m-1}\left((i_j-1)\prod_{k=j+1}^{m}d_k\right)+(i_m-1)\right) \times b$$

4.1.4　数组的基本运算

数组的基本运算列出如表 4-1 所示。

表 4-1　线性表的基本运算

序　号	函 数 名 称	函数标识符	功 能 说 明
1	创建数组	ArrayCreate()	建立一个新数组，开辟数组空间，并返回数组名
2	数组初始化	ArrayInit()	对所有数组元素赋予同一个初始值
3	销毁数组	ArrayDestroy()	删除数组，释放数组空间
4	读数组元素	ArrayElementGet()	返回指定数组元素的值
5	数组元素赋值	ArrayElementPut()	把给定值存入指定数组元素

4.2　矩阵与数组

矩阵是一种数学工具，特别在科学与工程问题求解中运用很多。例如，某问题的数学模型包含线性方程组，而求解线性方程组的解时就要用到它的系数矩阵和增广矩阵。矩阵与二维数组基本一致，它们之间有着天然的关系。

4.2.1　矩阵及其存储结构

简单地说，矩阵是按行按列整齐排列的一组类型相同的数据，这些数据称为矩阵元素。矩阵的大小用 $n \times m$ 表示，n 为行数，m 为列数，$n \times m$ 就是矩阵中元素的个数，一般表示为 $A_{n \times n}$ 或 A。图 4-5 所示的矩阵是一个 4×5 的矩阵。

一般情况下，矩阵与二维数组的逻辑概念类似，因此，在计算机处理中，矩阵一般用二维数组表示和存储。如在类 C 语言中，图 4-5 所示的矩阵的数组类型为 int jz[4][5]。因为数组基本用顺序存储结构存储，所以，矩阵的存储结构也多是顺序的。应用数组与矩阵的相似性，对数组元素的操作就等价于对矩阵元素的操作。

$$\begin{bmatrix} 7 & 6 & 2 & 4 & 8 \\ 1 & 9 & 3 & 2 & 5 \\ 4 & -1 & 5 & 0 & 8 \\ -5 & 12 & 74 & 1 & 23 \end{bmatrix}$$

图 4-5　一个矩阵例

4.2.2　特殊矩阵及其存储结构

在实际应用中，常常会遇到一些具有特殊特征的矩阵，称为特殊矩阵。所谓特殊矩阵有如下几种情况：若矩阵有较多元素的值恒为 0，且 0 元素的个数大大超过非 0 元素个数时，就称其为稀疏矩阵（见图 4-6（a））。若矩阵中恒为 0 的元素排列有一定的规律，如 0 元素集中处于矩阵主对角线右上方（或左下方），就称其为上（或下）三角形矩阵，图 4-7(b)为上三角形矩阵。如矩阵中只有主对角线上的元素非 0，其余元素皆恒为 0，就称其为对角线矩阵（见图 4-7(c)）。若矩阵数据元素的值以主对角线为对称轴对称，就称其为对称矩阵（见图 4-7(d)）。

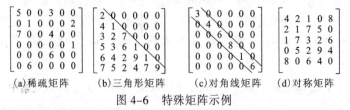

(a)稀疏矩阵　　(b)三角形矩阵　　(c)对角线矩阵　　(d)对称矩阵

图 4-6　特殊矩阵示例

如果对特殊矩阵也采用通常的二维数组表示和存储，这将为 0 元素保留存储空间，势必造成大量不必要的存储空间开销。为此，考虑采用特殊的存储结构表示和存储这些特殊矩阵，并称为特殊矩阵的数组。其主要思想是，用一维数组存储特殊矩阵，并建立矩阵元素的下标与数组元素下标之间的映射关系。以下将分别讨论常见特殊矩阵的存储结构的一些解决方案。

1．对角线矩阵的数组表示

设对角线矩阵 A 为

$$A = \begin{pmatrix} a_{11} & 0 & 0 & \cdots & 0 \\ 0 & a_{22} & 0 & \cdots & 0 \\ 0 & 0 & a_{33} & \cdots & 0 \\ \vdots & & & & \\ 0 & 0 & 0 & \cdots & a_{nn} \end{pmatrix}$$

因为对角线矩阵只有主对角线上的元素是非 0 的，所以能用一为维数组存储这些矩阵元素，而放弃 0 元素的存储。设数组名为 A，则类 C 语言的结构类型描述为

数据类型符　$A[n]$

其中，数据类型符定义矩阵元素的数据类型，n 为常数，存储结构如图 4-7 所示。

由图 4-7 可以推导出矩阵元素与数组元素之间的下标映射关系为 $A[i]=a_{ii}$；即只要用矩阵的行（或列）下标作为对应数组下标就可以引用相应矩阵元素的值。由此，对角线矩阵元素的引用规则是

$A[1]$	$A[2]$	$A[2]$		$A[n]$
a_{11}	a_{22}	a_{33}	$\cdots$	a_{nn}

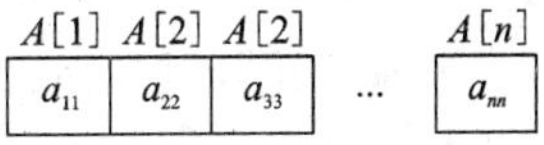

图 4-7　对角线矩阵的一维数组存储

$$a_{ij} = \begin{cases} A[i] & \text{当 } i=j \text{ 时} \\ 0 & \text{当 } i \neq j \text{ 时} \end{cases}$$

2．三角形矩阵的数组表示

这里以上三角形矩阵为例进行介绍，如图 4-6（b）所示，从图中可以看出，主对角线右上方的元素都是 0 元素，故只要存储主对角线上，以及左下方的元素即可。这样存储的规律是，第 1 行存储 1 个元素，第 2 行存储 2 个元素，…，最后一行存储 n 个元素，等等；同样可以用一维数组来存储。设上三角形矩阵 $B_{n \times n}$，则其非 0 元素个数为，

$$M = 1 + 2 + \cdots + n = n(1+n)/2$$

因此用一维数组存储时，其数组元素个数可计算而得。如当 $n = 6$ 时，数组元素个数为 $6(1+6)/2=21$；则类 C 语言的结构类型描述为

数据类型符　$B[M]$

其中，数据类型符定义矩阵元素的数据类型，M 为常数，存储结构如图 4-8 所示。

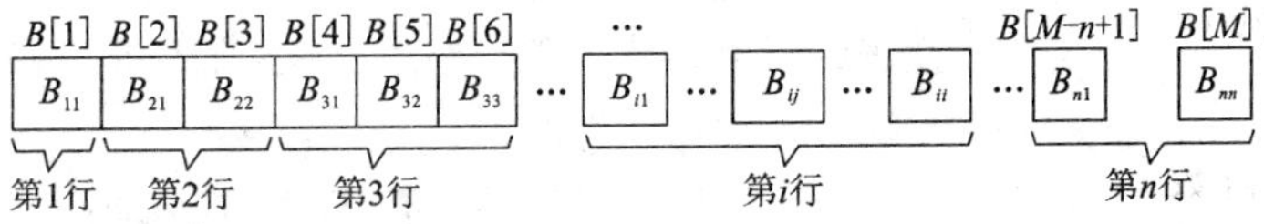

$B[1]$	$B[2]$	$B[3]$	$B[4]$	$B[5]$	$B[6]$	$\cdots$				$\cdots$	$B[M-n+1]$	$B[M]$
B_{11}	B_{21}	B_{22}	B_{31}	B_{32}	B_{33}	$\cdots$	B_{i1}	$\cdots$ B_{ij}	$\cdots$ B_{ii}	$\cdots$	B_{n1}	B_{nn}

第1行　第2行　　第3行　　　　　　　第i行　　　　　第n行

图 4-8　三角形矩阵的一维数组存储结构示意图

接着的问题是如何将矩阵下标映射到数组的下标上，即 A_{ij} 对应的数组下标是什么。由图 4-8 可以看出，第 i 行前面存储了 $i-1$ 行，共有 $k = 1+2+ \cdots +(i-1)=i(i-1)/2$ 个元素，从 A_{i1} 到 A_{ij} 共有 j 个数组元素，因此，A_{ij} 存储在数组的第 $k+j$ 个数组元素中。即矩阵的 i 行 j 列映射到数组的第 $i(i-1)/2+j$ 个元素。由此，上三角形矩阵元素的引用规则是

$$B_{ij} = \begin{cases} B[k+j] & (\text{其中 } k=i(i-1)/2) & \text{当 } i \geq j \text{ 时} \\ 0 & & \text{当 } i < j \text{ 时} \end{cases}$$

3．对称矩阵的数组表示

对称矩阵的特点是数据元素值以主对角线为对称轴对应相等。设矩阵 $C_{n \times n}$ 是一个对称矩阵，则其数据元素值有 $C_{ij} = C_{ji}$ 的特点。因而，存储一个对称矩阵时可以忽略主对角线右上方（或左下方）的所有数据元素，使类似一个下（或上）三角形矩阵。因此，可以采用存储三角形矩阵的方法存储对称矩阵。假设把矩阵 C 变换成下三角形矩阵存储，则存储结构亦如图 4-8 所示。引用矩阵元素时的下标映射为

$$C_{ij} = \begin{cases} C[k_1+j] & (\text{其中 } k_1 = i(i-1)/2) & \text{当 } i \geqslant j \text{ 时} \\ C[k_2+i] & (\text{其中 } k_2 = j(j-1)/2) & \text{当 } i < j \text{ 时} \end{cases}$$

4．稀疏矩阵的数组表示

因为稀疏矩阵的 0 元素比非 0 元素多得多，且出现位置无固定规律，所以要寻找一种有效存储结构以忽略 0 元素的存储。图 4-6（a）所示例子是一个 6×6 的稀疏矩阵。只有 9 个非 0 元素。存储稀疏矩阵时只存储非 0 元素有利于存储空间的有效利用。因为非 0 元素位置不固定，所以用形如（行号,列号,元素值）的三元组表示之。一般表示为 (i,j,v)，如图 4-6（a）中第 3 行第 4 列上的元素值 4 表示为（3，4，4）。把稀疏矩阵所有非 0 元素都以三元组形式为结点构成一个线性表，以表示和存储。结点在线性表中的顺序是，先按行号从小到大排列，行号相同时再按列号从小到大排列。图 4-6（a）所示的稀疏矩阵的线性表图示如图 4-9 所示。

1	(1,1,5)
2	(1,4,3)
3	(2,2,1)
4	(2,6,2)
5	(3,1,7)
6	(3,4,4)
7	(4,6,1)
8	(5,4,6)
9	(6,2,6)

图 4-9　稀疏矩阵的存储结构

显然，用一个一维数组就可以存储这个线性表。该线性表的类 C 语言结构描述为

```
typedef struct
{   int i,j;
    数据类型符 v;
}Node;
typedef struct
{   int n,m;
    Node D[9];
    int k;
}SparseMatrix ;
```

其中，n、m 分别表示矩阵的行数和列数，k 表示非 0 元素个数，也是顺序表的长度。

这个描述的第一部分定义线性表的结点，是一个结构体。第二部分定义顺序表，主要是一维数组 $D[9]$。图 4-10 是图 4-9 的顺序表结构示意图。

n=5
m=6
k=9

元素值
列号
行号

图 4-10　稀疏矩阵的顺序表存储结构例

对于稀疏矩阵,除用顺序表结构存储外还可以用"十字链表"结构存储。所谓十字链表，是一种链式存储结构；是对稀疏矩阵的每一行、每一列都建立一个链表，每一个非 0 元素同时处于所在行的行链表和所在列的列链表中，犹如同时穿越一个非 0 元素的横向链与纵向链在该元素上形成一个十字形，故形象地称为十字链表。

为了表示非 0 元素及其在链表中的链接关系，设置链结点的结构包含行号、列号、元素值、down 指针和 right 指针等 5 个域。这个结点结构在十字链表中充当 4 种不同角色——矩阵元素结点、链头结点、行链头结点和列链头结点。其中的 5 个域在不同功用结点中有不同的用途，列表说明如表 4-2 所示。

表 4-2 十字链表结点各域的不同作用

域	矩阵元素结点	链 头 结 点	行 头 结 点	列 头 结 点
行号	行号 i	矩阵行数		
列号	列号 j	矩阵列数		
元素值	元素值 v			
down 指针	列链表指针	行链头表指针	行链头表指针	列链表指针
right 指针	行链表指针	列链头表指针	行链表指针	列链头表指针

图 4-11 是图 4-6(a)所举例的稀疏矩阵的十字链表结构的示例。这个十字链表由 5 个部分组成。

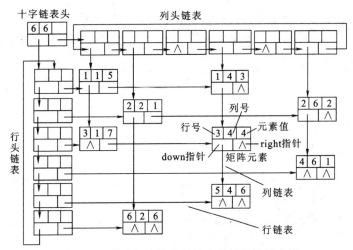

图 4-11 稀疏矩阵的十字链表存储结构示意图

① 十字链表头：只一个结点，主要通过 down 指针和 right 指针分别指向行链头表和列链头表。可以通过对十字表头命名来命名十字链表，如命名图 4-11 的十字链表为 D。

② 行头链表：对应稀疏矩阵的每一行一个结点，是相应行链表的头结点。用 right 指针指向该行链表的第一个结点，用 down 指针指向下一行的头结点。行头链表可以是单链表或环链表。图 4-11 中的行头链表就是环链表。

③ 列头链表：对应稀疏矩阵的每一列一个结点，是相应列链表的头结点。用 down 指针指向该列链表的第一个结点，用 right 指针指向下一列的头结点。列头链表也可以是单链表或环链表。图 4-11 中的列头链表就是环链表。

④ 行链表：对应相应行中的每一个非 0 元素一个结点，结点中包括该元素所在行的行号、所在列的列号和元素值；用 right 指向所在行中的下一个非 0 元素的结点，用 down 指向所在列中的下一个非 0 元素的结点。行链表可以是单链表或环链表。图 4-11 中的行链表就是单链表。

⑤ 列链表：对应相应列中的每一个非 0 元素结点，结点中包括该元素所在行的行号、所在列

的列号和元素值；用 down 指向所在列中的下一个非 0 元素的结点，用 right 指向所在行中的下一个非 0 元素的结点。列链表也可以是单链表或环链表。图 4–11 中的列链表就是单链表。

4.3　广　义　表

在定义 2.1 中，把线性表定义为 n 个同类数据元素的有限序列。在那里，数据元素 a_i 限于是结构上不可再分的元素，称为原子元素或原子，且要求所有元素都有相同的结构。若对此进行推广，即允许序列中的某些或全部元素也是一个表，就产生了广义表的概念。广义表在人工智能、计算机图形学等领域中有广泛的应用。本节只对广义表作一般性介绍。

4.3.1　广义表的定义

顾名思义，广义表是线性表的一种推广，下面先给出广义表的定义。

定义 4.2[广义表] 广义表是 n $(n \geqslant 0)$ 个元素 $a_i(i = 1, 2, \ldots, n)$ 的有限序列，其中，a_i 或者是原子元素（或简称原子），或者是一个广义表（或简称子表）并记为

$$GL = (a_1, a_2, \ldots, a_i, \ldots, a_n)$$

显然，广义表的定义是递归的，因为其元素可以是表，而这个子表也许又是一个广义表。

一般来说，用大写字母表示广义表，用小写字母表示原子，各元素之间用逗号分隔。下面是一些广义表的例子。

$E = ()$
$A = (a, b, c)$
$B = (x, A) = (x, (a, b, c))$
$C = (B, y) = ((x, (a, b, c)), y)$
$D = (A, B) = ((a, b, c), (x, (a, b, c)))$
$F = (z, F)$
$G = (())$

由定义和例子可以看出，广义表有如下一些特征：

① 广义表中的元素（不管是原子还是表）有相对的次序。

② 广义表是线性表的一个推广。如例子中的 A 实际上是一个线性表，B、C、D 和 F 是真正意义的广义表，但又都称它们为广义表；而线性表则是广义表的一个特例。

③ 广义表是一种多层次的表。因为广义表的子表可以是广义表，因此子表又可以有自己的子表；如此深入下去，形成一种多层次的结构。

④ 广义表可以共享。一个广义表可以是几个其他广义表的子表。如例子中的 B 同时是 C 和 D 的子表，即 B 被 C 和 D 共享。共享表又称为再入表。

⑤ 广义表可以是递归的。一个广义表可以是自身的子表，如例子中的 F 是广义表，同时又是 F 自己的子表，这种广义表又称为递归表。

⑥ 广义表可以为空，如例子中的 E 即为空广义表。若广义表以一个空广义表为其唯一元素，则该广义表不为空，如例子中的 G 是非空广义表。

下面再给出几个有关广义表的术语：

① 广义表的长度。广义表最外层的元素个数，如例子中，E 的长度为 0 (是空表)，G 的长度为 1 (以一个空表为元素的广义表)，A 的长度为 3，其余的长度都为 2。

② 广义表的深度。在广义表被充分展开后，其括号嵌套的最大重数。如例子中，E 和 A 的深度为 1，B 的深度为 2，C 和 D 的深度为 3，F 的深度为 ∞。

③ 广义表有一个表头和一个表尾。任何一个非空广义表都可以分解成"表头" 和"表尾" 两部分，分别表示为 Head(GL)和 Tail(GL)；广义表的第一个元素 a_1 为表头，即 Head(GL)=a_1；其余元素为表尾，即 Tail(GL)=$(a_2, …, a_i, …, a_n)$。显然，广义表的表尾始终是一个广义表。空广义表无表头、表尾。如例子中：

E 无表头表尾

$$Head(A) = a \qquad Tail(A)=(b, c)$$
$$Head(B) = x \qquad Tail(B)=(A)$$
$$Head(C) = B \qquad Tail(C)=(y)$$
$$Head(D) = A \qquad Tail(D)=(B)$$
$$Head(F) = z \qquad Tail(F)=(F)$$
$$Head(G) = () \qquad Tail(G)=()$$

从广义表的定义不难看出，4.1 节中介绍的多维数组可以是广义表。例如，二维数组可以是以行为元素的广义表，因为数组的每一行可以看成是表。设一个 4×5 的数组 A，则用广义表可以表示为

$$A = ((a_{11},a_{12},a_{13},a_{14}),(a_{21},a_{22},a_{23},a_{24}),(a_{31},a_{32},a_{33},a_{34}),(a_{41},a_{42},a_{43},a_{44}))$$

同样，4.2 节中介绍的矩阵也可以作为广义表的例子。例如，下三角形矩阵可以表示为广义表，第 1 行矩阵元素为原子，第 2 行为两个矩阵元素的表，第 3 行为 3 个矩阵元素的表，…，第 n 行为 n 个矩阵元素的表。设一个 5×5 的下三角形矩阵 B，则用广义表可以表示为

$$B = (a_{11},(a_{21},a_{22}),(a_{31},a_{32},a_{33}),(a_{41},a_{42},a_{43},a_{44}),(a_{51},a_{52},a_{53},a_{54},a_{55}))$$

4.3.2 广义表的表示

广义表有多种表示方式：

① 嵌套表示法：也称一般表示法，用括号表示出表的嵌套关系。如 4.3.1 节中的例子表示成

$$E =()$$
$$A =(a,b,c)$$
$$B =(x, (a,b,c))$$
$$C =((x,(a,b,c)),y)$$
$$D =((a,b,c),(x,(a,b,c)))$$
$$F =(z, (z, (z,…)))$$
$$G =(())$$

② 带名字表示法：如果规定任何表都有名字，为了既表明每个表的名字，又描述它的组成细节，则可以在每个表的前面冠以该表的名字。于是，4.3.1 节中的例子可以表示成

$$E =()$$
$$A =(a,b,c)$$
$$B =(x,A(a,b,c))$$
$$C =(B(x,A(a,b,c)),y)$$
$$D =(A(a,b,c),B(x,A(a,b,c)))$$
$$F =(z,F(z,F(z,F(…))))$$

③ 图形表示法：用正方形（□）表示原子元素，用小圆形（○）表示子表刻画出广义表的逻辑关系。于是，4.3.1 节中的例子可以如图 4-12 所示表示。

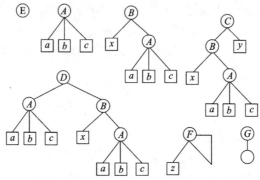

图 4-12 广义表的图形表示法示例

4.3.3 广义表的存储结构

因为广义表的逻辑结构相对比较复杂、多变，数据元素又有不同的构造（有原子和表的分别），因此不宜采用顺序存储结构，而采用比较灵活、动态的链式存储结构比较有效。

一般来说，根据结点的不同构造，广义表的链式存储结构有两种不同存储方式——H-T(头尾，Head-Tail)链结构和 C-B(孩子兄弟，Child-Brother)链结构。

1. H-T 链结构

若广义表不空，则可分解成表头和表尾两部分，即一对表头表尾唯一确定一个广义表。如果子表也是广义表，则同样以其一对表头表尾唯一确定，直到每个结点为原子或空表而止。

广义表实际只有两种不同结点，原子结点和表结点。为其设计两种结点结构，如图 4-13 所示。图 4-13 (a) 是表结点的构造，图 4-13 (b) 是原子结点的构造。其中，tag 是结点种类标志；当 tag=1 时表示表结点，当 tag=0 时表示原子结点。h-pointer 是表头指针，t-pointer 是表尾指针，ATOM-data 是原子结点值。ATOM-data 与原子结点数据类型有关。类 C 语言的 H-T 链结点的结构类型描述如结构类型描述 4.5。

tag	h-pointer	t-pointer		tag	ATOM-data
	(a)表结点结构				(b)原子结点结构

图 4-13 H-T 链结构的结点结构

结构类型描述 4.5：

```
typedef struct node
{      int tag;
       union
       {   原子数据类型符 data;
           Struct node *hp,*tp;
       }dataorptr;
}HTnode;
```

结构类型描述 4.5 中应用了类 C 语言的"联合体"把原子数据 data 与表指针 hp 和 tp 定义在同一空间上。图 4-14 所示为例子 C 的 H-T 链结构图，其横向链为头尾链，若无尾则 tp 为空（以 ∧ 表示）；纵向链为元素链，以原子为终点。

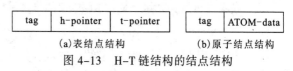

图 4-14 广义表例 C 的 H-T 链结构图

2. C-B 链结构

C-B 链是广义表的另一种链式存储结构。把表的元素称为"儿子",把同一表的不同元素称为"兄弟",原子元素没有儿子,因此,用 C 指针指向儿子,用 B 指针指向兄弟,形成的链就简称为 C-B 链。可以先如图 4-15 那样初步建立广义表中元素的 C-B 关系。

图 4-15 (a) 表示先删去父结点与第一个儿子以外儿子的连线(用×表示),再在同一父结点的儿子们之间加上连线(用虚线表示),对其进行整理得到图 4-15 (b)。根据图 4-15 (b) 很容易理解和构造 C-B 链。

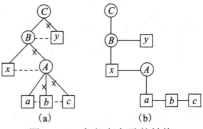

图 4-15 广义表表示的转换

C-B 链同样需要表结点和原子结点两种结点结构,如图 4-16 所示。其中,tag 是结点种类标志;当 tag=1 时表示表结点,当 tag=0 时表示原子结点。c-pointer 是指向第一个儿子结点的指针,b-pointer 是指向下一个兄弟的指针,ATOM-data 是原子结点值。ATOM-data 同样与原子结点数据类型有关。类 C 语言的 C-B 链结点的结构类型描述如结构类型描述 4.6。

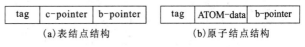

图 4-16 C-B 链结构的结点结构

结构类型描述 4.6

```
typedef struct node
{       int tag;
        union
        {   原子数据类型符 data;
            Struct node *cp;
        }dataorptr;
        Struct node *bp;
}CBnode;
```

结点类型描述 4.6 同样应用了类 C 语言的"联合体"把原子数据 data 与表指针 cp 定义在同一空间上。

图 4-17 是例子 C 的 C-B 链结构图示。其横向链为兄弟链,若无兄弟则 bp 为空(以∧表示);纵向链为儿子链,以原子为终点。

显然,C-B 链表现广义表的层次性比较明显。

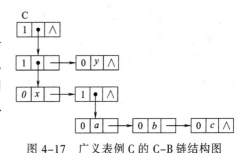

图 4-17 广义表例 C 的 C-B 链结构图

4.4 数组和矩阵、广义表的应用

下面列举几个关于数组和矩阵,以及广义表的应用实例。

4.4.1 数组和矩阵的应用实例

1. 打印杨辉三角形

杨辉三角形又称贾宪三角形、帕斯卡三角形;是二项式系数的一种几何排列,设二项式 $(x+a)^n$,则有

$$(x+a)^0 = 1$$
$$(x+a)^1 = x+a$$
$$(x+a)^2 = x^2+2xa+a^2$$
$$(x+a)^3 = x^3+3x^2a+3xa^2+a^3$$
$$(x+a)^4 = x^4+4x^3a+6x^2a^2+4xa^3+a^4$$

...

```
1
1 1
1 2 1
1 3 3  1
1 4 6  4  1
1 5 10 10 5  1
1 6 15 20 15 6  1
1 7 21 35 35 21 7  1
1 8 28 56 70 56 28 8 1
```

图 4-18 $n=8$ 时的杨辉三角形

设 $n=8$，则$(x+a)^n$ ($n=0$，1,2，...,8) 的系数正好排布成一个三角形，如图 4-18 所示。

观察杨辉三角形发现有这样的规律，如果把它看成一个下三角形矩阵，则有

① 第 1 列和主对角线上的元素都为 1。

② 其余元素是上一行中同列元素与其左边元素之和。即有

$$a_{ij}=\begin{cases} 0 & （当 i<j 时 ）\\ 1 & （当 j=1 或 j=i 时 ）\\ a_{i-1j}+a_{i-1j-1} & （当 i,j \neq 1 且 i\neq j 且 j<i|\end{cases}$$

基本思想：有两种考虑。其一是用二维数组存储这个矩阵，并按上面的公式计算出每个矩阵元素，最后按行打印矩阵元素值。这种思想比较常规，算法也比较简单。

第二种考虑是用一维数组存储下三角形矩阵，这就需要利用下三角形的存储技术进行矩阵元素下标与一维数组下标的映射。本例将采用第二解决方案，并参照 4.2.2 节之 2 提供的公式。

实例演示：（略）

算法思路：根据 n 阶下三角形的规律，定义一个一维数组，其下标界为 $n(1+n)/2$；同时对数组的头 3 个元素赋值 1 (对应杨辉三角形的顶端两行)。然后，建立 $i(i\leq n)$ 和 $j(j\leq i)$ 嵌套的两重循环 (i 为外层循环)，并用 i 的当前值控制 j 循环终止；在 j 循环中利用 a_{ij} 计算公式生成其他矩阵元素。

算法描述：

```
1    YanghuiTriangle(n)
     { int Tri[n(1+n)/2]={1,1,1};
       int i,j,k;
       for(i←3;i≤n;i←i+1)
5      {  Tri[i(i-1)/2+1]←1;
          for(j←2;j<i;j←j+1)
          {   k←(i-1)(i-2)/2+j;
              Tri[i(i-1)/2+j]←Tri[k-1]+ Tri[k];
          }
10        Tri[i(i-1)/2+j]←1
       }
       for(i←1;i≤n;i←i+1)
       {  printf("%d : ",i);
          for(j←1;j≤i;j←j+1)
15            printf("%d ",Tri[i(i-1)/2+j])
       }
17   }
```

算法评说：算法第 5 行和第 10 行分别置矩阵第 1 列和主对角线元素为 1。第 7 行是预先计算出上一行的同列数组元素的映射下标。

该算法的时间复杂度为 $O(n)$，其中 n 为一维数组 Tri 的长度。

2．解线性方程组的主元素消去法

主元素消去法是求解线性方程组常用的方法。许多数学软件包都提供有例行程序直接使用，收到良好的效果。

本节采用高斯-若当(Gauss—Jordan)消去法（也称完全消去法）来说明矩阵在求解问题时的应用以及运用数组实现算法的方法。

设有方程组 $AX=B$，A 为系数矩阵，B 为常数项向量，X 为变量向量；它们表示了线性方程组

$$\begin{cases} a_{11}x_1+a_{12}x_2+\cdots+a_{1n}x_n=b_1 \\ a_{21}x_1+a_{22}x_2+\cdots+a_{2n}x_n=b_2 \\ \cdots \\ a_{n1}x_1+a_{n2}x_2+\cdots+a_{nn}x_n=b_n \end{cases}$$

其中

$$A=\begin{pmatrix} a_{11} & a_{12} & \cdots & a_{1n} \\ a_{21} & a_{22} & \cdots & a_{2n} \\ \vdots & & & \vdots \\ A_{n1} & a_{n2} & \cdots & a_{nn} \end{pmatrix} \qquad X=\begin{pmatrix} x_1 \\ x_2 \\ \vdots \\ x_n \end{pmatrix} \qquad B=\begin{pmatrix} b_1 \\ b_2 \\ \vdots \\ b_n \end{pmatrix}$$

为了利用矩阵求解方程组，把 A 和 B 并置得到所谓的增广矩阵 P：

$$P=\begin{pmatrix} a_{11} & a_{12} & \cdots & a_{1n} & b_1 \\ a_{21} & a_{22} & \cdots & a_{2n} & b_2 \\ \vdots & & & \vdots & \vdots \\ A_{n1} & a_{n2} & \cdots & a_{nn} & b_n \end{pmatrix}$$

主元素消去法就是运用矩阵的初等变换对增广矩阵进行处理，以得到

$$P'=\begin{pmatrix} 1 & 0 & \cdots & 0 & b'_1 \\ 0 & 1 & \cdots & 0 & b'_2 \\ \vdots & & & \vdots & \vdots \\ 0 & 0 & \cdots & 1 & b'_n \end{pmatrix}$$

则

$$B=\begin{pmatrix} b'_1 \\ b'_2 \\ \vdots \\ b'_n \end{pmatrix}$$

即为方程组的解向量。

基本思想：对矩阵 P 的系数矩阵部分，按列消去主对角线下方和上方的元素(即使其为 0)，把系数矩阵最终变换成单位矩阵。这时，常数项向量部分即为方程组的解向量。

设当前列为 j $(j=1,2,...,n)$，对 j 列作如下矩阵运算：

① 选择主元：从第 j 行开始向下，在第 j 列元素 a_{jj} 到 a_{nj} 中查找一个绝对值最大元素 a_{kj} $(k \geqslant j)$。

② 行交换：如果 $k \neq j$，则将第 k 行与第 j 行实行交换，使新的 a_{jj} 为第 j 列的绝对值最大元素。

③ 主元归 1：将第 j 行元素除以 a_{jj}，使 $a_{jj}=1$。

④ 消元：对 P 中非第 j 行元素，将 $-a_{ij}$ $(i=1,2,\dots,j-1,j+1,\dots,n)$ 与第 j 行元素的积加到第 i 行对应元素上；使 $a_{ij}=0$。

重复上述 4 步，直到系数矩阵为单位矩阵时止，取常数项向量部分得方程组的解向量。

实例演示：设有线性方程组

$$\begin{cases} x_1+2x_2-3x_3=-7 \\ 4x_1-3x_2+x_3=9 \\ 2x_1+4x_2+7x_3=12 \end{cases}$$

其增广矩阵为

$$P=\begin{pmatrix} 1 & 2 & -3 & -7 \\ 4 & -3 & 1 & 9 \\ 2 & 4 & 7 & 12 \end{pmatrix}$$

因为 4 是第 1 列中绝对值最大者，则将第 2 行与第 1 行交换得

$$P=\begin{pmatrix} 4 & -3 & 1 & 9 \\ 1 & 2 & -3 & -7 \\ 2 & 4 & 7 & 12 \end{pmatrix}$$

第 1 行元素除以 4 得

$$P=\begin{pmatrix} 1 & -3/4 & 1/4 & 9/4 \\ 1 & 2 & -3 & -7 \\ 2 & 4 & 7 & 12 \end{pmatrix}$$

第 1 行元素乘 -1 加到第 2 行，第 1 行元素乘 -2 加到第 3 行，得

$$P=\begin{pmatrix} 1 & -3/4 & 1/4 & 9/4 \\ 0 & 11/4 & -13/4 & -37/4 \\ 0 & 11/2 & 13/2 & 15/2 \end{pmatrix}$$

因为 11/2 是第 2 列第 2 行以下中绝对值最大者，则将第 3 行与第 2 行交换得

$$P=\begin{pmatrix} 1 & -3/4 & 1/4 & 9/4 \\ 0 & 11/2 & 13/2 & 15/2 \\ 0 & 11/4 & -13/4 & -37/4 \end{pmatrix}$$

第 2 行元素除以 11/2 得

$$P=\begin{pmatrix} 1 & -3/4 & 1/4 & 9/4 \\ 0 & 1 & 13/11 & 15/11 \\ 0 & 11/4 & -13/4 & -37/4 \end{pmatrix}$$

第 2 行元素乘 3/4 加到第 1 行，第 2 行元素乘 -11/4 加到第 3 行，得

$$P=\begin{pmatrix} 1 & 0 & 50/44 & 144/44 \\ 0 & 1 & 13/11 & 15/11 \\ 0 & 0 & -26/4 & -13 \end{pmatrix}$$

因为第 3 列是最后一列无须交换，将第 3 行元素除以 -26/4 得

$$P=\begin{pmatrix} 1 & 0 & 50/44 & 144/44 \\ 0 & 1 & 13/11 & 15/11 \\ 0 & 0 & 1 & 2 \end{pmatrix}$$

第 3 行元素乘$-50/44$加到第 1 行，第 3 行元素乘$-13/11$加到第 2 行，得

$$P=\begin{pmatrix} 1 & 0 & 0 & 1 \\ 0 & 1 & 0 & -1 \\ 0 & 0 & 1 & 2 \end{pmatrix}$$

至此，求得原线性方程组的解为

$$\begin{cases} x_1 = & 1 \\ x_2 = & -1 \\ x_3 = & 2 \end{cases}$$

算法思路：用 $n \times (n+1)$ 的二维数组存储增广矩阵，并作为算法的入口参数。设置 i 和 j 分别为行下标变量和列下标变量。用 j（$j \leqslant n$）控制整个流程。对每个 j 作：

① 选择主元素并将主元素归"1"。用 i（$i=j, j+1, j+2, \dots, n$）控制在当前列中找到主元素，设在第 k 行上。若 $k \neq j$，则将第 k 行与第 j 行对换，并用该主元素去除第 j 行的所有（非零）元素，使该主元素为 1。

② 对第 j 列上的第 j 行以外的所有元素消元。用 $-a_{ij}$（$i=1、2、\dots、n$ 且 $i \neq j$）乘第 j 行之元素的积与第 i 行对应元素相加，使第 j 列上的非主元元素为 0。

③ 重复①②，直到 $j > n$ 为止，转做④。

④ 打印解向量。把第 $n+1$ 列的元素打印出来，即得到方程组的解。

算法描述：

```
GaussJordan(A[n][n+1])
{   int i,j,k,l;
    Float t;
    for(j←1;j≤n;j←j+1)
    {   k←j;
        for(i←j+1;i≤n;i←i+1)                    /*选择主元素(在第 k 行)*/
            if(A[i][j]>A[j][j])
                k←i;
        if(k≠j)
            for(l←j;l≤n+1; l←l+1)               /*第 k 行与第 j 行兑换*/
            {   t←A[k][l];
                A[k][l]←A[j][l];
                A[j][l]←t;
            }
        for(l←j;l≤n+1; l←l+1)                   /*主元素归 "1" */
            A[j][l]←A[j][l]/ A[j][j];
        for(i←1;i≤n; i←i+1)                     /*第 j 列消元*/
            if(i≠j)
                for(l←j;l≤n+1; l←l+1)
                    A[i][l]←A[i][l]-A[j][l]×A[i][j];
    }
    printf("方程组的解为 : \n");                  /*输出结果*/
    for(i←1;i≤n; i←i+1)
        printf("X%d = %f",i, A[i][n+1]);
}
```

算法评说：该算法很有实用价值，但比较复杂，请读者仔细体会和学习。该算法的时间复杂度为 $O(n^2)$，所以时间效率不高。

4.4.2 广义表的应用实例

广义表是表示非线性数据结构的绝好工具之一，本节举两个简单的例子进行说明。

1. 多元多项式的广义表表示

多元（如 m 元）多项式的每一项含有多个变元，且每一项也未必包含全部变元。因此，用线性表或单链表结构表示有许多缺陷，如空间效率低下，如果用广义表表示则比较有利。为了简便，下面列举一个二元多项式进行说明。

设有二元多项式 $P=x^5y^2+3x^4y^2+7x^3y+5xy+20$。$P$ 又可以表示为

$P(x,y)=(x^5+3x^4)y^2+(7x^3+5x)y+20$

另 $A(x)=(x^5+3x^4)$，$B(x)=(7x^3+5x)$，则把 $P(x,y)$ 可以表示为

$P(y)=A(x)y^2+B(x)y+20$

显然，$A(x)$、$B(x)$ 和 20 是多项式 $P(y)$ 的系数部分。而 $A(x)$、$B(x)$ 本身又是多项式。用链结构表示时，$P(y)$ 是一个链表；$A(x)$、$B(x)$ 也各是一个链表，都是 $P(y)$ 的子表。

分别设计图 4-19 所示样式的原子结点和表结点。图中 tag 为结点种类，tag=0 为原子，tag=1 为（系数）表；var 存储变元符号；coef 存储原子结点时的系数值；exp 存储变元的指数；hp 和 tp 分别是表头和表尾指针。因此，结点类型的类 C 语言描述如结构类型描述 4.7。

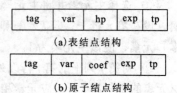

(a)表结点结构

(b)原子结点结构

图 4-19 多项式广义表的结点设计

结构类型描述 4.7

```
typedef struct node
{ int tag;
  char var;
  union
  {   float coef;
      Struct node *hp;
  }
  int exp
  Struct node *tp;
} MFormulas;
```

按照结构类型描述 4.7 的描述，多项式 $P(x,y)$ 的广义表存储结构如图 4-20 所示。

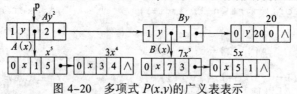

图 4-20 多项式 $P(x,y)$ 的广义表表示

2. 人事信息表的广义表表示

一个单位的人事信息表里，每人一个记录。记录由职工编号、姓名、性别、学历经历、工作经历和职位变化经历等项组成。其中职工编号、姓名、性别等是原子项，学历经历、工作经历和职位变化经历等是表项，如学历经历为（1990 本科，1993 硕士，2001 博士），工作经历为（1993 微软，2001 西门子，2006 中国银行），职位变化经历为（1996 助理工程师，2002 工程师，2008 高级工程师，2010 副总经理）。因此，可以用广义表表示一个人员的信息，例如，名叫张庆的职工的信息是

（9404，张 庆，男，（1990 本科，1993 硕士，2001 博士）

（1993 微软，2001 西门子，2006 中国银行））
则用广义表的 C-B 链结构存储如图 4-21 所示。

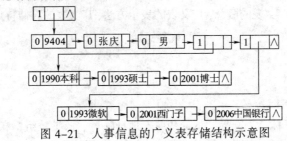

图 4-21　人事信息的广义表存储结构示意图

小结

1．知识要点

本章主要介绍了数组和矩阵、广义表两种数据结构。

① 数组的概念与定义、低维数组和高维数组、数组的存储结构。

② 矩阵的概念、特殊矩阵的特点和常见种类，以及特殊数组的压缩存储结构和下标映射。

③ 广义表的概念与定义、特点、表示方法，以及两种链式存储结构。

④ 数组、矩阵和广义表的应用实例。

2．内容要点

本章的主要内容如下：

① 数组实际是线性表的一种推广。一维数组是线性表顺序存储结构的基础。

② 一般以 1～3 维数组比较常用。数组一般采用顺序存储结构，主要掌握如何根据下标值计算数组元素的存储位置，即单元地址；理解数组元素的地址计算公式。对高维数组，要求理解提供的地址计算公式。

③ 矩阵是常用的数学工具，在许多领域有广泛的应用。矩阵多用数组存储，一般对应于二维数组，但本章着重介绍了特殊矩阵及其存储技术。对角线矩阵、三角矩阵、对称矩阵和稀疏矩阵是常见的特殊矩阵。因为特殊矩阵有较多的 0 元素，为了压缩存储空间往往采用一维数组存储。这种情况下，关键是如何建立矩阵下标与一维数组下标之间的映射关系，即矩阵元素下标到数组下标的计算公式。对不同的特殊矩阵有不同的映射公式；必须深刻理解和掌握。

④ 广义表是线性表的直接推广。与一般线性表不同的是，其元素分原子和子表，子表又可能含有子表，或者是（自身）广义表。因此，广义表是一种递归结构的线性表。必须掌握广义表的一些基本概念，如广义表的长度、深度、表头、表尾、空表、再入表和递归表等概念。

⑤ 掌握广义表的 3 种表示方法，每种表示方法的特点、意义和作用。

⑥ 掌握广义表的链式存储结构；如何构造链结点、如何区分原子结点和子表结点；H-T 链表与 C-B 链表有何不同；能画出广义表存储结构示意图。

⑦ 理解数组、矩阵和广义表的应用实例；能运用所介绍的知识，提出应用问题及其解决方案。

3．本章重点

本章的重点如下：

① 数组的概念：数组的维及下标界、数组元素及下标、数组元素的地址计算与下标的关系等。

② 矩阵的概念：矩阵的表示以及与数组的关系，特殊矩阵及其存储结构方式，矩阵下标与数组下标的映射关系。

③ 广义表的概念：广义表的概念、广义表的表示方法、广义表的存储特点、广义表与数组等。

习题

一、名词解释

试解释下列名词术语的含义：

数组、数组元素、下标、下标界、下标变量、地址映射、低维数组、高维数组、三角矩阵、对角线矩阵、对称矩阵、稀疏矩阵、十字链表、广义表、原子元素、广义表的长度和深度、广义表的表头和表尾、广义表的 H-T 链表和 C-B 链表。

二、单项选择题

1. 逻辑上，数组的下标下界规定为_____，但 C 语言却规定为_____。

    A. 0、0，　　　　　　B. 1、0　　　　　C. 0、1　　　　　　D. 1、1

2. 设二维数组 A[10][10]，采用行优先存储，数组元素占 4 个单元，开始地址为 1200，则数组元素 A[3][5]的地址为_____。

    A. 1292，　　　　　　B. 1340　　　　　C. 1296　　　　　　D. 1200

3. 设有数组 A[5][8]，数组元素占 4 个单元，开始地址是 1000。当采用列优先顺序存储时，数组元素 A[4][3]的地址是_____。

    A. 1104　　　　　　　B. 1052　　　　　C. 1076　　　　　　D. 1140

4. 对于上三角形矩阵中的元素 a_{ij}，当_____时为 0 元素。

    A. $i<j$　　　　　　　B. $i>j$　　　　　C. $i=j$　　　　　　D. 任意 i、j

5. 在稀疏矩阵的十字链表中，每一个非 0 元素结点都处在_____中。

    A. 行链表　　　　　　B. 列链表　　　　C. 行、列链表　　　D. 其他链表

6. 在广义表 $G(),H(()),A((),())$ 和 $B((),x,y)$ 中，长度为 1 的是_____。

    A. $G()$　　　　　　　B. $H(())$　　　　C. $A((),())$　　　　D. $B((),x,y)$

7. 广义表 $A(a,(b,c),d,e)$ 的表头是_____。

    A. a　　　　　　　　B. $a,(b,c)$　　　C. $(a,(b,c))$　　　　D. $()$

8. 广义表 $A(a,(b,c),d,e,((i,j)),\ k)$ 的深度是_____。

    A. 1　　　　　　　　　B. 2　　　　　　　C. 3　　　　　　　　D. 4

三、填空题

1. 对于一个二维数组 A[m][n]，若按行优先顺序存储，则任一元素 A[i][j]相对于 A[1][1] 的地址为_____。

2. 数组元素的下标决定了该元素在数组中的_____。

3. 特殊矩阵主要是指_____矩阵、_____矩阵、_____矩阵、_____矩阵、_____矩阵。

$$\begin{pmatrix} 0 & 0 & 2 & 0 \\ 3 & 0 & 0 & 0 \\ 0 & 0 & -1 & 5 \\ 0 & 0 & 0 & 0 \end{pmatrix}$$

图 4-22　稀疏矩阵

4. 有一个如图 4-22 所示的稀疏矩阵，则对应的三元组线性表为_____。

5. 一个 $n×n$ 的对称矩阵，元素类型为 int 型。如果以行优先顺序存储，则其容量为_____；如果以列优先顺序存储，则其容量为_____。

6．设有一个 10 阶的对称矩阵 A，采用压缩存储方式，以行优先顺序存储，a_{11} 为第一个元素，其存储地址为 0，每个元素占 1 个单元，则 a_{85} 的地址为_____。

7．三维数组 R[d1][d2][d3]共含有_____个元素。

8．数组 A[10][6][8]以列优先的顺序存储，设第一个元素的首地址是 100，每个元素占 10 个单元，则元素 A[5][1][7] 的存储地址为_____。

9．在一个稀疏矩阵中，每个非零元素所对应的三元组包括该元素的_____、_____和_____三项。

10．在稀疏矩阵的十字链表存储中，每个结点的 down 指针域指向_____相同的下一个结点，right 指针域指向_____相同的下一个结点。

11．广义表中的元素分为_____元素和_____元素两类。

12．在广义表的存储结构中，原子结点结构中必须包含有_____域。

13．在广义表的存储结构中，原子结点与表结点有一个域对应不同，各自分别为_____域和_____域。

14．若把整个广义表也看为一个表结点，则该结点的 tag 域的值为_____，next 域的值为_____。

四、问答题

1．为什么线性表的顺序存储结构都是用一维数组来表示？

2．设有一个二维数组 A[5][10]，若<A[2][2]>=1088，<A[3][3]>=1132，试求 A[4][5]的地址<A[4][5]>是多少？

3．为什么数组一旦定义，其数组元素个数及维度就不能改变？

4．为什么说二维以上的数组是线性表的推广？

5．特殊矩阵的压缩存储技术有什么实际意义？提高了什么的效率？

6．简述广义表的 H-T 链表与 C-B 链表存储结构的区别和各自的特点。

7．试举例说明广义表的应用价值。

五、思考题

为什么 C 语言规定数组的下标从 0 开始？

六、综合/设计题

1．设有一 $n \times n$ 阶上三角形矩阵，存储为一维数组，试设计出该矩阵元素的地址映射公式。

2．将对角线矩阵扩充为以主对角线为轴有多条次对角线上的元素为非 0，称为多对角线矩阵或带状矩阵，也简称对角线矩阵。图 4-23 是三对角线矩阵。请根据图 4-23 设计用一维数组存储三对角线矩阵的存储结构，并给出下标映射公式。

$$\begin{pmatrix} a_{11} & a_{12} & 0 & 0 & 0 & 0 & \cdots & 0 & & 0 \\ a_{21} & a_{22} & a_{23} & 0 & 0 & 0 & \cdots & 0 & & 0 \\ 0 & a_{32} & a_{33} & a_{34} & 0 & \cdots & & 0 & & 0 \\ \vdots & \vdots & \vdots & \vdots & \vdots & & & \vdots & & \vdots \\ 0 & 0 & 0 & 0 & & a_{n-1n-2} & a_{n-1n-1} & a_{n-1n} \\ 0 & 0 & 0 & 0 & & & a_{nn-1} & a_{nn} \end{pmatrix}$$

图 4-23　三对角线矩阵

3．设有矩阵 $A_{n \times n}$ 和 $B_{n \times n}$，试用类 C 语言写出 $C = A \times B$ 的算法。

4．设有广义表 $L=(a,(b,c,(d,e)),f,g)$，试用图形表示法表示该广义表，并画出它的两种存储结构的结构图。

5．某工厂生产 3 种产品为 A、B、C。每种产品有不同的型号，A 产品有 A1、A2 两种型号，B 只 B1 一种型号，C 有 C1、C2、C3 三种型号。对每种产品的每种型号记录每季度的生产数量，如表 4-3 所示。试用广义表表示出该厂的生产记录。

表 4-3　产品每季度的生产数量

时　间＼型　号		A		B	C		
		A1	A2	B1	C1	C2	C3
2011 年	一季度	1000	500	200	100	300	400
	二季度	1100	600	300	200	400	200
	三季度	1300	700	400	300	100	100
	四季度	500	800	1000	400	300	700

第5章 树与二叉树

本章导读

树与线性表不同，是一种很重要的非线性数据结构。树可以表现数据元素之间的分支结构与层次结构，因此，树在描述事物对象组织关系时有着广泛的应用性。例如，一个机构中部门的上下级隶属关系、产品的部件组装关系、图书目录分类关系、结构化数据的组成关系等都是一种树结构问题。树在计算机数据处理、软件设计、文件管理、数据压缩和信息编码中有更深入广泛的应用。因此，学习和掌握树结构，对数据处理问题解决方案进行选择和设计非常重要。

本章主要介绍一般树结构和二叉树结构，重点突出关于它们的基本概念、性质特点、存储结构设计及其基本运算算法，并列举应用实例进行说明。

本章内容要点：

- 树和二叉树的基本概念；
- 二叉树的结构特点及遍历算法；
- 树、二叉树和森林的转换；
- 基于树的查找和排序。

学习目标

通过学习本章内容，学生应该能够：

- 掌握树和二叉树的相关概念和性质；
- 掌握树和二叉树的顺序和链式存储结构的设计、二叉树的遍历算法及线索二叉树；
- 掌握哈夫曼树的概念、哈夫曼算法及其应用；
- 掌握基于树的查找和排序算法，理解平衡二叉树、排序二叉树和 B^+ 树的构造和意义。

5.1 两个常见的问题

在应用计算机时，也许会碰到许多问题，下面例举两个典型的问题。

问题 1：计算机把整个资源组织在一起，并标志为"计算机"。如果使用资源管理器展示这些资源的组织结构时会发现，它们有一个严密的组织体系。图 5-1 是按一种层次逐层展开的结果。从这个层次可以看出，"计算机"是桌面上的一个资源，而"计算机"又包含如 C 盘、

D盘、E盘等资源；其中，E盘包含COBOL、"讲课"、"教材出版"等文件夹资源，"教材出版"文件夹又包含"计算机软件基础"、"数据结构"等文件夹和"C语言书"文件，"数据结构"文件夹又包含若干文件。

那么，这种结果的构成原理是什么？

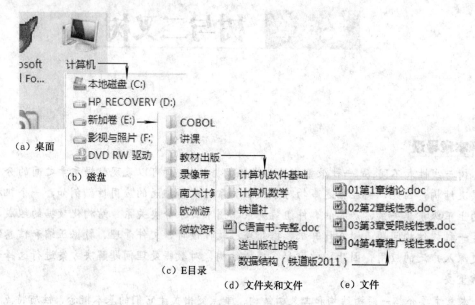

图 5-1　计算机软件资源管理层次体系

问题 2：设有一报文为字符串"ABCAAABDAAEAAACCBBAE"，共 20 个字符。根据 ASCII 码可知，每个字符为 8 位二进制数，需要 160 个二进位表示。再则，这个字符串为明文，怎样对其加密？其密钥是什么？

这两个问题的解决方案可以通过下面关于树结构的学习得到答案。

5.2　树的基本概念及其基本运算

首先介绍一下一般树的概念。

5.2.1　树的定义

树是一种非线性数据结构，有比线性表较复杂的结构关系。

定义 5.1[树] 树是 $n(\geq 0)$ 个结点的有限集合。当 $n = 0$ 时，称为空树。在任意一棵非空树 T 中，有且仅有一个特定结点称为根；当 $n>1$ 时，除根结点以外的其余结点可分成 m ($m>0$) 个不相交的有限结点集合 T_1, T_2, …, T_m；每一个 $T_i(i=1, 2, …, m)$ 是树。

在图 5-2 中，图 5-2 (a) 是一棵只有一个结点的树，结点 A 是树的根。图 5-2 (b) 是一棵 13 个结点的树 T，其中结点 A 是树 T 的根。其余结点分别构成 3 个不相交的集合，$T_1 = (B, E, F, K, L)$，$T_2 = (C, G)$，$T_3 = (D, H, I, J, M)$。图 5-2 (c) 是图 5-2 (b) 的一个抽象示意图。显然，T_1、T_2、T_3 也分别是树。而在 T_1 中，结点 B 是 T_1 的根，其余结点构成两个不相交的集合 (E, K, L) 和 (F)。这两个集合同样也是树。

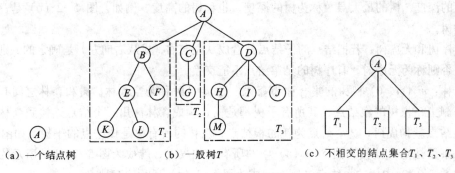

图 5-2　树的定义实例

由树的定义可以看出，是用树来定义树，因此，这个定义是递归的。下面再给出一个描述性的定义方法。即

树是 $n(\geqslant 0)$ 个结点的有限集合。其中：

① 当 $n=0$ 时树为空；

② 当 $n>0$ 时：

● 有且仅有一个称为根的结点，它没有前驱结点，有 0 个或多个后继结点。

● 有若干称为叶的结点，它们有且仅有 1 个前驱结点，而没有后继结点。

● 其余结点称为节结点，它们有且仅有 1 个前驱结点，至少有 1 个后继结点。

如图 5-1（b）所示，A 是树的根结点，K、L、F、G、M、I、J 是树的叶结点，B、C、D、E、H 是树的节结点。实际上，树表示了一组结点之间不同于线性表的前驱和后继关系。一般而言，树中任何一个结点只有一个前驱结点（除根结点外），可以有多个后继结点（除叶结点外）。

5.2.2　树的几个术语

子树：以任意结点的某个后继结点为根构成的树。例如，在图 5-2（b）中，以 B 为根的树是 A 的子树，以 E 为根的树是 B 的子树，以 H 为根的树是 D 的子树等。叶结点的子树为空树。

结点的度：一个结点拥有子树（或后继结点）的个数称为度，度是结点分支数的表示。例如，在图 5-2（b）中，结点 A 的度是 3，E 的度是 2，K 的度是 0。

树的度：树中所有结点的度的最大值称为树的度。例如，图 5-2（b）的树的度是 3。

子结点：一个结点的子树的根结点（或直接后继结点）称为该结点的子结点。例如，图 5-2（b）的结点 B、C、D 都是结点 A 的子结点。K 和 L 是 E 的子结点等。除叶结点以外的任何结点都至少有一个子结点。子结点也称孩子结点。

父结点：一个子树根结点的前驱结点称为父结点。例如，图 5-2（b）的结点 B、C、D 的父结点都是结点 A。结点 M 的父结点是 H 等。除根以外的任何结点都有且仅有一个父结点。父结点也称双亲结点。

兄弟结点：属于同一个父结点的若干子结点之间互称兄弟结点。例如，图 5-2（b）中 B、C 和 D 互为兄弟结点，E 和 F 互为兄弟结点，等等。

结点的层：设定树的根结点为第 1 层，根的子结点为第 2 层，依次为第 3 层，等等。例如，图 5-2（b）中，结点 A 为第 1 层，B、C、D 为第 2 层……K、L、M 为第 4 层。树的任何一个结点都处于某一层，因此，树中结点构成一个层次结构。

树的深度：树的最大层数称为树的深度，也称树的高度。例如，图 5-2（b）是一个深度为 4 的树。

有序树和无序树：若把结点的子结点都看成从左向右（或从右向左）是确定的，则称为有序树，否则称为无序树。有序树的兄弟结点不能交换。

森林：m（$m \geq 0$）棵树的集合称为森林，当 $m=0$ 时称为空森林。树和森林之间有密切的关系。删去一棵树的根结点，其所有子树都是树，构成森林。用一个结点连接到森林的所有树的根结点就构成树，这个结点为新的根结点；森林的所有树是该结点的子树。如图 5-3 所示，如果用结点 A 连接到图 5-3（a）中的所有树的根上，就成为图 5-3（b）所示的树。如果把图 5-3（b）中树的根结点 A 删去就成为图 5-3（a）所示的森林。

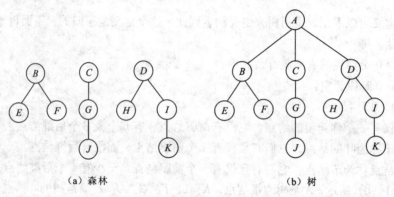

（a）森林　　　　　　　　　　　　　（b）树

图 5-3　森林与树的关系

5.2.3　树的结构特点

下面是树的两个主要结构特点：

① 层次性：树的每一个结点都处于某一层次上。除根结点以外的每一层次都有若干结点，所以树结构又称为层次结构。层次结构是表示事物隶属关系常用的方法，如机构的部门人事组织关系、产品的部件组装关系、程序设计语言中结构类型定义的数据架构关系、层次模型数据库的模型设计、操作系统中文件目录结构等都是树结构的应用。

② 分支性：从根结点向下，每一个结点都有若干分支（叶结点的分支数视为 0）。顺着这些分支可以从根结点出发到达树的任何其他结点，其间所经过的结点就构成一条分支路径。例如，在图 5-3（b）中，结点 E 的分支路径是（A，B，E），结点 K 的分支路径是（A，D，I，K）等。分支特性为树中结点的唯一定位提供了手段，因为树的每一个结点都有且仅有一条路径。

5.2.4　树的表示方法

树有几种不同的表示方法：

① 图形表示法：用圆形表示结点，用直线表示分支，画出树的图形。这是一棵倒长的树，根在上，叶在下，如图 5-2（b）所示。图形表示法描述的树的逻辑结构直观可见，是最常用的表示法。

② 集合嵌套法：因为树（包括子树）是结点的集合，所以把树看成最大集合，它又包含着一些集合；这些集合或者是不相交关系，或者是包含关系。例如，图 5-2（b）所示的树用

集合嵌套法表示为图 5-4。集合嵌套法的特点是可以清楚地表示出结点之间的包含关系。

③ 锯齿表示法：用向右逐渐串入的方法表示结点隶属关系的方法表示树。图 5-5 是锯齿表示法表示图 5-2（b）的例子。锯齿表示法的特点是可以清楚地表示出结点之间的层次关系和分支，便于显示或打印。

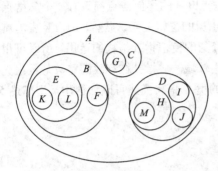

图 5-4 树的集合嵌套法例

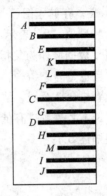

图 5-5 树的锯齿表示法例

④ 广义表表示法：用广义表的表名表示法表示树。图 5-2（b）所示的树，用广义表表示法表示为

$A(B(E(K, L), F), C(G), D(H(M), I, J))$

可见，排除再入表和递归表的情况，广义表实际上可以看成一种树。

5.2.5 树的基本运算

树主要有表 5-1 列出的 10 种基本运算。

表 5-1 树的基本运算

序 号	名 称	函数表示	功 能 说 明
1	创建树	TreeCreate()	建立一个空树
2	判树空	TreeEmpty()	树空返回 1，否则返回 0
3	查找根结点	TreeGetRoot()	返回树的根结点
4	查找结点	TreeGetNode()	指定结点存在返回位置号，否则返回 0
5	查找子结点	TreeGetChild()	查找并返回指定结点的第 i 个子结点
6	查找父结点	TreeGetFather()	查找并返回指定结点的父结点
7	查找兄弟结点	TreeGetBrother()	查找并返回指定结点右第 1 个弟弟结点
8	求树的高度	TreeGetHigh()	返回树的高度值
9	删除子树	TreeGetSubtree()	删除指定结点为根的子树
10	遍历树	TreeTravel()	以指定方式遍历树，返回结点序列

5.2.6 树的存储结构

树的存储结构有多种方式，可以采用顺序存储结构或链式存储结构。本节主要介绍 3 种常用的存储结构方式：FLink 表法（即父结点表法，又称双亲表示法）、CLink 表法（即孩子表法）和 C-BLink 表法（即孩子兄弟表法）。

1. FLink 表法

FLink 表法即通常所说的双亲存储结构,是用一组地址连续的存储空间存放树的结点。结点存储结点数据及其父结点的位置信息;父结点位置信息即是父结点的结点号,称其为父指针(但不是指针类型而是一个正整数)。因此,FLink 表实质上是一个顺序表结构。图 5-6(b)是一个 FLink 表,存储了图 5-6(a)中的树。因为树的根是唯一无父结点的结点,所以它的父指针用一个特殊值"0"表示。又因为除根结点以外的任何结点都只有一个父结点,所以只要设立一个整型数据域作为父指针域就能表示出树的逻辑关系。显然,FLink 表本质上是一种顺序结构,并且也是静态结构,是 1.2.4 节所介绍的模拟指针结构的运用,所以可用一维数组存储。数组元素包含 2 个域,结点数据域和父指针域。父指针域存放的整数是数组元下标,即结点位置号。FLink 表顺序存储结构数据类型的类 C 语言描述可以如结构类型描述 5.1。

结构类型描述 5.1:

```
#define  M 100
Typedef struct
{ char data;
   int  father;
} FLinkNode
Typedef struct
{ FLinkNode Tree[M];
   int  NodeNum;
} FLTree
```

其中,结构体 FLinkNode 定义了结点结构,由结点数据域和父结点号域组成;结构体 FLTree 定义顺序表 Tree[M],NodeNum 存储当前结点个数。

FLink 表法对"求根"和"求父结点"运算十分简单。因为根结点的指针域的值是 0,且只有唯一一个,所以只要找到父结点位置号等于"0"的结点即是根结点。"取父结点"运算更是简单,只要找到已知结点数据所在的结点,则指针域即为其父结点的位置号。但是,对"取孩子结点"运算就显得过于麻烦,需要扫描整个表才能决定。例如,在图 5-6(a)所示的树中,取结点 D 的孩子结点,就需要用 D 的位置号 4 在整个表中搜索指针域的值为 4 的那些结点才能得到,即 H 和 I。

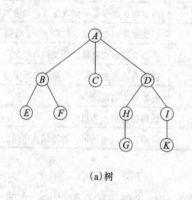

结点号	data	father
1	A	0
2	B	1
3	C	1
4	D	1
5	E	2
6	F	2
7	H	4
8	I	4
9	G	7
10	K	8

(a)树

(b)FLink链表

图 5-6　树的 FLink 表顺序结构

2．CLink 表法

CLink 表法即通常的孩子链结构，它不像 FLink 表法那么简单。因为一个结点只有一个父结点，而孩子结点的个数是不确定的，因而在存储一个结点时，除结点数据域之外应当再附加多少个指向其孩子结点的指针域无法确定。换句话说，就是每个结点的孩子结点指针域个数多少不等。叶结点没有孩子结点，即它的孩子结点号域个数为 0。其余结点的个数也许为 1、或 2、或 3 等。如果要采用顺序结构存储 CLink 表，就必须使结点存储空间等长。这只能按树的度（最多孩子结点个数）为每个结点设定相等个数的孩子结点指针域。然而，这会使大量存储空间闲置而造成空间效率不高。假设一个树有 n 个结点，树的度为 m，则孩子结点指针域个数为 $m \times n$。而指向孩子结点的分支数为 $n-1$，即只有 $n-1$ 个孩子结点指针域存储了孩子结点的位置号（存储非 0）。其余 $n(m-1)+1$ 个孩子结点指针域必闲置（存储 0）而永远不被利用。例如，图 5-6（a）所示的树，结点数为 10，树的度为 3。为每个结点一律设定 3 个孩子结点指针域，孩子结点指针域总数为 $3 \times 10 = 30$，而实际占用的只 9 个（见图 5-7），显然不是一个好方法。

结点号	data	child		
1	A	2	3	4
2	B	5	6	0
3	C	0	0	0
4	D	7	8	0
5	E	0	0	0
6	F	0	0	0
7	H	9	0	0
8	I	10	0	0
9	G	0	0	0
10	K	0	0	0

图 5-7　CLink 表的顺序结构

对于 CLink 表的存储，提高空间利用率的途径是采用链式存储结构。为树的每一个结点建立一个带链头结点的单向链表，链头结点由结点数据域和链头指针域构成。链头指针域存放指向该结点的第 1 个孩子结点的指针，对叶子结点则为空。链结点由孩子结点号域和链指针域构成。孩子结点号域存放孩子结点号，链指针域存放指向下一个孩子结点的链结点的指针。最后一个链结点的链指针域为空。这样，就存储成某一结点的孩子结点链。图 5-8（a）所示为图 5-6（a）中树的关于结点 A 的一条子结点链。

把一棵树的所有孩子结点链的链头结点用一个一维数组统一存储成一个顺序表，称为链头结点表。链头结点表的存储顺序一般是从树的根结点开始，按先从左到右再从上到下的次序的顺序定序。图 5-8（b）是图 5-6（a）中树的 CLink 表链式存储结构示意图，并称为"链邻接表"。CLink 表的链式存储结构之数据类型的类 C 语言描述如结构类型描述 5.2。

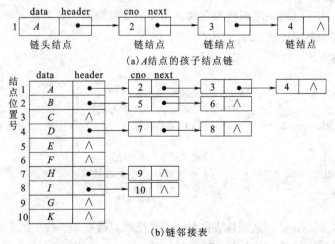

(a) A 结点的孩子结点链

(b) 链邻接表

图 5-8　树的 CLink 表的链式存储结构

结构类型描述 5.2：

```
#define M 100
typedef struct clnode
{ int cno;
  Struct clnode *next;
}
Typedef struct
{ char data;
  clnode *header;
} CHnode
Typedef struct
{ CHnode node[M];
  int num;
} Clink
```

其中，结构体 CLnode 描述链结点，由孩子结点号域和 next 指针域构成；结构体 CHnode 描述链头结点，由结点数据域和链头指针域构成；Clink 描述了一个顺序表，其元素为链头结点。

CLink 表的链式存储结构实际上是顺序存储结构和链式存储结构的综合利用。孩子链表是单向链表，每个结点形成一条链；链头结点表把所有单链表的链头结点收集在一起存储成顺序表。因此，这是 1.2.4 中所介绍的间接寻址结构的一种运用。

CLink 表表示法对求子结点运算很容易，但求父结点运算就麻烦一些。

3. C-BLink 表法

C-BLink 表法即孩子兄弟链表，克服了 FLink 表只存储与父结点的关系和 CLink 表只存储与子结点的关系的缺点，同时也解决了 CLink 表的子结点指针个数不确定的问题。其基本思想是把结点的父子关系和兄弟关系一并表示在一个结构表中，使存储结点的构造格式相同，便于使用顺序存储结构。C-BLink 表的每个存储结点由 3 个域组成，结点数据域、孩子结点指针域，以及兄弟结点指针域。孩子结点指针域存放本结点的第一个（即最左）孩子结点的位置号。叶结点无孩子结点可存储一个特殊值，如"0"。兄弟结点指针域存放本结点（从左向右）的下一个兄弟结点的位置号。如果无下一个兄弟结点，则存储"0"。图 5-9 是图 5-6（a）中树的 C-BLink 表。

显然，这个结构可以用顺序表结构存储，用一维数组表示，数组元素含 3 个域。用类 C 语言描述结构如结构类型描述 5.3。

结构类型描述 5.3：

```
#define M 100          //假设数组含有 100 个元素
Typedef struct         //定义数组元素结构
{ char data;           //假设树的结点信息是字符
  int child,nextbro;   //指针是整数型
} CBNone
Typedef struct         //定义子+兄弟链表
{ CBNone CBElement[M]; //一个 100 个元素的数组
  int num;             //实际元素个数
} CSTree
```

其中，结构体 CBNone 定义顺序表的结点，包括结点数据域、孩子结点指针域和兄弟结点指针域；结点体 CSTree 定义顺序表 CBElement[M]，num 为当前结点数。

采用这种存储结构，易于实现取孩子结点运算。方法是根据已知结点先取得该结点的第 1 个子结点，然后沿着它的兄弟结点号域走下去，就能找出它的所有子结点，或第 i 个孩子结点。实际上，兄弟结点号把属于同一结点的所有子结点连成了一条"链"。例如，在图 5-9 所示存储结构中，求结点 B 的孩子结点的过程是，先取得 B 的孩子结点指针域的值 5（是 B 的第 1 个子结点的位置号），由 5 知第 1 个子结点是 E；再从 E 的兄弟结点指针域得 6（是 B 的第 2 个子结点的位置号），由 6 知是第 2 个子结点 F。接着从 F 的兄弟结点指针域得 0，结束查找。

C-BLink 表结构不利于取父结点运算。如果在 C-BLink 表增加一个父结点指针域问题就简单多了。图 5-10 所示为含父结点指针的 C-BLink 表或 C-B-FLink 表。C-B-FLink 表法实际是 C-BLink 表与 FLink 表的复合，既发挥了 C-BLink 表的优势，也发挥了 FLink 表的优势。

结点位置号	data	child	nextbro
1	A	2	0
2	B	5	3
3	C	0	4
4	D	7	0
5	E	0	6
6	F	0	0
7	H	9	8
8	I	10	0
9	G	0	0
10	K	0	0

结点位置号	data	child	nextbro	father
1	A	2	0	0
2	B	5	3	1
3	C	0	4	1
4	D	7	0	1
5	E	0	6	2
6	F	0	0	2
7	H	9	8	4
8	I	10	0	4
9	G	0	0	7
10	K	0	0	8

图 5-9　C-BLink 表的顺序结构　　　　图 5-10　C-B-FLink 表的顺序结构

同样，C-BLink 表或 C-B-FLink 表也是 1.2.4 中所介绍的模拟指针结构的又一个运用。

5.2.7　树的遍历

树的遍历，也称周游，是对树的一种重要运算。遍历一个树就是按某种方式访问树的所有结点，且每个结点只被访问一次。所谓访问，即是对结点数据所作的某种处理。处理的内容视具体问题而定，如输出结点数据，或对结点数据进行某种计算或加工等。因为树是结点的一种非线性结构，所以遍历的目的也在于把一个非线性结构转化成对应的线性结构。那么，如何对树进行遍历呢？关键是要规定遍历的某种"方式"，设计在这种方式下遍历的算法。

一般树的遍历可以有 3 种方式，即先根遍历、后根遍历和层次遍历。

1. 先根遍历

先根遍历，顾名思义是首先访问树的根结点，再访问其他结点。遍历的顺序是，第 1 步访问树的根结点；第 2 步自左至右依次遍历根结点的所有子树。因为子树也是树，所以在遍历每一个子树时仍是按上述两步进行。以图 5-6（a）的树为例，先访问根 A，再自左至右依次遍历子树 B、C 和 D（以根表示树）。遍历子树 B 时先访问根 B，再自左至右依次遍历子树 E、

F。遍历子树 E 时先访问根 E，因为 E 无子树，接着遍历 B 的第 2 个子树 F。遍历子树 F 时先访问根 F，因为 F 无子树，且子树 B 已遍历完成。接着遍历 A 的第 2 个子树 C、D。如此访问树的全部结点。按这种方式遍历的结果为 $(A, B, E, F, C, D, H, G, I, K)$。图 5-11 表示了先根遍历的过程。图中箭头表示访问的方向。箭头上的数表示访问的次第。可见，这个遍历过程是递归的。因此，可以用递归方法设计出树的先根遍历算法，并描述为：

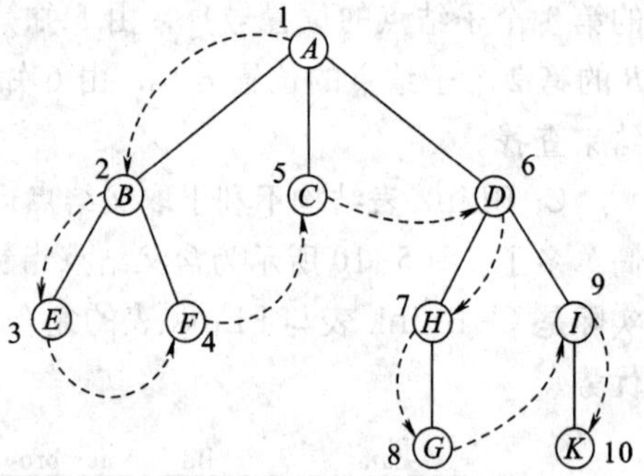

若树为非空，则

① 访问根结点；

② 自左至右对各子树执行先根遍历。

若采用图 5-6 的 CLink 表的链式结构存储树 T （见结构类型描述 5.2），则给出类 C 语言的算法描述如下：

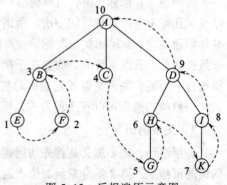

图 5-11　先根遍历示意图

```
TreePreOrder(T)
{   clnode *p;
    if(T.num=0)
        return();
    else
    {   k←1;
        SubPreOrder(k);
    }
}
SubPreOrder(k)
{   printf("%c",T.node[k].data);
    p←T.node[k].header;
    while(p≠HULL)
    {   SubPreOrder(p->cno);
        p←p->next;
    }
}
```

2. 后根遍历

后根遍历，顾名思义是最后访问根结点。遍历的次序是，第 1 步自左至右依次遍历根的子树；第 2 步再访问树的根结点。在遍历每一个子树时还是按上述两步执行。以图 5-6（a）的树为例，先自左至右依次遍历子树 B、C、D。遍历子树 B 时先自左至右依次遍历子树 E、F。遍历子树 E 时因为 E 无子树，则访问根 E，接着遍历子树 F。遍历子树 F 时因为 F 无子树，则访问 F。因为 B 的所有子树已遍历完成，所以访问 B。接着遍历 A 的第 2 个子树 C、第 3 个子树 D。至此，已遍历完 A 的全部子树，最后访问 A 结点。遍历的结果为 $(E, F, B, C, G, H, K, I, D, A)$。图 5-12 给出了后根遍历的过程。后根遍历的算法描述为：

图 5-12　后根遍历示意图

若树为非空，则

① 自左至右依次后根遍历根的各子树；

② 访问根结点。

与先根遍历比较只是遍历子树与访问结点次序颠倒一下。

3. 层次遍历

层次遍历，顾名思义是从根结点开始从上到下逐层访问结点。遍历的次序是，若树非空，则先访问根结点（是第 1 层，且只有 1 个结点）。再依次遍历第 2 层、第 3 层等的结点，直至访问完全部结点。遍历某一层时从左向右次序逐个访问结点。以图 5-6（a）所示的树为例，先访问根 A，再依次访问 B、C、D，再访问 E、F、H、I，最后访问 G、K，如此访问树的全部结点。遍历的结果为（A，B，C，D，E，F，H，I，G，K）。图 5-13 给出了层次遍历的过程。层次遍历的算法描述为：

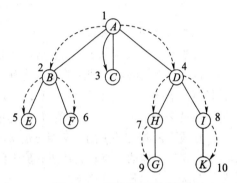

图 5-13 层次遍历示意图

若树为非空，则

① 先访问根结点；

② 若已访问完第 i 层所有结点，且第 $i+1$ 层还有未访问的结点，则自左至右依次访问第 $i+1$ 层上结点。

5.3 二 叉 树

二叉树是对一般树进行约束形成的一种特殊的树。从名词读者不难猜到，这种树的任一个结点最多只能有两个分支。二叉树是一种重要的、常用的树形结构。

5.3.1 二叉树的基本概念与基本运算

定义 5.2[二叉树] 二叉树是 n（$\geqslant 0$）个结点的有限集合，当 $n = 0$ 时，称为空二叉树。对任意一棵非空二叉树 BT，有且仅有一个特定结点称为根。当 $n > 1$ 时，除根结点以外的结点最多分成 2 个不相交的有限结点集合 T_1、T_2；集合 T_1、T_2 是二叉树，称为根的子二叉树，且 T_1 为左子树，T_2 为右子树。

由定义可以看出，二叉树的定义也是递归。二叉树实质是一种施加了约束条件的树，具体体现在：二叉树结点的度和树的度最多只能为 2，而一般树可以任意；二叉树的子树有左子树和右子树之分，是一种有序树，而一般树（有序除外）可以任意。除此而外，一般树的大多数名词、术语和特点都可以应用于二叉树。

二叉树的基本形态只有 5 种可能性，空二叉树（见图 5-14（a））、只有根的二叉树（见图 5-14（b））、只有左子树的二叉树（见图 5-14（c））、只有右子树的二叉树（见图 5-14（d））和左右子树皆有的二叉树（见图 5-14（e））。

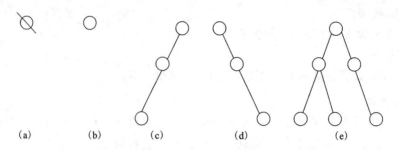

(a)　　　(b)　　　(c)　　　(d)　　　(e)

图 5-14　二叉树的基本形态

二叉树有许多特殊的性质：

性质 5.1 二叉树第 i 层上的结点个数最多为 2^{i-1} （$i \geqslant 1$）。

因为二叉树的任何结点最多只能有 2 个子结点，非空二叉树只有 1 个根，如此推算，第 1 层只有 1 个结点，$2^{1-1}=2^0=1$；第 2 层最多 2 个，$2^{2-1}=2^1=2$；第 3 层最多 4 个，$2^{3-1}=2^2=4$；第 4 层最多 8 个，$2^{4-1}=2^3=8$；依次类推，第 i 层上最多为 2^{i-1} 结点。

性质 5.2 深度为 k 的二叉树，最多有 2^k-1 个结点（$k \geqslant 1$）。

一棵二叉树的结点总数是所有层上结点数之和。深度为 k 的二叉树有 k 层。由性质 5.1 可知，最大结点总数 S 计算为，

$$S=2^0+2^1+2^2+\cdots+2^{k-1}=2^k-1$$

对一棵具体的二叉树未必必须有 2^k-1 个结点。

性质 5.3 设二叉树有 n_0 个 0 度结点（即叶结点），n_2 个 2 度结点，则有 $n_0=n_2+1$。

设二叉树有 n_1 个 1 度结点，则结点总数为，

$$n=n_0+n_1+n_2$$

观察任何一个二叉树会发现，除根外每一个结点都有一个分支从它的父结点发出指向它，即总分支数为

$$B=n-1$$

又因为 0 度结点发出 0 个分支，1 度结点发出 1 个分支，2 度结点发出 2 个分支。则有

$$B= n_0 \times 0 + n_1 \times 1 + n_2 \times 2 = n_1 + 2n_2$$

由此得

$$n_1 + 2n_2 = n-1 = n_0 + n_1 + n_2 - 1$$
$$n_2 = n_0 - 1$$
$$n_0 = n_2 + 1$$

满二叉树：如果一个深度为 k 的二叉树拥有 2^k-1 个结点，即达到最大结点数，则称其为满二叉树。如图 5-15（a）所示的二叉树即为之。根据性质 5.1，满二叉树的每一层也达到最大结点数 2^{i-1}。满二叉树的特点是，不存在 1 度结点；叶结点都分布在最下一层（第 k 层）上；除叶结点外，所有结点都有 2 个深度相等的子二叉树。

完全二叉树：如果在深度为 k 的满二叉树第 k 层上删除最右边连续若干结点但不是全部，所形成的二叉树称为完全二叉树。换句话说，如果深度为 k 的二叉树的结点数不满 2^k-1 个，则缺失的结点位置集中在第 k 层的最右边。图 5-15（b）是在图 5-15（a）的树上删除了最下层上的 O、N、M 形成的，是一个完全二叉树。而图 5-15（c）所示的两棵树不是完全二叉树。

因为缺失的结点不都在最下一层，或不是在最下一层的最右边。满二叉树是完全二叉树，反之非也。

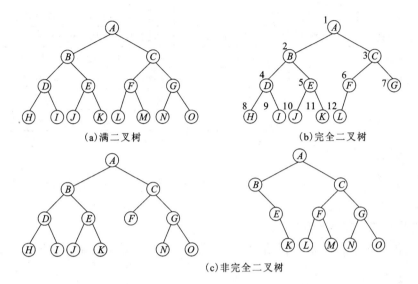

图 5-15 不同结构的二叉树

性质 5.4 n（$n>0$）个结点的完全二叉树的深度 k 为

$$k = \lfloor \log_2 n \rfloor + 1$$

式中求以 2 为底的 n 的对数，并取其小于这个对数值的最大整数。图 5-15（b）是 12 个结点的完全二叉树，$k = 3 + 1 = 4$。可见 n 个结点的完全二叉树是让最下层以外的层上排满结点，使树有最小的深度。

性质 5.5 如果对完全二叉树的结点按这样的次序编号，先规定根结点为 1 号（在第 1 层），再依次向下对每一层结点按层连续编号，同一层自左向右连续编号，即对完全二叉树进行层次遍历次序编号（见图 5-15（b）中结点左上角编号）。这个编号有如下规律：

① 编号 $1 \sim \lfloor n/2 \rfloor$ 的结点都是非叶结点，其余皆为叶结点。

② 若结点编号 $i = 1$，则该结点是根。若 $1 < i \leqslant n$，则该结点的父结点编号为 $\lfloor i/2 \rfloor$。

③ 若 $i \leqslant \lfloor n/2 \rfloor$，则 i 的左子结点编号是 $2i$；如果有右子结点，则编号是 $2i + 1$（因为 $\lfloor n/2 \rfloor$ 号结点可能没有右子结点）。

以上规律可以在图 5-15（b）中得到验证。这些规律也是设计二叉树存储结构的重要依据。

5.3.2 二叉树的基本操作

二叉树常用的基本运算如表 5-2 所示。

表 5-2 二叉树的基本运算

序 号	名 称	函 数 表 示	功 能 说 明
1	创建二叉树	BTreeCreate ()	建立一个空二叉树
2	判二叉树空	BTreeEmpty ()	二叉树空返回 1，否则返回 0
3	查找根结点	BTreeGetRoot()	返回树的根结点

续表

4	查找结点	BTreeGetNode()	指定结点存在返回位置号，否则返回 0
5	查找左/右子结点	BTreeGetChild()	查找并返回指定结点的左/右子结点
6	查找父结点	BTreeGetFather()	查找并返回指定结点的父结点
7	求树的高度	BTreeGetHigh()	返回二叉树的高度值
8	删除左/右子树	BTreeDelSubtree()	删除指定结点为根的左/右子树
9	插入左/右子结点	BTreeInsChild()	在指定结点下插入左/右子结点
10	遍历二叉树	BTreeTravel()	以指定方式遍历二叉树，返回结点序列

5.3.3　二叉树的存储结构

二叉树可以采用顺序存储结构，也可以采用链式存储结构，视二叉树的结构稳定性和实际应用性而定。

1．二叉树的顺序存储结构

二叉树的顺序存储结构也是用一维数组实现的。技术的关键是要建立结点位置与数组下标之间的映射关系。

对一棵完全二叉树，按性质 5.5 的编号规则，并按这个编号从 1 开始依次排列和连续存储所有结点，就构成二叉树的顺序存储结构。图 5-16 是一个完全二叉树的顺序存储结构示意图。数组元素的下标即是结点的编号。按照性质 5.5 阐述的编号规律就可以建立二叉树结点的逻辑关系，如求结点 E 的父结点。因为 E 的编号是 5，$\lfloor 5/2 \rfloor = 2$，所以 E 的父结点是 B。再如求 E 的子结点，因为 $2 \times 5 = 10$（<12），$2 \times 5 + 1 = 11$（<12），所 E 的左子结点是 J，右子结点是 K。这里的 2、10、11 等都是数组元素的下标值。

对于非完全二叉树，因为不符合完全二叉树的构造规则而不能直接进行顺序存储。但是可以把它"修补"成对应的完全二叉树，修补的方法是填补"虚拟结点"到缺失位置。图 5-17（b）是对图 5-17（a）所示的非完全二叉树修补后的完全二叉树（虚拟结点用双线圆表示）。按修补后的完全二叉树存储为顺序存储结构（见图 5-17（c））。虚拟结点存储为一个特殊值（如-1）。获取结点值时遇特殊值不视作本二叉树的结点值。

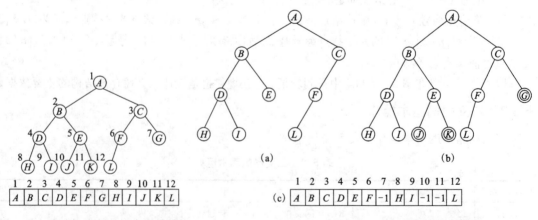

图 5-16　完全二叉树的顺序存储结构　　　　图 5-17　非完全二叉树的顺序存储结构

2．二叉树的链式存储结构

二叉树的链式存储结构是比较灵活的存储结构，适用于任何结构的二叉树。因为二叉树的结点最多只有两个子结点，所以链结点由结点数据域（data）、左指针域（llink）和右指针域（rlink）等 3 个域构成，如图 5-18（b）所示。用一个头指针变量指向根结点，头指针变量名(如 BT)也是二叉树的名。图 5-18（d）是二叉树 BT（见 5-18（a））的链存储结构，也称二叉链表。二叉链表链结构类型的类 C 语言描述如结构类型描述 5.4。

结构类型描述 5.4：

```
typedef struct bnode
{ char data;
  struct bnode *llink, *rlink;
} BTNode;
```

为便于找到结点的父结点，常常在链结点上增加一个父指针域指向父结点，如图 5-18（c）所示。带父指针的二叉链表如图 5-18（e）所示。其结构类型的类 C 语言描述如结构类型描述 5.5。

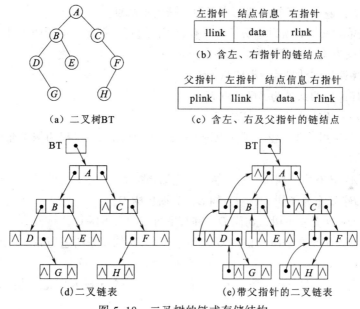

图 5-18　二叉树的链式存储结构

结构类型描述 5.5：

```
typedef struct bnode
{ char  data;
  struct bnode *llink, *rlink, *plink;
} BTNodep;
```

不难看出，n 个结点的二叉链表有 $2n$ 个指针空间，但只有 $n-1$ 个指针被有效使用。其余 $n+1$ 个指针为空，因为除根以外的结点有且仅有一个指针指向，所以叶结点的两个指针域必为空。

5.3.4　二叉树的遍历

二叉树的遍历是一种很重要的操作。所谓二叉树的遍历是指按照某种方式依次访问二叉树的每一个结点，且仅访问一次。同一般树的遍历一样，遍历的结果得到一个二叉树结点的序列。即将非线性结构的结点排列成一个线性表结构。

1. 二叉树遍历的概念与分析

二叉树有哪些遍历方式？因为二叉树的特点是每个结点（除叶结点外）最多只有 2 棵子树，且分左、右。因此，任何二叉树（子树也是二叉树）均由根、左子树和右子树 3 部分组成；分别表示为 D、L 和 R。这 3 部分的次序不同就形成 3 种遍历次序：

① 先根遍历，表示为 DLR。

② 中根遍历，表示为 LDR。

③ 后根遍历，表示为 LRD

如果把左右子树交换一下，就又形成另外 3 种方式 DRL、RDL 和 RLD。而实际应用主要是前 3 种。这 3 种方式的遍历过程简单描述如下：

① 先根遍历：访问根结点→遍历左子树→遍历右子树。

② 中根遍历：遍历左子树→访问根结点→遍历右子树。

③ 后根遍历：遍历左子树→遍历右子树→访问根结点。

因为子树也是二叉树，所以遍历子树时有相同的过程。例如，遍历图 5-18（a）所示的二叉树（访问之意仅为输出结点）的结点序列分别为：

① 先根次序遍历的结果为 *ABDGECFH*。

② 中根次序遍历的结果为 *DGBEACHF*。

③ 后根次序遍历的结果为 *GDEBHFCA*。

因为中根遍历应用最为广泛，下面以图 5-18（a）所示的二叉树为例详细解析一下中根遍历方法的过程。

① 遍历树 *A*：*A* 有左子树 *B*，右子树 *C*，先遍历树 *B*。

② 遍历树 *B*：*B* 有左子树 *D*，右子树 *E*，先遍历树 *D*。

③ 遍历树 *D*：*D* 无左子树，访问 *D*，有右子树 *G*，遍历树 *G*。

④ 遍历树 *G*：*G* 无左子树，访问 *G*，无右子树，*B* 的左子树遍历完，访问 *B*，遍历 *B* 的右子树 *E*。

⑤ 遍历树 *E*：*E* 无左子树，访问 *E*，无右子树；*A* 的左子树遍历完，访问 *A*，遍历 *A* 的右子树 *C*。

⑥ 遍历树 *C*：*C* 无左子树，访问 *C*，有右子树 *F*，遍历树 *F*。

⑦ 遍历树 *F*：*F* 有左子树 *H*，无右子树，先遍历树 *H*。

⑧ 遍历树 *H*：*H* 无左子树，访问 *H*，无右子树，*F* 的左子树遍历完，访问 *F*，*C* 的右子树遍历完，*A* 的右子树遍历完。

⑨ 结束。

用同样的解析方法读者可以根据图 5-18（a）的二叉树导出先根遍历和后根遍历的结点序列。

2. 二叉树的遍历算法

由上面对二叉树遍历问题及方式的分析可知，可以采用递归方法或非递归方法设计二叉树的遍历算法。

① 非递归遍历算法：非递归方法的核心是借用栈来辅助遍历过程。下面以中根遍历为例给出二叉树的遍历算法，其它遍历方式的算法类同。

函数表示：LDRTravel(BT)。

操作含义：中根遍历二叉树，输出遍历结点序列。

算法思路：以二叉链表为存储结构存储 BT。遍历从 BT 的根结点开始。从上面的示例解析可以看出，在遍历过程中需要依次回溯到已经经过的结点。例如，从 A 点到 B 点，再到 D 点，再到 G 点。当遍历完 G 点后必须回到 B 点去遍历 B 的右子树。遍历完 A 的左子树后要回到 A 点去继续遍历它的右子树，等等。因此，必须记录途经的结点，提供以后的回溯。这是一个"后进先出"问题，用栈对这些结点进行管理是一个好办法。作为一个实例，遍历图 5-18 (a) 的树时栈的变化过程如图 5-19 所示。

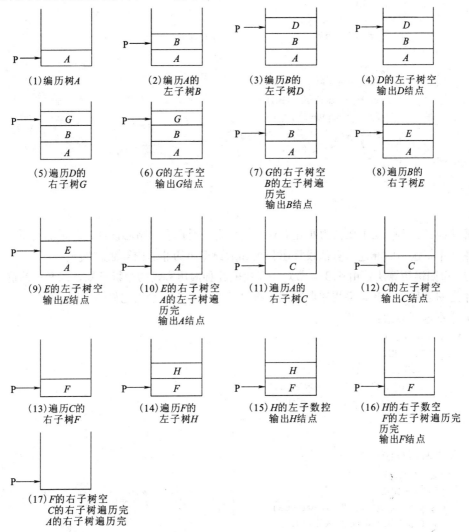

图 5-19　用栈控制的二叉树中根遍历过程

算法描述：因为二叉树的遍历过程需要用一个栈临时保存指针，所以首先要定义一个指针数组作为栈结构。该栈结构的 C 语言定义如下：

```
typedef struct
{
    BTNode *pointer[10];
      int top;
}PStack;
```

下面给出二叉树中根遍历的类 C 语言算法描述：

```
LDRTravel(BT)
{   PStack BS;
    BS ← StackCreate();
    BTNode *p;
    p ← BT;
    while(1)
        if(p≠NULL)
        {   StackPush(BS,p);
            p ← p->llink;
        }
            else
            if(!StackEmpty(BS))
            {   p ← StackGet(BS);
                StackPop(BS);
                printf("%c ",p->data);
                p ← p->rlink;
            }
            else
                break;
}
```

算法评说：本算法主要精力花在对栈的操作上，而且需要精心设计，以正确使用栈。读者不妨模仿中根遍历的非递归算法设计出先根和后跟遍历的非递归算法。

② 递归遍历算法：由 5.3.4 节对二叉树的几种遍历方式的分析可知，二叉树的遍历实际是一个递归过程。因此，采用递归算法是很自然的事。下面给出它们的递归算法。

● 中根遍历算法：

```
LDRTravel(BT)
{   if(BT≠NULL)
    {   LDRTravel(BT->llink);
        printf("%c ",BT->data);
        LDRTravel(BT->rlink);
    }
}
```

● 先根遍历算法：

```
DLRTravel(BT)
{   if(BT≠NULL)
    {   printf("%c ",BT->data);
        DLRTravel(BT->llink);
        DLRTravel(BT->rlink);
    }
}
```

● 后根遍历算法：

```
LRDTravel(BT)
{   if(BT≠NULL)
    {   LRDTravel(BT->llink);
        LRTDravel(BT->rlink);
        printf("%c ",BT->data);
    }
}
```

很显然，递归算法要比非递归算法简单得多，而且从概念上也很容易理解。比较 3 个不同方式的递归遍历算法还会发现，它们如出一辙。通过 5.3.4 节的分析，任何方式的遍历都是"访问根结点"、"遍历左子树"和"遍历右子树"这 3 个步骤的组合，只是先后次序不同而已。

5.3.5 从遍历序列构造二叉树

设二叉树 B 的每个结点数据都不相同，则同一棵二叉树有唯一的先根、中根和后根遍历序列，但是不同二叉树的遍历序列未必不同。图 5-20 (a) 中两棵二叉树的先根序列相同；图 5-20 (b) 中两二叉树的中根序列相同，图 5-20 (c) 中两棵二叉树的后根序列相同。

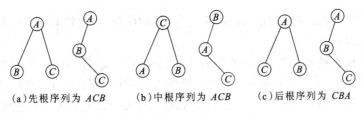

(a) 先根序列为 ACB　　(b) 中根序列为 ACB　　(c) 后根序列为 CBA

图 5-20　二叉树遍历序列相同情形

对二叉树遍历得到某方式的遍历序列，那么，能否从遍历序列恢复到对应的二叉树？如果只已知一种遍历序列，例如先根序列 ABC，但对应的二叉树却有两棵或更多。对其他两种遍历序列也有同样的情况。如果已知先根序列和中根序列两者，则事情就不同了，完全可以确定一棵二叉树。例如，已知先根序列为 ABC，中根序列为 BCA，则可以恢复为图 5-20 (a) 中右侧的那棵二叉树。因为由先根序列 ABC 知，原二叉树的根是 A；由中根序列 BCA 可以把其余结点分解成 $(BC)A()$，即原二叉树的左子树结点集合为 (BC)，右子树结点集合为空。再从先根序列的剩余部分 BC 知，A 的左子树的根是 B，则可以把中根序列的 BC 部分分解成 $()B(C)$，即子树 B 的左子树为空，右子树是 C。经过如此的分解就可以恢复出原二叉树的结构。

因此，从遍历序列恢复原二叉树的结构是有条件的。

条件 1：任何 $n(n\geqslant 0)$ 个不同结点值的二叉树，都可以由它的中根序列和先根序列唯一确定。

条件 2：任何 $n(n\geqslant 0)$ 个不同结点值的二叉树，都可以由它的中根序列和后根序列唯一确定。

下面举个例子，以说明条件的一般性。

例 5.1　已知一个二叉树的中根序列为 $DBEAGHFC$，后根序列为 $DEBHGFCA$，要求画出对应的二叉树。

解：根据后根序列得二叉树的根为 A，同时根据中根序列把 A 以外的结点划分成 (DBE) 和 $(GHFC)$ 两部分；对应地把后根遍历序列划分成 (DEB) 和 $(HGFC)$ 两部分（见图 5-21 (a)）。同理，由 DBE 和 DEB 知，B 是根；则 (D) 和 (E) 是 B 的左右子树（见图 5-21 (b)）。又由 $GHFC$ 和 $HGFC$ 可知，C 是根，则 C 无右子树，左子树是 (GHF) 和 (HGF)（见图 5-21

（b））。由 *GHF* 和 *HGF* 有 *F* 是根，*F* 无右子树；左子树是（*GH*）和（*HG*）（见图 5-21（c））。由 *GH* 和 *HG* 有根是 *G*，*H* 是 *G* 的右子树（见图 5-21（d））。经过分析就可以画出原二叉树（见图 5-21（d））。

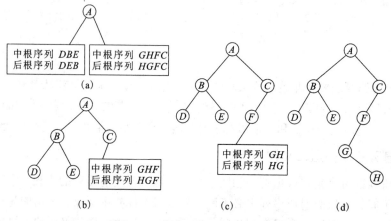

图 5-21 从遍历序列到原二叉树

例 5.2 已知一个二叉树的中根遍历序列为 *DBEAGHFC*，先根遍历序列为 *ABDECFGH*，要求画出这个二叉树。

解：根据先根序列可确定二叉树的根为 A；已知根后，就可以根据中根序列把 A 以外的结点划分成（*DBE*）和（*GHFC*）两部分；对应地也把先根序列划分成（*BDE*）和（*CFGH*）两部分。同理，由（*DBE*）和（*BDE*）知，*B* 是根，进而知（*D*）和（*E*）是 *B* 的左右子树。又由（*GHFC*）和（*CFGH*）知，*C* 是根。由中根序列部分立即可知 *C* 无右子树，左子树的结点序列是（*GHF*）和（*FGH*）。由（*GHF*）和（*FGH*），有 *F* 是根。同样可知 *F* 无右子树，左子树的结点序列是（*GH*）和（*GH*）。由（*GH*）知，有根是 *G*。（*H*）是 *G* 的右子树。经过分析就可以画出原始二叉树，该二叉树就是图 5-21（d）。

5.3.6 线索二叉树

前面介绍的二叉树的构造是一般构造；另一种二叉树的构造是线索二叉树。

1. 线索二叉树的概念

在 5.3.3 节中提到，二叉树的链存储结构中有 $n+1$ 个指针域一直为空，而按某种方式遍历二叉树的结果是一个线性序列。如果能利用这本来闲置的 $n+1$ 个指针空间，表示出某种方式序列的前驱结点或后继结点位置，效果将非常好。把这种指向线性序列的前驱结点或后继结点的指针称为线索。

为此，作出如下规定，在按指定方式遍历二叉树中，若某结点的左指针域为空，则令该指针指向该结点的直接前驱结点；若某结点的右指针域为空，则令该指针指向该结点的直接后继结点。为了区分指针域中的指针是原来意义的指针还是线索，在指针域上再附加一个标志域，左指针域附加 ltag，右指针域附加 rtag。当 ltag=0 或 rtag=0 时表示是原链指针；当 ltag=1 或 rtag=1 时表示是线索。因此，修改原结构类型描述 5.4 为结构类型描述 5.6。

结构类型描述 5.6：

```
typedef struct bnode
```

```
{    char data;
     int ltag,rtag;
     struct bnode *llink, *rlink;
}TBTNode;
```

在二叉树的链式存储结构上附加有线索的二叉树称为线索二叉树。对二叉树按某种方式遍历并附加上线索的过程称为二叉树的线索化，或称对二叉树穿线。

为使二叉树线索化算法设计方便，在原链结构的基础上增设一个链头结点；其数据域为空，llink 指向根，ltag=0；而 rlink 指向遍历序列的最后一个结点，rtag=1。图 5-22 中的（a）、（b）和（c）分别是先根、中根和后根遍历序列的线索二叉树示例。

图 5-22 中，实线是二叉树自身的链指针，虚线是线索。不同方式的遍历序列的线索不同。

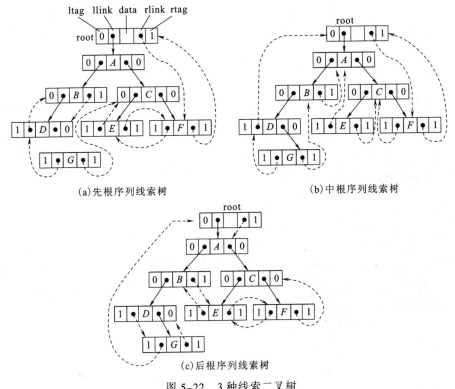

图 5-22　3 种线索二叉树

2. 二叉树的线索化算法

二叉树的线索化即是按确定的遍历顺序建立线索二叉树，或者说，是在二叉树原链存储结构的基础上为其添加线索以满足确定的顺序。下面以中根顺序给出二叉树线索化算法。

函数表示：LDRThread(BT)。

操作含义：中根顺序线索化二叉树，输出线索二叉树的根结点指针 root。

算法思路：首先为二叉链表创建一个头结点并命名，如命名为 root，使其 llink 指针指向根结点。

然后，按中根遍历方式遍历二叉树。在遍历过程中，检查当前结点的 llink 域和 rlink 域是否为空。若 llink 域空，则在该域中写入指向该结点的前驱结点的线索（指针）；若 rlink 域空，则在该域中写入指向该结点的后继结点的线索（指针），完成对二叉树的线索化。

最后，完成二叉树的遍历之后，在序列最末结点的 rlink 域中写入指向头结点（root）的线索（指针），完成对附加的头结点的线索化。

算法描述：

```
LDRThread(BT)
{    TBTNode *root,*q;
     root ← 申请 TBTNode 类型结点空间的地址;
     root->ltag ← 0;
     root->rtag ← 1;
     root->rlink ← BT;
     if(BT = NULL)
         root->llink ← root;
     else
     {   root->llink ← BT;
         q ← root;
         Threed(BT);
         q ->rlink ← root;
         q ->rtag ← 1;
         root->rlink ← q;
     }
     return root;
}
Thread(p)
{   if(p≠NULL)
    {    Threed(p->llink);
         if(p->llink = NULL)
         {p->llink ← q;
          p->ltag ← 1
         }
    else
         p->ltag ← 0;
    if(q->rlink = NULL)
    {   q->rlink ← p;
    q->ltag ← 1
    }
    else
        q->rtag ← 0;
    q ← p;
    Threed(p->rlink);
    }
}
```

算法评说：本算法是一个递归算法。函数 LDRThread() 是算法的主控制函数。当二叉树为空时，直接输出一个空线索二叉树。当二叉树非空时，先调用函数 Thread() 穿线，并称 Thread(p) 为穿线函数。Thread() 算法是递归的，左子二叉树穿线在先，右二叉树穿线在后；最后，返回到 LDRThread() 函数完成对 root 的穿线。

3. 线索二叉树的遍历

对线索二叉树的遍历，就是从开始点反复寻找结点的直接后继结点，直到最终结点为止的过程。下面以中根线索二叉树为例介绍线索二叉树的遍历算法。

函数表示：LDRThreadTravel(root)。

操作含义：中根遍历线索化二叉树，输出中根序列。

算法思路：首先在线索二叉链表中找到中根序列的开始结点。该结点是从根结点开始沿 llink 指针左行到达的最左叶结点，并输出，如图 5-22（b）中的 D 点。接着找到这个结点的直接后继结点，如图 5-22（b）中的 G 点，并输出。然后再寻找下一个直接后继结点，如此依次寻找当前结点的后继结点，直到后继结点为线索二叉树的头结点为止，如图 5-22（b）中的 root。

除头结点外的任何结点的直接后继结点可能有两种情况：

第 1 种情况：如果当前结点的 rtag=1，按线索二叉树的规定，它的 rlink 指针指向自身的直接后继结点。

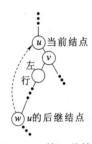

第 2 种情况：如果当前结点的 rtag=0，则其后继结点为 rlink 所指结点为根的子二叉树的中根序列的开始结点，即沿 llink 指针左行到达的该子二叉树的最左结点。这个结点有 ltag=1，llink 指针指向其直接前驱结点，即当前结点。如图 5-23 所示，u 是当前结点，v 是 u 的右子结点，即 u 的右子树的根。w 是从 v 开始沿 llink 左行到达的最后一个结点。因此，w 是中根遍历子二叉树 v 所得结点序列的开始结点。因此，w 是 u 的直接后继结点。又因为 w 的 llink 为空，故穿线为指向 w 的直接前驱结点 u 的线索；这说明 u 是 w 的直接前驱结点。

图 5-23　第 2 种情况

算法描述：
```
LDRThreadTravel(root)
{   TBTNode *p;
    p ← root->llink;
    While(p≠NULL)
    {    while(p->ltag=0)
            P ← p->llink;
        printf("%c",p->data);
        while(p->rtag=1 且 p->rlink≠root)
            p ← p->rlink;
            printf("%c",p->data);
    }
    p ← p->rlink;
    }
}
```

算法评说：本算法是一个非递归算法。关于线索二叉树的遍历算法要说明三点：第一，遍历方式必须与线索二叉树的穿线方式一致，即中根遍历方式只能对中根线索二叉树遍历，先根遍历方式只能对先根线索二叉树遍历，后根遍历方式只能对后根线索二叉树遍历；第二，充分利用已知线索直接找到后继结点，提高算法的时间效率；第三，算法的焦点是寻找当前结点的后继结点。

该算法是非递归算法，算法的时间复杂度为 $O(n)$，其中 n 为二叉树的结点个数。

5.3.7　从树、森林到二叉树

二叉树与树、森林之间有一个很自然的对应关系。任何一个森林或一棵树都可以唯一地对应一棵二叉树；反之，任何一棵二叉树也对应于一个森林或一棵树。在许多情况下，把树和森林转换成二叉树处理会更加便利。

1. 树到二叉树的转换

把一棵树转换为对应二叉树的方法如下（图 5-24（a）为例）：

① 在同一结点的所有孩子结点之间加一条连线连接，如图 5-24（b）中的粗线条。

② 保留结点与最左孩子结点之间连线，抹去与其他孩子结点的连线，如图 5-24（c）所示。

③ 以根为轴心将树顺时针旋转 45°，即得到二叉树，如图 5-24（d）所示。

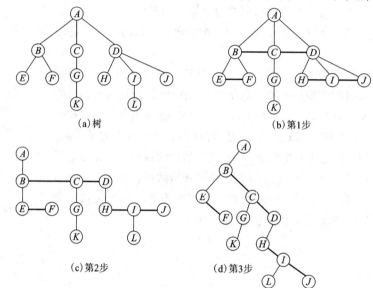

图 5-24 树到二叉树的转换步骤

由图 5-24（d）可以看出，原树的根为二叉树的根，原树结点的最左孩子为其左子二叉树的根，原结点的第一个兄弟结点为右子二叉树的根。因此，原树的根只有左子二叉树，而无右子二叉树。

2. 森林到二叉树的转换

森林到二叉树的转换有两种方法：

第一种方法是先把森林转换为树，再利用转换树为二叉树的方法。其步骤如下：

① 先把森林构成树。新增一个结点，并将其与所有树的根结点连接，这样就把森林构成了以新增结点为根的树。例如，图 5-25(b)是用结点 A 把图 5-25(a)的有 3 棵树的森林连接成一棵树。

② 将树转换成二叉树。利用树到二叉树的转换方法把树转换成二叉树。例如，图 5-25(c)是用转换树为二叉树的方法得到的二叉树。

③ 抹除根结点。把新增的根结点及其发出的连线抹除。图 5-25(d)是抹去结点 A 的二叉树，也即由森林转换成的二叉树。

从图 5-25(d)可以看出，在这棵二叉树中，森林最左那棵树的根成为二叉树的根，其余结点构成二叉树根的左子树。最左树右边的所有树构成二叉树根的右子树，这些树的根依从左到右的次序成为二叉树根的右子结点、右子结点的右子结点、……。

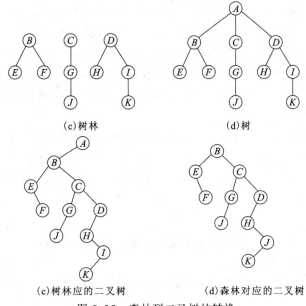

(c)树林　　　　　　　　　　　(d)树

(c)树林应的二叉树　　　　(d)森林对应的二叉树

图 5-25　森林到二叉树的转换

第二种方法是直接转换，与树到二叉树的转换类似。其步骤如下：

① 将森林中所有树的根看成兄弟结点，按从左到右的次序连接相邻结点。

② 对每一棵树，在同一结点的所有孩子结点之间加一条连线连接。

③ 保留结点与最左孩子结点之间连线，抹去与其他孩子结点的连线。

④ 以最左树的根为轴心将森林顺时针旋转 45°，即得到二叉树，如图 5-25(d)所示。

3．二叉树到树、森林的转换

已知一棵二叉树，也可以将其转换为对应的树或森林。如果二叉树的根无右子树，则可以将其转换为对应的树；如果有右子树，则可以将其转换为对应的森林。

与转换树为对应二叉树的方法相反，把一棵无右子树的二叉树转换为对应树的步骤如下（图 5-24（d）为例）：

① 以根为轴心将二叉树逆时针旋转 45°，如图 5-24（c）所示。

② 如果某结点是其父结点的左子结点，则把该结点的右子结点、右子结点的右子结点、……都与这个父结点之间用连线连接起来，见图 5-24（b）所示。

③ 抹去所有结点与其右子结点的连线，便得到对应得树，如图 5-24（a）所示。

类似地，可以把一棵有右子树的二叉树转换为对应的森林。读者试着自己给出转换步骤。

5.4　哈　夫　曼　树

树结构有极为广泛的应用范围。特别是二叉树，在软件设计、生产管理、数据压缩等方面的应用实例枚不甚举。哈夫曼树就是二叉树的典型应用之一。

5.4.1　哈夫曼树的概念和定义

什么是哈夫曼树？在 5.1 节的问题 2 中已经提出过一个问题，解决这个问题的一种方案是哈夫曼树方法。先看这样一个问题，如果一个串由若干不同符号组成，以二进位传输，为了简单，设有 5 个符号，分别用 A、B、C、D、E 表示。它们的 ASCII 的编码为 01000001、01000010、01000011、01000100、01000101。再假设 A 在串中出现的频率约为 50%、B 约为 30%、C 约为 10%、D 约为 6%、E 约为 4%。现有一个串是"ABBAAABDAAEAAACCBBAE"，共 20 个符号。ASCII 编码表示的二进位的长度是 160 位。能不能对其进行压缩，使这个长度大大减小呢？回答是肯定的，可以用哈夫曼树来解决。

哈夫曼树是一种最优化的二叉树。在介绍哈夫曼树之前，先学习几个有关概念。

① 路径：路径是从树的一个结点到达另一个结点之间的一个分支"链路"，表示为 $(v_1, v_2, \dots, v_k)$，其中，v_{i-1} 为 v_i 的父结点且有分支。如图 5-26（a）所示，A 到 G 之间的路径是(A, B, D, F, G)，D 到 H 之间的路径是(D, F, H)，等等。在所有路径中，最重要的路径是从根结点到叶结点的路径。

② 路径长度：路径上的分支个数称为路径长度。在图 5-26（a）中，A 到 G 的路径长度是 4，D 到 H 的路径长度是 2，等等。

③ 树的路径长度：从根结点到达所有其他结点的路径长度之和。图 5-26（a）中树的路径长度是 17。

④ 结点的权：附加在树的结点上的一个实数，以表示某种意义，称为权。图 5-26（a）中结点 C、E、G 和 H 分别带有权 5、3、1、2。

⑤ 结点带权路径长度：从根结点到叶结点的路径长度与该叶结点所带权值之乘积，称为结点带权路径长度。图 5-26（a）中结点 E 的带权路径长度为 6，H 为 8，等等。

⑥ 树带权路径长度：树的所有叶结点的带权路径长度之和，称为树带权路径长度表示为 WPL（Weighted Path Length of Tree）。图 5-26（a）中的树带权路径长度为 23。

这些概念的关键概念是 WPL。WPL 是衡量一个带权二叉树优劣的标准。设有 n 个带权的结点，用它们作为叶结点构造二叉树时有多种方案，每一个方案的 WPL 都可能不同。例如，对图 5-26（a）中 4 个结点 C、E、G、H 分别带有权 5、3、1、2，它的 WPL = 23。如果同样用这 4 个结点构造成如图 5-26（b）、(c)、(d)所示的 3 个二叉树时，它们的 WPL 分别是 22、20、29。其中图 5-26（c）有较小的 WPL 值。无论如何，对于 n 个带权结点，总可以用它们作叶结点构造出一棵有最小 WPL 值的二叉树，并称满足这个条件的二叉树为哈夫曼树。

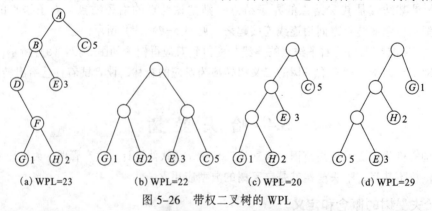

图 5-26 带权二叉树的 WPL

定义 5.3[哈夫曼树] 对于 n 个权值$\{w_1, w_2, \dots, w_n\}$，用这些权值作为叶结点所构造的带权路径长度 WPL 有最小值的二叉树称为哈夫曼树，又称最优二叉树。

5.4.2　哈夫曼树的生成算法

怎样构造一棵哈夫曼树？戴维·哈夫曼提出了一个一般算法，称为哈夫曼算法。哈夫曼算法以给定的 n 个权值 $\{w_1, w_2, \cdots, w_n\}$ 为已知条件生成一棵哈夫曼树。

基本思想：哈夫曼算法的基本思想是把 n 个权值 $\{w_1, w_2, \cdots, w_n\}$ 的每一个权值建立成只有一个结点的二叉树，这些结点为它们的根，而它们的左、右子树都为空。将这 n 棵二叉树组成一个森林，接着在森林中提取根有最小权值的两棵二叉树，把它们的权值相加求和，构造一个以该和为权值的新结点；并以该新结点为根，以提取的两二叉树为左、右子树，构成一棵二叉树；再以该二叉树提代两旧二叉树，使森林中二叉树棵数减少 1。接着再进行提取、求和、构造、替代。如此重复，直到森林中只剩 1 棵二叉树为止。这棵二叉树即是所要的哈夫曼树。

实例演示：为具体说明这个基本思想，下面举一个实例。设有权值集合 $\{1, 2, 3, 5\}$，$n=4$，首先根据权值集合构造 4 棵只有一个结点构成的二叉树的集合，如图 5-27（a）所示。

再从图 5-27（a）的诸二叉树中选择根上权值最小的两棵二叉树 T_1 和 T_2，将它们根上的权值相加得 1+2=3。用 3 作为权值构成一个新结点作为根，T_1、T_2 分别为左、右子树构成一棵二叉树 T_5；并删去 T_1 和 T_2，加入 T_5，结果如图 5-27（b）所示。

接着，在 T_3、T_4 和 T_5 中选择根上权值最小的两棵二叉树 T_5 和 T_3，将它们根上的权值相加得 3+3=6。用 6 作权值构成一个新结点作为根，T_5、T_3 分别为左、右子树构成一棵二叉树 T_6，并删去 T_3 和 T_5，加入 T_6，结果如图 5-27（c）所示。

最后，同样选择根上权值最小的两棵二叉树 T_6 和 T_4（现在也有 2 棵），将它们根上的权值相加得 6+5=11。用 11 作为权值构成一个新结点作为根，T_6、T_4 分别为左、右子树构成一棵二叉树 T_7，并删去 T_6 和 T_4，加入 T_7，结果如图 5-27（d）所示。

因为现在集合 F 中只有一棵二叉树，所以这棵二叉树就是权值集合 $\{1, 2, 3, 5\}$ 的哈夫曼树。

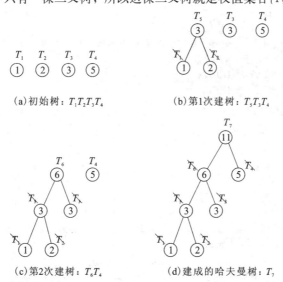

（a）初始树：$T_1 T_2 T_3 T_4$　　　　（b）第 1 次建树：$T_5 T_3 T_4$

（c）第 2 次建树：$T_6 T_4$　　　　（d）建成的哈夫曼树：T_7

图 5-27　哈夫曼树的生成过程实例

算法思路：从一组权值出发，生成哈夫曼树的过程和步骤可以作如下概念性描述。

① 把每一个权值作成一个结点，构成 n 棵二叉树的集合 $F = \{ T_1, T_2, \cdots, T_n \}$；二叉树的指针存储在数组 w 中。

② 在集合 F 中选择两个根结点权值最小的二叉树，设为 T_i 和 T_j。用这两棵二叉树的根的权值之和建立一个新结点作为根，以 T_i 和 T_j 作为左、右子树，构成一棵二叉树 T_k。

③ 从集合 F 中删除 T_i 和 T_j，把 T_k 加入 F 中，F 中二叉树的棵数减1。

④ 重复执行步骤②和③，直至 F 只有 1 棵二叉树为止。

经过这 4 个步骤得 $F = \{ T_w \}$，T_w 是哈夫曼树。

为了实现哈夫曼树算法，创建一维数组 $w[n]$，数组元素包括两个域，权值域（存放权值 $w_1, w_2, \cdots, w_n$）和指针域（存放二叉树根的指针，初值为 ˆ）。二叉树采用二叉链结构，因此，用类 C 语言描述哈夫曼的结构类型如结构类型描述 5.7。

结构类型描述 5.7：

```
#define  MAXSIZE n
typedef struct node
{  float data;
   struct node *llink, *rlink;
} HTNode;
typedef struct
{  float data;
   struct node *broot;
} WElement;
WElement w[MAXSIZE];
```

该结构类型描述中，struct node 定义二叉链的结点结构，Welement 定义数组元素。

算法描述：

```
1    CreateHT(w[n])
     {   int i,j,k1,k2;
         float m1,m2;
         HTNode *p;
5        for(i←1;i≤n; i←i+1)
         {   p ← 申请 HTNode 类型结点空间的地址;
             P->data ← w[i].data;
             P->llink ←NULL;
             P->rlink ←NULL;
10           w[i].broot ←p;
         }
         for(i←1;i≤n-1; i←i+1)
         {   m1 ←∞;
             m2 ←∞;
15           k1 ←0;
             k2 ←0;
             for(j←1;j≤n; j←j+1)
                 if(w[j].broot≠NULL 且 w[j].data<m1)
                 {   m2 ←m1;
20                   K2 ←k1;
                     m1 ←w[j].data;
                     k1 ←j;
                 }
                 else
25                   if(w[j].broot≠NULL 且 w[j].data<m2)
                     {   m2 ←w[j].data;
                         K2 ←j;
```

```
                    }
                p ← 申请 HTNode 类型结点空间的地址;
30              P->data ← m1+m2;
                P->llink ←w[k1].broot;
                P->rlink ←w[k2].broot;
                w[k1].data ← m1+m2;
                w[k1].broot ←p;
35              w[k2].broot ←NULL;
            }
        return p;
38  }
```

算法评说：算法分为两部分。第一部分是，第 5~第 11 行生成 n 棵初始二叉树。第二部分是，第 12~第 36 行建立哈夫曼树。其中，第 12~第 28 行提取两棵具有最小权值根的二叉树；第 29~第 32 行生成一个新结点，并把两棵二叉树作为左右子树建立长高一层的二叉树。第 36 行返回哈夫曼树的指针。

该算法的时间复杂度为 $O(n)$，其中 n 为权值个数。

5.4.3　哈夫曼编码技术

现在来解决 5.1 节问题 2 中提出的问题。这是数据通信中的一个普遍性问题，从通信效率的角度，传输一个消息的二进制位数越少越经济。假设某类消息用到 5 个不同符号组成的符号表，设为 A、B、C、D、E，就已经足够。例如，有报文 ABCAAABDAAEAAACCBBAE 由 20 个符号构成。按 ASCII 编码知，每个字符为 8 个二进制位，共需要 160 个二进制位表示之。因为只有 5 个不同符号，可以改造编码为 3 位二进制位编码，如表 5-3 所示。

表 5-3　二进制编码（一）

符　号	A	B	C	D	E
编　码	000	001	010	011	100

这样，就把 160 位压缩成 60 位，已经大大减少了编码量。因为这种编码方法还是用等长编码的思想完成的，所以已经不能再压缩了。是否可以考虑采用不等长编码方法使报文长度进一步缩短？答案是肯定的。这种思想的一种解决方案是采用哈夫曼编码技术。

假设根据统计规律，这 5 个符号在报文出现的频率分别为 0.5、0.2、0.15、0.05、0.1。综合不同符号和每个符号在报文中出现频率两个因素，设计一种不等长的编码方案，例如表 5-4 给出的编码。

表 5-4　二进制编码（二）

符　号	A	B	C	D	E
编　码	0	10	110	1110	1111

用这样的编码，报文 ABCAAABDAAEAAACCBBAE 的编码为

$$0101100001011100011110001101101010001111$$

只有 39 个二进位，比 60 又少了许多。

那么，如何设计出这个编码？一种方法是采用哈夫曼编码技术。在前面的分析中已经说明，每个符号在报文中出现的频率不同，因此，根据频率设计编码及码长是一个聪明的想法。一般而

言，频率愈高的符号，码长愈短，就愈能压缩报文的码长。所以，第一个问题是设计符号编码。

① 创建哈夫曼编码树：把符号出现频率作为权值，例如，$w = \{\, 0.5,\ 0.2,\ 0.15,\ 0.05,$ $0.1\,\}$。应用哈夫曼树生成算法，生成出哈夫曼编码树（见图 5–28）。叶结点用方形表示，非叶结点用圆形表示。树的左分支上标注二进制位"0"，右分支上标注二进制位"1"。

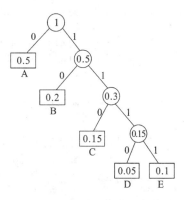

② 符号编码：根据符号确定对应的叶结点，如符号"C"。再从该叶结点依次向上寻找父结点，父结点的父结点，……直到找到根结点为止。顺沿根结点到叶结点的路径，依次顺序列出每个分支上标注的位码 0 和 1，如"110"，便得该叶结点上的符号得编码，即"C"的编码为"110"，并称这种编码为哈夫曼编码。显然，哈夫曼编码是不等长的。如 A 的编码长度是 1，B 是 2，C 是 3，D 和 E 是 4。哈夫曼编码表的平均长度为各符号与对应权值之积的和。如符号表 A、B、

图 5–28　哈夫曼编码树

C、D、E 的哈夫曼编码的平均长度为 $1 \times 0.5 + 2 \times 0.2 + 3 \times 0.15 + 4 \times 0.05 + 4 \times 0.1 = 1.95$。

设计哈夫曼编码树时，也可以在左分支上标注位"1"，右分支上标注位"0"，则将得出另一组编码，效果完全一致。

③ 用哈夫曼编码树解码报文：当已知报文的二进制位序列，如何得到报文原文？还是用哈夫曼编码树完成。从二进制位序列的第 1 位开始，自树的根结点出发沿路径依次匹配分支上的标注位，位"0"时走左分支，位"1"时走右分支，每个分支吸收一个二进制位；当到达叶结点时，叶结点上的符号就是解码后的符号。如此逐位进行，直到解码完成。

例如，已知二进制位序列 010101111。解码的过程是，用序列的第 1 位（"0"）从根走左分支到叶结点，得符号 A。用第 2 位（"1"）从根走右分支到子结点，用第 3 位（"0"）从该子结点走左分支到叶结点，得符号 B。如此继续，最后得报文 ABBE。

由上述介绍可以看出，哈夫曼编码树兼有符号编码、数据压缩和信息加密等多重意义和用途。例如，JPEG 图像压缩标准采用的就是哈夫曼技术。

5.4.4　哈夫曼判定树

生产和管理中常常要对产品进行判定和分类，如产品经质量检验分出不同等级（一级品、二级品、三级品等）；学生成绩按百分数分出等级 A、B、C、D、E；银行存款利息按存期分出不同利率（一年期 2%、二年期 3%、三年期 5% 等）。如果利用计算机进行这种处理就要经过一系列的判断，而判断就是比较。以学生成绩分等为例，假设有 $N = 1\,000$ 个学生，根据统计规律，90 分以上为 A 等，约占 10%，80 分以上者为 B 等，约占 30%，70 分以上者为 C 等，约占 35%，60 分以上者为 D 等，约占 20%，60 分以下者为 E 等，约占 5%。用一棵二叉树表示这个判定过程，如图 5–29（a）所示的二叉树，称为判定树。图中椭圆形结点表示比较，正圆形表示等级，Y 表示比较结果为真，N 为假。从图中不难看出，判定 A 等只要 1 次比较，B 为 2 次，C 为 3 次，D 和 E 为 4 次，恰好是从树的根结点到叶结点的路径长度。可以计算出总的比较次数 T 为

$$T = N \times 10\% \times 1 + N \times 30\% \times 2 + N \times 35\% \times 3 + N \times 20\% \times 4 + N \times 5\% \times 4 = 2\,750$$

每个成绩的平均比较次数为 2.75 次。

如果应用哈夫曼算法重新构造判定树，如图 5-29（b）所示。总的比较次数 T 为

$$T = N \times 10\% \times 4 + N \times 30\% \times 2 + N \times 35\% \times 1 + N \times 20\% \times 3 + N \times 5\% \times 4 = 2\,150$$

每个成绩的平均比较次数为 2.15 次。显然，算法的时间性能得到了提高。

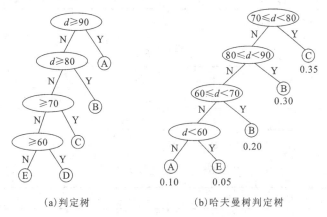

(a)判定树　　　　　　　　(b)哈夫曼树判定树

图 5-29　二叉判定树

5.5　基于树的查找

查找表和待排序表一般是线性表结构。所谓基于树的意义主要在于其实现思想遵循着树，特别是二叉树的规律。

5.5.1　折半查找与折半判定二叉树

在 2.6.2 节中已经讨论过有序表的顺序查找算法。对有序表采用折半查找法会有更高的查找效率，且可以通过二叉树进行分析。

1. 折半查找

折半查找是在有序表上进行的查找，也是查找速度比较快的一种查找方法。

基本思想：折半查找又称二分查找，首先用查找值与有序表"中间"位置的结点进行比较，该中间结点的关键词值（设为 d）与查找值（设为 k）比较结果有 3 种可能情况：

$$k = d \quad \text{或} \, k < d \quad \text{或} \, k > d$$

如果 $k = d$，则查找成功，结束查找。如果 $k < d$ 或 $k > d$ 则需要继续查找。因为 d 是中间结点，把有序表分成了 2 个子表：

$$<前段子表>, d , <后段子表>$$

显然，d 的值大于等于"前段子表"中所有结点的关键词值；小于或等于"后段子表"中所有结点的关键词值。因此，当 $k < d$ 时，将在"前段子表"中继续查找。当 $k > d$ 时，将在"后段子表"中继续查找。因为子表仍然是有序表，所以仍用同样的方法进行查找。如果需要继续查找的子表为空，则查找宣告失败。由此不难看出，当 $d \neq k$ 时，只在表的一半中继续查找，而舍弃另一半，这就是折半的意义。在后继查找中不断地折半，直到 $d = k$（查找成功），或要继续查找的子表为空（查找失败）时为止。

实例演示：设有有序表{2，4，8，9，10，23，56，78}，存储在数组 A 中，如表 5-5 所示。

表 5-5　有序表存储

数　组　A	A(1)	A(2)	A(3)	A(4)	A(5)	A(6)	A(7)	A(8)
结点关键词	2	4	8	9	10	23	56	78

① 当查找值 k=4 时，查找过程如表 5-6 所示。

表 5-6　查找过程（一）

查 找 次 第	查 找 范 围	前 段 子 表	中 间 结 点	后 段 子 表	查 找 结 果
1	全表	$A(1) \sim A(3)$	$k < A(4)$	$A(5) \sim A(8)$	
2	前段子表	$A(1)$	$A(2) = k$	$A(3)$	成功

② 当查找值 k=10 时，查找过程如表 5-7 所示。

表 5-7　查找过程（二）

查 找 次 第	查 找 范 围	前 段 子 表	中 间 结 点	后 段 子 表	查 找 结 果
1	全表	$A(1) \sim A(3)$	$k > A(4)$	$A(5) \sim A(8)$	
2	后段子表	$A(5)$	$k < A(6)$	$A(7) \sim A(8)$	
3	前段子表	空	$A(5) = k$	空	成功

③ 当查找值 k=15 时，查找过程如表 5-8 所示。

表 5-8　查找过程（三）

查 找 次 第	查 找 范 围	前 段 子 表	比 较 结 点	后 段 子 表	查 找 结 果
1	全表	$A(1) \sim A(3)$	$k > A(4)$	$A(5) \sim A(8)$	
2	后段子表	$A(5)$	$k < A(6)$	$A(7) \sim A(8)$	
3	前段子表	空	$k > A(5)$	空	失败

算法思路：从实例演示可以看出，决定"中间"结点的方法是有序表（或子表）的第 1 个结点号与最末结点号之和除以 2 取整得到的数作为中间结点的结点号。为此，需设两个整数变量，如 i、j。i 初始值为 1，j 的初始值为 n（n 是有序表的长度，也是最后结点号）。中间结点号 $u = \lfloor (i+j)/2 \rfloor$。当前查找有序表的区间可以标识为 $[i,j]$，前段子表的区间标识为 $[i, u-1]$，后段子表的区间标识为 $[u+1, j]$。可见，选择子表继续查找时只要调整区间即可。

从实例演示还可以看出，查找过程是一个重复过程。那么，何时结束？显然，当查找到关键词值等于查找值的结点时结束。另一种情况是关键词值不等于查找值，且后继要查找的子表为空，这时有 $i = j = u$。因为比较失败，需要调整子表的区间。前段子表的区间调整为 $[i, j = u-1]$，后段子表的区间调整为 $[i = u+1, j]$。正常情况有 $i \leqslant j(= u-1)$ 或 $i(= u+1) < j$。而当出现 $i > u-1$ 或 $u+1 > j$，的反常情况时，就意味着查找不能再继续进行，以失败结束查找过程。

算法描述：算法以例 2.1 给出的结构类型构造的查找表为例。

```
BinarySearch(A,k)
    {   int i,j,u;
        i ←1;
        j ←A.length;
```

```
        while(i<=j)
        {   u ← (i+j)/2;
            if(A[u].integer=k)
                return u;
            else
                if(k < A[u].integer)
                    j ←u-1;
                else
                    i ←u+1;
        }
        return 0;
    }
```

算法评说：折半查找并非把线性表构成二叉树，而是在查找过程中运用了二叉树的方式。折半查找的时间复杂度为 $O(\log_2 n)$。

2. 折半判定二叉树

折半查找的过程可以表示成一棵二叉树，称查找二叉树或折半判定树。上面例子的折半判定树如图 5-30 所示。树的根（标 9 的结点）是第 1 次比较用的结点，第 2 次比较是该根的左或右子树的根（标 4 或 23 的结点），再依次标 2 或 8 或 10 或 56 的结点，最后是标 78 的结点。对任何查找值 k 的一次查找过程都是起始于根的一条路径。路径的末端是关键词等于 k 的结点（查找成功），或者关键词不等于 k 且左子树或右子树为空的结点（查找失败）。例如，当 k = 10 时，查找路径是"9，23，10"。当 k = 20 时，查找路径也是"9，23，10"，这两个查找都经过了 3 步。但不同的是，第 1 个 k 值查找成功；第 2 个 k 值查找失败。可见，查找路径的长度就是查找时比较的次数。该二叉树有如下一些特点：

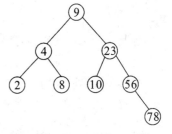

图 5-30　折半判定二叉树

① 任一结点的左右子树所含结点个数最多相差 1。因为每次比较总是选择中间结点（当结点数为奇数时）或偏左的中间结点（当结点数为偶数时）。

② 任一结点的左右子树的深度最多相差 1，是一个平衡二叉树。

③ 结点个数相同的任意两个折半判定树的结构完全相同，因为查找过程完全一致。

④ n 个结点的折半判定树的深度为 $\lfloor \log_2 n \rfloor$+1。这表明不管查找是否成功，比较的次数必不超过树的深度数。

⑤ 任何一个结点的左、右子树或者为空，或者关键词值大于或等于左子树根的关键词值且小于右子树根的关键词值，因此，折半判定树也是一个二叉排序树。

可见，折半查找是一种效率较高的查找算法。

5.5.2　二叉排序树

折半查找的查找表是以顺序存储结构的线性表为基础的。虽然这种查找有很高的查找效率，但是当对查找表进行插入和删除时势必需要大量移动结点，从而抵消了折半查找的优势。一般来说，折半查找比较适合静态查找表，也称静态查找。本节将介绍动态查找的方法，即在查找过程中可以插入或删除结点，且保持有较高的效率。这就是二叉排序树，或称二叉有序树、二叉查找树。

1. 二叉排序树的定义

定义 5.4[二叉排序树] 二叉排序树或者为空（空二叉树），或者是满足下列条件的二叉树：

① 若树中某个结点的左子树非空，则左子树的所有结点上的关键词值都小于该结点上的关键词值。

② 若树中某个结点的右子树非空，则右子树的所有结点上的关键词值都大于或等于该结点上的关键词值。

显然，定义中说的某个结点必是一棵二叉树的根结点，因此，定义可以换一个说法，二叉排序树根结点上的关键词值大于其左子二叉树根结点上的关键词值，如果左子二叉树非空；小于等于其右子二叉树根结点上的关键词值，如果右子二叉树非空；且左、右子二叉树是二叉排序树。例如，有序列"15，5，2，19，1，8，18，2，20，6，18，24，13，22，16，25"，按定义构造的二叉排序树如图 5–31 所示。

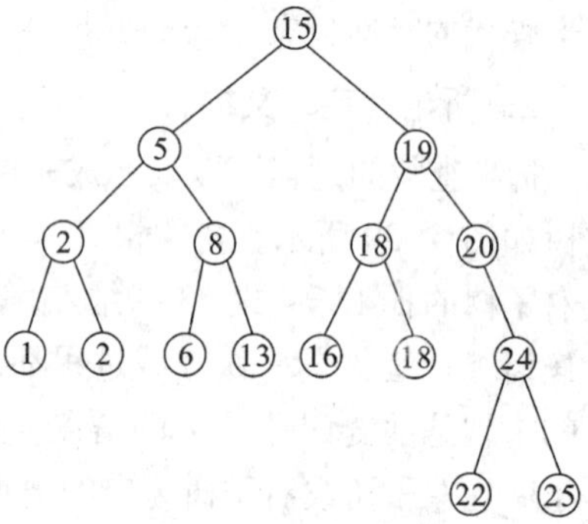

对于二叉排序树有如下性质：

性质 5.6 对二叉排序树按中根遍历得到的中根序列为递增（或不减）有序序列。

例如，对图 5–31 中的二叉排序树进行中根遍历的结果是"1，2，3，5，6，8，13，15，16，18，18，19，20，22，24，25"。

因此，二叉排序树也可以作为排序的一种工具。

下面给出二叉排序树类 C 语言的结构类型描述。

图 5–31　二叉排序树例

结构类型描述 5.8：

```c
typedef struct bnode
{ int key;
  struct bnode *llink, *rlink;
} BSTNode;
```

2. 二叉排序树的查找算法

在二叉排序树上的查找与折半查找类似，并有同样的效率。下面的算法应用结构类型描述 5.8 结构的二叉树。

基本思想： 查找从给定二叉树的根开始，比较查找值与关键词值之间的相等关系。若相等，则查找成功，返回其指针。若不相等，则需要继续查找。当查找值小于关键词值时，则在左子树中继续查找；当查找值大于关键词值时，则在右子树中继续查找。这两种情况下，若左或右子树为空时，则查找失败，返回 NULL。

算法思路： 由基本思想可知，查找的最初对象是二叉排序树。当需要继续查找时，其对象为左或右子树。因为左或右子树也是一棵二叉排序树，所以查找算法是递归的。查找过程如下：

① 若 p 为空，则查找失败，返回 NULL。

② 比较 p 结点的关键词值与 k，若相等，则返回 p，结束查找。

③ 若 k 小于 p 结点的关键词值，则将 p 结点的左指针值送 p，并转去①继续执行。

④ 若 k 大于 p 结点的关键词值，则将 p 结点的右指针值送 p，并转去①继续执行。

算法描述： 设二叉排序树的结构类型为结构类型描述 5.8。

```
BSTSearch(p,k)
```

```
    {   if(p=NUL 或 p->data = k)
            return p;
        else
            if(k < p->key )
                BSTSearch(p->llink,k)
        else
            BSTSearch(p->rlink,k)
    }
```

算法评说：外层 if 语句取真值时为递归的终结条件。这个条件一定会出现，因为叶结点的左、右指针必为空。查找次数为二叉排序树的高度，例如，图 5-31 所示的二叉树的查找次数最多为 5。

3. 二叉排序树的插入和生成算法

前面说过，基于二叉排序树的查找可以较好地实现动态查找。例如，当成功地查找到一个结点时将该结点从树中删除；当查无一个结点时将其插入到合适的位置。那么，如何插入或删除二叉排序树中一个结点，而又保持树的有序性？

① 二叉排序树的插入：为了简便，不允许树中有关键词值相同的结点；新结点的关键词值设为 k。二叉排序树插入的基本思想是，首先根据二叉排序树的条件找到插入位置，如 q。这时，q 必为叶结点。如果 k 小于 q 结点的关键词值，则新结点插入为 q 的左子结点，否则为右子结点。

插入时，申请一个结点空间，生成新结点数据，设为 h。若树为空，则插入为根结点。若树不为空，则查找插入位置。查找时，若发现有等于 k 的结点存在，则返回 0，表示插入失败。若找到插入位置，则插入之。如下面的算法：

```
BSTInsert(p,k)
    {   if(p=NULL)
        {   p ←申请 BSTNode 类型结点空间的地址;
            p->key ←k;
            p->llink ←NULL;
            p->rlink ←NULL;
            return 1;
        }
        else
            if(k = p->key)
                return 0;
            else
                if(k < p->key)
                    BSTInsert(p->llink,k);
                Else
                    BSTInsert(p->rlink,k);
    }
```

② 二叉排序树的生成：二叉排序树的生成是从一个空二叉树开始，逐个结点插入而得到的。设一维数组 $B[n]$ 存放有 n 个正整数，则二叉排序树的生成算法如下：

```
BSTCreate(B[n])
    {   int i;
    BSTNode *bt=NULL;
    while(i←1;i≤n; i←i+1)
        BSTInsert(bt,B[i];
    return bt;
    }
```

还可以对二叉排序树进行结点删除，但是算法比较复杂，这里不再介绍。有兴趣的读者可以参考有关学习资料。

5.5.3 平衡二叉树

一般情况下，二叉排序树有较好的查找效率，但是二叉排序树的构造与结点的原始序列有关。例如，序列（1，2，3，4，5，6，7，8）构造的二叉排序树如图 5-32（c）所示；序列（8，7，6，5，4，3，2，1）构造的二叉排序树如图 5-32（a）所示；序列（4，2，6，3，5，8，7，1）构造的二叉排序树如图 5-32（b）所示；序列（3，7，2，1，8，6，5，4）构造的二叉排序树如图 5-32（d）所示。其中，图 5-32（a）与（c）是最差情况，称为参天树；查找效率直接与 n 有关。图 5-32（b）是最好情况，称为平衡二叉树，查找效率也最好；图 5-32（d）次之。

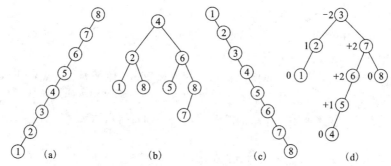

图 5-32　从原始序列构造的二叉排序树

那么，对任意的原始序列能否构造出平衡二叉树？回答是肯定的。

1. 平衡二叉树的定义

定义 5.5[平衡二叉树] 平衡二叉树是二叉排序树，它或者为空，或者任意结点的左、右子二叉树的高度之差的绝对值小于等于 1，并称为 AVL 树。

AVL 因提出这个概念的数学家 Adel'son-Vel'sii 和 Landis 而得名。由定义知，对于一个非空平衡二叉树，其任何结点的左子树的高度减去右子树的高度的差必为 -1 或 0 或 1，否则就不是平衡二叉树了。图 5-32（d）不是平衡二叉树，结点左边标注的数字称为平衡因子，它们有绝对值超过 1 者。

2. 平衡二叉树的插入

向一棵平衡二叉树插入一个结点时有可能破坏其平衡性。当这种情况发生时需要对其子树进行调整，使插入后的二叉树仍保持平衡。分 4 种情况提供不同调整方案：

① LL 型调整方案：当插入因左子树增长失去平衡时采用的方案。设原平衡二叉树如图 5-33（a）所示，h 为高度。若插入点在 A 的左子树 B 的左子树中，则直接插入的结果如图 5-33（b）所示，破坏了平衡性。因为有 $\alpha<B<\beta<A<\gamma$，调整的方法是把 B 上提，使 α 和（β、A、γ）成为 B 的左、右子树，β 和 γ 成为 A 的左、右子树，如图 5-33（c）所示。

② RR 型调整方案：当插入因右子树增长失去平衡时采用的方案。设原平衡二叉树如图 5-34（a）所示，若插入点在 A 的右子树 B 的右子树中，则直接插入的结果如图 5-34（b）所示，破坏了平衡性。因为有 $\alpha<A<\beta<B<\gamma$，调整的方法是把 B 上提，使（α、A、β）和 γ 成为 B 的左、右子树，α 和 β 成为 A 的左、右子树，如图 5-34（c）所示。

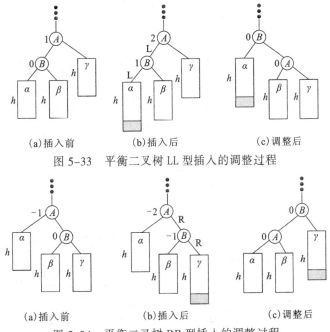

图 5-33　平衡二叉树 LL 型插入的调整过程

图 5-34　平衡二叉树 RR 型插入的调整过程

③ LR 型调整方案：当插入因左结点的右子树增长失去平衡时采用的方案。设原平衡二叉树如图 5-35 (a) 所示。若插入点在 A 的左子树 B 的右子树中，则直接插入的结果如图 5-35 (b) 所示，破坏了平衡性。因为有 $\alpha < B < \beta < C < \gamma < A < \delta$，调整的方法是把 C 上提，使 ($\alpha$、B、$\beta$) 和 ($\gamma$、A、$\delta$) 成为 C 的左、右子树，$\alpha$ 和 β 成为 B 的左、右子树，γ 和 δ 成为 A 的左、右子树，如图 5-35 (c) 所示。

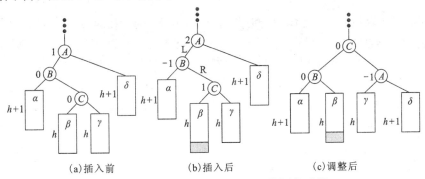

图 5-35　平衡二叉树 LR 型插入的调整过程

④ RL 型调整方案：当插入因右结点的左子树增长失去平衡时采用的方案。设原平衡二叉树如图 5-36 (a) 所示；若插入点在 A 的右子树 B 的左子树中，则直接插入的结果如图 5-36 (b) 所示，破坏了平衡性。因为有 $\alpha < A < \beta < C < \gamma < B < \delta$，调整的方法是把 C 上提，使 ($\alpha$、A、$\beta$) 和 ($\gamma$、B、$\delta$) 成为 C 的左、右子树，$\alpha$ 和 β 成为 A 的左、右子树，γ 和 δ 成为 B 的左、右子树，如图 5-36 (c) 所示。

对平衡二叉树的删除同样要在结点删除后进行调整，使之保持平衡性。

对平衡二叉树的查找，基本与二叉排序树的查找过程完全一致，但查找的次数不会超过树的深度。

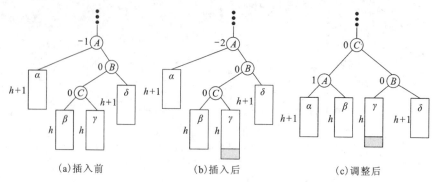

(a)插入前　　　　　　　(b)插入后　　　　　　　(c)调整后

图 5-36　平衡二叉树 RL 型插入的调整过程

5.5.4　B$^+$ 树

前面介绍的那些查找算法一般只适用于规模比较小的查找表，整个表可以存储在内存中，所以统称为内查找。如果查找表的规模很大，这些算法就不适用了，而且查找效率会显得很低。如有 100 万个记录的查找表，即使采用折半查找算法也需要 20 次左右的比较，而且不能把查找表一次全部存储在内存中，需要内外存结合实现查找，称为外查找。为此，一般采用的方法是把查找表分块，为查找表建立索引，由索引引导内外存交换、实现查找全过程。比较有效的方法有 B$^-$ 树和 B$^+$ 树，是树在查找处理中的典型应用。

B$^+$ 树是 B$^-$ 树的一个变种形式，本节直接介绍 B$^+$ 树。用 B$^+$ 树的方式为查找表建立索引是解决外查找和提高查找效率的一种解决方案，能有效地组织和维护外存文件，即查找表。

1. B$^+$树的结构与定义

B$^+$ 树是一种多路平衡树，即维持所有结点的路径长度都相等，从而使查找时间复杂度保持稳定。

B$^+$ 树实质是由查找表各结点的关键词值和指针构成的索引。树的每一结点可存放多个关键词，表示为 m，一般使 $m \geqslant 3$，称 m 为 B$^+$ 树的阶。结点的结构如图 5-37（a）所示，图中 k_i 表示关键词，且有 $k_i < k_{i+1}$；p_i 表示指针，指向它的子结点或查找表的结点，因此 (k_i, p_i) 构成一个索引项。可见，一个结点就是一个索引表。

定义 5.6[B$^+$ 树] B$^+$ 树是满足下列条件的多路平衡树（设路数为 m）。

① 树中每个结点至多有 m 棵子树。

② 根结点以外的所有非叶结点至少有 $\left\lfloor \dfrac{n+1}{2} \right\rfloor$ 棵子树。

③ 根结点至少有 2 棵子树，最多有 m 棵子树。

④ 有 n 棵子树的结点包含 n 个索引项。

⑤ 所有叶结点都在同一层上，且包含全部索引项，其指针链接到关键词标识的数据记录。叶结点本身按关键词递增顺序链接成线性表。

⑥ 所有非叶结点仅包含其各子结点中最小（或最大）关键词的索引项。

图 5-37（b）是一棵 5 阶的 B$^+$ 树示例，树的深度为 3，相当于是一个三级索引。通常对 B$^+$ 树设置两个指针，一个指向根结点，如图 5-37（b）中的 root；另一个指向有最小关键词值的叶结点，如图 5-37（b）中的 sqt。

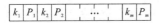

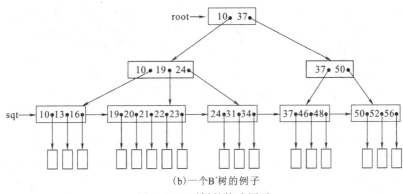

（a）B⁺树的结点结构

（b）一个B⁺树的例子

图 5-37　B⁺树的构造图示

从 B⁺ 树定义的⑤容易看出，查找表的所有关键词都囊括在叶结点层上，且递增（或递减）有序。每个结点存储有序关键词的一段，且把其中最小（最大）者登记在它的父结点（非叶结点）中。

可以按一定规则把 B⁺ 树的结点组建成一个一个"块"。简单一点的是，若 m 足够大，如 $m=200$，则可以一个结点组建为一块。按块存储 B⁺ 树和查找表本身，而这些块正是外查找过程中内外存交换的信息单位。

2．B⁺树的查找

对 B⁺ 树的查找有两种途径，随机查找和顺序查找。

① 随机查找：根据给定查找值 k，用指针 root 从 B⁺ 树的根结点开始沿树的分支向叶结点方向递进，直至在某叶结点中找到与查找值 k 相等的关键词，并取得相关的指针；通过该指针就可以获取查找表中的记录（或结点）。或者，直至在某叶结点中出现 $k_i<k<k_{i+1}$，这意味着查找失败，即在查找表中不存在以 k 为关键词值的记录。

这种查找方法实际是通过向树的子结点进发而不断缩小查找范围，最终决定成功或失败。例如，令 $k=31$，先在根结点中查找，因为 $k<37$，所以进入到根的左子结点继续查找；因为 $k>24$，所以进入到该子结点的最右子结点继续查找，并出现 $k=31$，因为该结点是叶结点，则查找成功，并可取得相随的指针。若令 $k=33$，则会走同样的路径，但在叶结点中出现 $31<k<34$，故为失败。

那么，对一棵既定的 B⁺ 树，一次查找需要存取多少个结点？不妨试分析一下。设一棵阶为 m、含有 N 个关键词的 B⁺ 树，关键词都出现在叶结点上。最坏情况是查找失败，即出现第 $N+1$ 个关键词。根据 B⁺ 树的定义容易得出如下表 5-9 所示的各层上的结点数。

表 5-9　各层上的结点数

B⁺树的层	1	2	3	4	…	$K+1$(叶)
结点数	1	≥ 2	$\geq 2\left\lfloor\dfrac{m+1}{2}\right\rfloor$	$\geq 2\left\lfloor\dfrac{m+1}{2}\right\rfloor^2$	…	$\geq 2\left\lfloor\dfrac{m+1}{2}\right\rfloor^{k-1}$

则有

$$N+1 \geq 2\left\lfloor\frac{m+1}{2}\right\rfloor^{k-1}, \quad 即 \ (N+1)/2 \geq \left\lfloor\frac{m+1}{2}\right\rfloor^{k-1}, \ 则有 \ k \leq 1+\log_{\lfloor\frac{m+1}{2}\rfloor}\left(\frac{N+1}{2}\right).$$

当 $N=1999999$、$m=199$ 时，有 $k\leqslant4$。也就是说，对两百万个关键词的 B^+ 树，一次查找只需存取 3 个 B^+ 树的结点（根结点常驻内存中）。可见 B^+ 树的查找是何等的快速。

② 顺序查找：根据给定查找值 k，用指针 sqt 从 B^+ 树的最左叶结点开始依次扫描所有叶结点，直至出现与查找值 k 相等的关键词，或 $k_i<k<k_{i+1}$，分别为成功或失败。

叶结点层实际是为查找表建立的一个顺序索引，实现了索引顺查找的机制。

B^+ 树的两种查找方式都涉及一个结点内部的关键词查找。因为一个结点都能完整地存储在内存，所以结点内的查找完全可以应用任何内查找算法实现。

3. B^+ 树的插入和删除

B^+ 树是动态查找树，有可能频繁出现关键词的插入和删除。

① 插入：首先把关键词插入适当叶结点。如果该叶结点中的关键词个数大于 m，则因不满足定义的①需要调整。调整的方法是，把该叶结点分裂成两个叶结点，使每个叶结点含的关键词个数满足定义的①和②；并使在其父结点中包含这两个叶结点的最小（或最大）关键词的索引项；若该父结点包含关键词个数也超过 m，则进行同样的分裂处理。这种分裂有可能依次波及根结点的分裂。根结点的分裂意味着增加一个新的根结点，原根结点分裂为两个子结点，树也因此长高一层。

② 删除：首先从适当叶结点删去指定关键词；若因删除使该叶结点不满足定义的②，则从其兄弟叶结点中调剂部分关键词，或与兄弟结点合并使满足定义的②。若是合并，则会减少其父结点中关键词个数，又可能会引起与兄弟结点的合并。这种合并有可能依次波及根结点的子结点的合并。这时，可能使原根结点没有存在的必要，而使树的高度减低一层。

5.6　基于树的排序

排序对象与排序结果一般是线性表。所谓基于树的意义，在于其实现思想遵循着树或二叉树的规律，或者是把树或二叉树作为排序的中间工具。例如，将排序对象先创建为二叉排序树，再根据性质 5.6 获得有序的线性表，就是应用了二叉树这个工具。

5.6.1　快速排序与二叉树

快速排序是内排序速度最快的一种方法。

基本思想：排序的基本操作是作关键词"比较"和结点"移动"。因此，提高排序速度的关键是尽可能减少这种比较和移动，特别是对同一结点的重复比较和移动。快速排序的基本思想是，在待排序序列中先选定一个结点（例如选第 1 个结点）作为"支点"。以支点为基准，通过比较把关键词值小于等于支点关键词值的结点全部移动到支点的左边；把关键词值大于等于支点关键词值的结点全部移动到支点的右边。使支点到达它的排序位置，称为一次扫描。扫描的结果是用支点把待排序序列划分为左右两部分。即

<关键词值较小结点子序列>，<支点>，<关键词值较大结点子序列>

对划分出的每一个子序列再分别采用相同的方法进行扫描，划分出更小的子序列，直到每一个子序列只有一个结点时为止。

实例演示：设待排序序列 $S=[\ 23,\ 25,\ 17,\ 12,\ 28,\ 14,\ 41,\ 16\ ]$。第 1 次扫描用 23 作为支点，把序列分为两个子序列，得到[16, 14, 17, 12], [23], [28, 41, 25]。结点 23 大于

它左边的任何结点，小于它右边的任何结点，已经到达排序位置。接着对两个子序列分别进行同样的扫描，完成最终排序过程，如表 5-10 所示。

表 5-10　排序过程

扫描次第	待扫描序列	较小结点子序列	支　　点	较大结点子序列
1	S	$S_1=\{16,\ 14,\ 17,\ 12\}$	23	$S_2=\{28,\ 41,\ 25\}$
2	S_1	$S_{11}=\{12,\ 14\}$	16	$S_{12}=\{17\}$
3	S_{11}		12	$S_{112}=\{14\}$
4	S_2	$S_{21}=\{25\}$	28	$S_{22}=\{41\}$
排序结果	$\{12,\ 14,\ 16,\ 17,\ 23,\ 25,\ 28,\ 41\}$			

　　算法思路：以一维数组存储待排序序列，设数组名为 A，长度为 n。任何一个子序列（把原始序列也看成子序列）的第一个结点位置表示为 s(初值为 1)，末一个表示为 t(初值为 n)。

　　算法的核心是扫描。用整数变量 i（初值为 s）、j（初值为 t）控制一次扫描。扫描开始前把支点的关键词送临时变量 k。扫描先从右向左依次用 $A[j]$ 逐个与 k 比较，一当出现 $A[j]<k$ 时，将 $A[i]$ 与 $A[j]$ 对换，并调转方向从左向右用逐个 $A[i]$ 与 k 比较，一当出现 $A[i]>k$ 时，将 $A[i]$ 与 $A[j]$ 对换。再调转方向从右向左进行，直到 $i=j$ 时，把 k 存储到 $A[i]$ 中，完成一次扫描。这时，原序列被分成了 $(s,\ i-1)$ 和 $(i+1,\ t)$ 两个子序列，如图 5-38 所示。如果 $s=i-1$ 或 $i+1=t$，则子序列只有一个结点。无须再对它进行扫描。如果 $s<i-1$，或者 $i+1<t$，则对它们进行前述相同的扫描，直到不存在多于一个结点的子序列时为止。可见，该算法可以用递归方法设计。

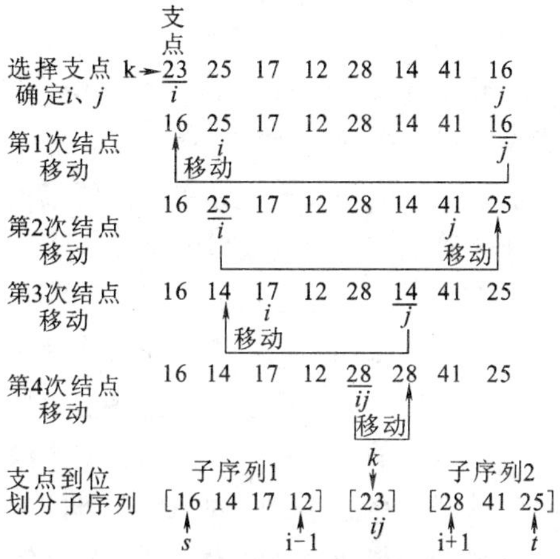

　　算法描述：本算法的排序对象设为顺序存储的线性表 R，结构类型描述为结构类型描述 5.9。

图 5-38　快速排序的一次扫描

结构类型描述 5.9：

```
#define MAXSIZE  1000
typedef struct
    {  int key[MAXSIZE];
       int length;
    } SeqList;
```

其数组元素为排序关键词；第一个结点号为 s（初值为 1），末一个为 t（初值为 length），排序方向设定为递增。因为是就地排序，所以排序结果也在 R 中。

```
QuickSort(R)
{   int s,t;
    S ←1;
    t ←R.length;
    QuickScan(R,s,t);
}
QuickScan(R,s,t)
```

```
{   int i,j;
    int tmp;
    if(s < t)
    {   i ←s;
        j ←t;
        tmp ←R.key[i];
        while(i≠j)
        {   while(j>i且R.key[j]≥tmp)
                j ←j-1;
            R.key[i] ←R.key[j];
            while(i<j且R.key[i]≤tmp)
                i←i+1;
            R.key[j] ←R.key[i];
        }
        R.key[i] ←tmp;
        QuickSort(R,s,i-1);
        QuickSort(R,i+1,t);,
    }
}
```

算法评说：QuickScan()是一个递归算法。算法中的 if 条件不成立时可能有两种情况：一种情况是 i=j,说明该子序列只有一个结点，则无须排序。另一种情况是 i>j,说明该子序列为空，也无须排序，这也是递归的结束条件。

本算法在关键词比较时采用大于等于和小于等于，保证了广义递增（即不减）（或广义递减，即不增）顺序方向的实现，同时也有可能减少结点的移动次数。

算法的每一次执行都是在原线性表的某一段结点（子序列）上进行排序。因为结点交换的跨度可能比较大，所以快速排序是不稳定的。

本算法的支点取子序列的第一个结点，也可以改为取中点结点为支点，但算法需要修改。

快速排序的实际时间与原序列的有序性有关。如果原序列是递增或递减有序，则比较次数反而最多，花费的时间也最多；如果每次的支点都是子序列的"中值"，即划分出的更小的两个子序列的长度比较接近，则花费的时间可能最少。因此，快速排序的平均时间复杂度为 $O(n\log_2 n)$。

快速排序过程可以用二叉树来刻画。第 1 次扫描的结果就是把支点作为二叉树的根，其余结点一分为二。比支点小的为一个序列，作为左子树；比支点大的为另一个序列，作为右子树（见图 5-39 (a)）。这两个子序列的支点又分别是左、右子树的根。如此，构成一个二叉树，见图 5-39 (b)、(c)、(d)。不难看出，快速排序的过程实际上是构造一棵二叉排序树的过程，但又与二叉排序树的生成过程不同。

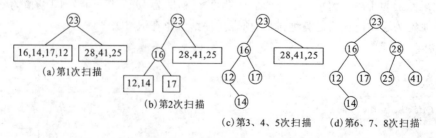

图 5-39　快速排序的二叉树

5.6.2　归并排序

归并之意是把两个或多个有序序列（又称有序子序列）合并为一个包含所有原序列中全部元素形成的有序序列。例如，有序列[23，25]、[3，30]和[12，17]，归并的结果是序列[3，12，17，23，25，30]。

基本思想：对一个待排序序列，如何用归并排序方法进行排序？这里有两个关键：一是初始有序子序列如何确定；二是如何把几个有序子序列归并成一个有序子序列。

不言而喻，当一个序列只含有一个结点时，该序列是有序的。所以，首先把待排序序列的 n 个结点划分为是 n 个有序子序列。每个子序列只有一个结点，得到 n 个初始有序子序列。

接着是进行归并操作。设每次归并 m 个子序列，并称其为 m 路归并。过程是，自左至右依次把相邻的几个子序列归并成一个序列。一次归并后子序列个数几乎减少到 n/m 个，每个子序列的大小增加 m 倍。重复这个过程，直到只有一个序列为止，也就得到排序结果。图 5-40 是待排序序列（23，25，17，12，28，14，41，16）的 2 路归并排序过程示意图。在第 3 次归并后得到的子序列已列含有全部结点，且对于关键词有序，宣告排序完成。

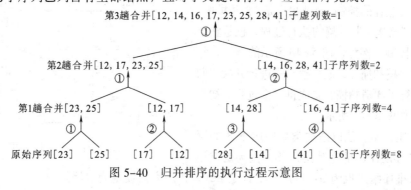

图 5-40　归并排序的执行过程示意图

从图 5-40 还可以看出，归并过程是一个不断减少子序列的过程。同时也可以看出，归并过程可以表示为一个二叉树(或多叉树)，待排序序列的每一个元素都是叶结点。归并过程是从叶结点开始向根结点方向进展的过程，即自底向上。归并得到的子序列是参与归并诸子序列的父结点子序列，它包含这些子序列的全部元素。最后一次合并得到一个子序列，即整个树的根。

算法思路：以 2 路归并为例，设有有序子序列

$S_1=[a_1, a_2, \cdots, a_p]$ 　　（$a_i \leqslant a_{i+1}$）

$S_2=[b_1, b_2, \cdots, b_q]$ 　　（$b_i \leqslant b_{i+1}$）

其中 p 与 q 未必相等。合并过程就是不断地比较最左一对结点的关键词值，输出较小者（以递增排序为例）。假设 a_1 的关键词值小于等于 b_1 的关键词值，则输出 a_1。两序列剩余部分成为

$S_1 =\{ \ a_2, \cdots, a_p \}$

$S_2 =\{ \ b_1, b_2, \cdots, b_q \}$

反之输出 b_1。两序列剩余部分成为

$S_1 =\{ \ a_1, a_2, \cdots, a_p \}$

$S_2 =\{ \ b_2, \cdots, b_q \}$

反复执行这个操作，直到其中某子序列为空。再把另一非空子序列的所有剩余元素依次输出，完成两子序列的归并。图 5-41 所示为一次归并的实例。

一次归并 2 个子序列的合并排序称为 2 路合并排序。一次归并 n（n = 2，3，…）个子序列，称为 n 路归并排序。但对于内排序一般以 2 路归并居多。

就 2 路归并而言，对待排序序列进行一趟合并后就使子序列的大小扩大一倍，个数减少一半。

由上面的讨论可知，归并排序算法包括 3 个嵌套层次。最内层的核心算法是"归并"，实现 2 个子序列归并为一个子序列的操作。中间层次是"归并趟"算法，或称趟扫描，实现 "一次"所有子序列两两归并过程的控制。最外层次是"合并排序"算法，控制"多次"归并趟的执行过程，也是整个归并排序的控制。例如，图 5-40 所示的例子，每一层是一个"趟扫描"，每一趟扫描进行几次"归并"，共进行了 3 趟扫描，完成排序全过程。初步的算法思想如图 5-42 所示。

算法描述：本算法以结构类型描述 5.8 的顺序表为例进行设计，排序对象为 S。因为是就地排序，所以排序结果也为 S；排序关键词是 key，排序方向设定为递增的。

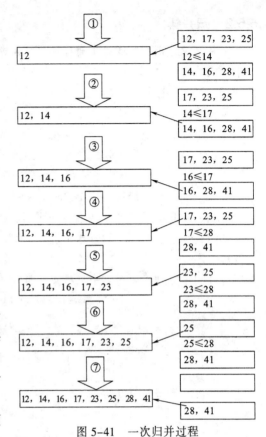

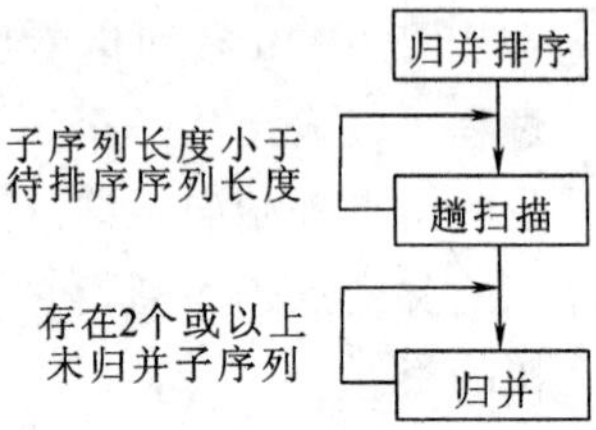

图 5-41　一次归并过程

```
#define MAXSIZE 1000
     MergeSort(S)
{    int len=1;
     while(len<S.length)
          Pass(S,len);
Pass(S,len)
{    int i=1;
     while(i+len≤S.length)
     {    Merge(S,i,len);
          i ←i+2×len;
     }
     len= len+len;
}
Merge(S,from,len)
{    int i,j,k=1;
     int q[MAXSIZE];
     i ←from;
     j ←from +len;
     while(i≤from+len-1 且 j≤S.length 且 j≤from +2×len-1)
     {    if(S.key[i]≤S.key[j])
          {    q[k] ←S.key[i];
               i ←i+1;
               k ←k+1;
          }
          else
```

图 5-42　归并排序的算法思想

```
{       q[k] ←S.key[ji];
        j ←j+1;
        k ←k+1;
    }
}
for(;i≤from +len-1; i ←i+1)
{   q[k] ←S.key[i];
    k ←k+1;
}
for(;j≤S.length且j≤from+2×len-1; j ←j+1)
{   q[k] ←S.key[j];
    k ←k+1;
}
k ←1;
for(i ←from; i≤2×len; i ←i+1)
    S.key[i] ←q[k];
}
```

算法评说:本算法由 3 个函数组成,函数 MergeSort()控制整个排序过程。它重复调用函数 Pass()进行趟扫描,执行一次即作一次归并,子序列长度增长一倍。函数 Pass() 又重复调用函数 Merge(),自左至右两两归并子序列。这种算法结构层次分明、条理清晰,是结构化设计的又一次应用。

该算法中,函数 Merge()是核心,关键在于下标的计算和控制,参照图 5-42 理解它们之间的关系。函数 Merge()的另一个关键是,当有一个子序列为空时对另一个子序列剩余结点的处理。

因为归并时借用了一个数组 q[]存储每一次的归并结果,然后再回送到原位置,所以归并排序不是就地排序。归并排序的时间复杂度为 $O(n\log_2 n)$。

5.6.3　堆排序

堆排序也是一种基于二叉树的排序,是把待排序序列看成一棵完全二叉树的顺序存储结构,并利用完全二叉树父、子结点之间的计算关系进行调整,逐个地选取"最大"(或"最小")结点,以达到排序的目的。那么,什么是堆?

定义 5.7[堆] 设 n 个结点的关键词序列为 $[k_1, k_2, \cdots, k_n]$,则堆是满足条件

$$K_i \geqslant k_{2i} \text{ 且 } K_i \geqslant k_{2i+1} (\text{或 } K_i \leqslant k_{2i} \text{ 且 } K_i \leqslant k_{2i+1})$$

的完全二叉树。

满足 $K_i \geqslant k_{2i}$ 且 $K_i \geqslant k_{2i+1}$ 的堆称为大根堆,满足 $K_i \leqslant k_{2i}$ 且 $K_i \leqslant k_{2i+1}$ 的堆称为小根堆。由条件可以看出,不等式中关键词的下标之间具有与完全二叉树结点号之间等价的计算关系。下面以大根堆为例讨论堆排序算法。

基本思想:设待排序序列有 n 个结点,存储为顺序表,并视为一棵完全二叉树的顺序存储结构,但不是堆。堆排序的基本思想是先把它调整为堆(如大根堆)。这时,根结点的关键词值为 n 个关键词中的最大者,输出为第 1 个结点。设已输出了第 i 个结点,则再把剩余的 $n-i$ 个结点调整为堆,并输出根结点;如此继续,直到只剩 1 个结点时为止,完成堆排序。整个排序过程实际上是把待排序序列一分为二,前部为无序区段,后部为有序区段。初始时前部等于待排序序列全部,后部为空。通过不断调整前部为堆并输出根而不断增长后部,缩短前部。每一次堆调整后,后部就增加一个结点,前部减少一个结点,如图 5-43 所示。当全部结点都进入有序区段时,排序完成。

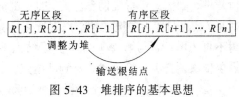

图 5-43　堆排序的基本思想

实例演示：设待排序序列 R =[3,5,7,2,8，4,1,6,9,0]，对应的完全二叉树如图 5-44(a)
所示，但不是堆。经堆调整成为初始堆，如图 5-44(b)所示。交换根与当前树的末结点，得
有序区段[9]（树中加阴影的结点，以下同），而其余结点构成的树不再是堆，如图 5-44(c)
所示。作堆调整得堆，如图 5-44(d)所示，并交换结点，得有序区段[8,9]，如图 5-44(e)所示。
再作堆调整，如图 5-44(f)所示，并交换结点，得有序区段[7,8,9]，如图 5-44(g)所示。如此
继续，直到最后只一个结点的树，得有序区段[1,2,3,4,5,6,7,8,9]，如图 5-44(h)所示。因
为是一个结点的堆，自己与自己交换（实际不交换），故得有序区段[0,1,2,3,4,5,6,7,8,9]，
即排序结果，如图 5-44(i)所示。

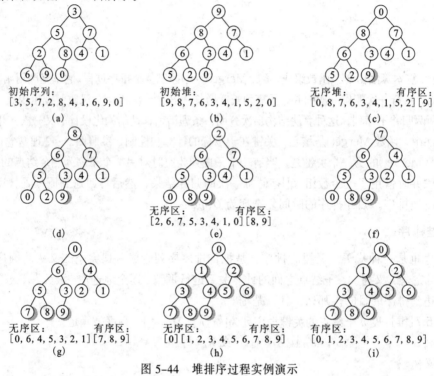

图 5-44　堆排序过程实例演示

算法思路：由上面的分析和实例演示可以看出，堆排序的主要任务是堆调整。可分为两个
阶段，第一阶段是把待排序序列调整为初始堆，或称建立堆；第二阶段是排序过程中的堆调整。

① 建立初始堆：因为初始序列可能与堆相差甚远，需要经过一个全面的调整过程。其方
法是从完全二叉树的最底层开始逐步向上进行调整。因为完全二叉树的第 $1 \sim \lfloor \frac{n}{2} \rfloor$ 个结点都是
非叶结点。因此，调整从第 $\lfloor \frac{n}{2} \rfloor$ 结点为根的二叉树开始逐步到第 1 结点为根的二叉树为止，把
初始序列调整为初始堆。

② 堆调整：算法的关键和核心。设第 i 个结点为根的完全二叉树，不为堆，i 的左、右子
树是堆，则需要进行堆调整。若 i 的关键词值小于左（第 $2i$）和右（第 $2i+1$）子结点关键词，
则将 i 结点与较大关键词子结点进行交换。若与第 $2i$（左）子结点进行交换，则有可能使左子
树不再为堆；若与第 $2i+1$（右）子结点进行交换，则有可能使右子树不再为堆。因此，可能
需要依次调整下一层子树，直到叶结点。

③ 堆排序：堆排序全过程可表示为

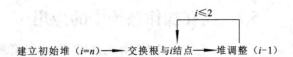

建立初始堆（$i=n$）　　交换根与i结点　　堆调整（$i-1$）

算法描述：本算法以结构类型描述 5.8 的顺序表为例进行设计，排序对象为 H。因为是就地排序，所以排序结果也为 H；排序关键词是 int 型的 key，且 key 是结点的唯一组成。排序方向设定为递增的。

```
HeapSort(H)
{   int i,m;
    int tmp;
    m ←H.length;
    if(m＞1)
        for(i←m/2;i≥1;i←i-1)
            HeapAdj(H,i,m);
        for(i←m; i≥2; i←i-1)
        {   tmp ←H.key[1];
            H.key[1] ←H.key[i];
            H.key[i] ←tmp;
            HeapAdj(H,1,i-1);
        }
}
HeapAdj(H,s,t)
{   int i,j;
    int tmp;
    i ←s;
    j ←2×s;
    while(j≤t)
    {   if(j＜t且H.key[j]＜H.key[j+1])
            j ←j+1;
        if(H.key[i]＜H.key[j])
        {   tmp ←H.key[i];
            H.key[i] ←H.key[j];
            H.key[j] ←tmp;
            i ←j;
            j ←2×j;
        }
        else
            break;
    }
}
```

算法评说：本算法由 2 个函数组成。函数 HeapAdj() 负责堆调整，被函数 HeapSort() 调用。HeapSort() 主要由两个功能组成：第 1 个 for 语句的功能是建立初始堆，第 2 个 for 语句的功能是排序，反复执行结点"交换"和堆调整。函数 HeapAdj() 比较直观，但尚有改进的余地。

因为堆的存储结构采用了结构类型描述 5.8，所以定义 tmp 变量时用 int 类型。若结点有更复杂的结构，则应采用相应结点类型定义。

堆排序是不稳定排序，最差时间复杂度为 $O(n\log_2 n)$。

5.7 树在操作系统中的应用

5.1 节中的问题 1 提出了关于一台计算机中资源的组织问题，组织的目的在于有效管理这些资源。对于用户，则在于有益查找和维护。那么，如何进行组织呢？这是操作系统（如Windows）的任务。通常利用树的结构原理进行组织，因为读者对 Windows 操作系统已经非常熟悉。所以，下面列举几个 Windows 中组织和管理系统资源的选项，而不作详细细节介绍。

① "开始"菜单是树结构；

② "资源管理器"是树结构；

③ "文件目录"是树结构；

④ "设备管理器"是树结构；

⑤ "计算机管理工具"是树结构。

小结

1．知识要点

本章主要介绍树、二叉树及其存储结构，部分算法设计，以及树和二叉树的应用。具体要掌握的知识要点如下：

① 树的概念、存储结构、树的遍历算法。

② 二叉树的概念、存储结构、二叉树的 3 种遍历算法。

③ 树与二叉树、树与森林、二叉树与森林之间的关系与相互转换方法。

④ 哈夫曼树的概念与应用。

⑤ 基于树的查找及其算法：折半查找、二叉排序树、平衡二叉树和 B^+ 树等。

⑥ 基于树的排序：快速排序、归并排序和堆排序等。

2．内容要点

（1）关于树的内容要点

① 树是一种非线性数据结构，主要概念包括递归定义和非递归定义、结构特点和常见术语，树的几种表示方法，树的基本运算。

② 树的存储结构有顺序存储结构和链式存储结构。顺序存储结构采用模拟指针方式，主要有 FLink 表法、CLink 表法、C-BLink 表法和 C-B-FLink 表法，并评价它们的特点和实用性。链式存储结构主要用于 C-BLink 表的单链表表示，即用 n 个单链表存储父结点与其子结点的链接关系，n 个单链表的链头结点构成表，故称链表结构。

③ 树的遍历概念。遍历方式有先根遍历、后根遍历和层次遍历。注意树无中根遍历方式。

（2）关于二叉树的内容要点

① 二叉树是一种特殊的树。二叉树结点的度和树的度最多为 2；结点的子树有左右之分；有 5 个很有用的性质；二叉树的基本运算。

② 满二叉树和完全二叉树的概念，完全二叉树的编号特点与二叉树顺序存储结构的关系。

③ 二叉树有顺序和链式两种存储结构方式。顺序存储结构利用了完全二叉树的编号特点，以及父结点与子结点的编号计算；链式存储结构主要是二叉链或带父指针的二叉链。

④ 二叉树的遍历主要是 DLR、LDR、LRD，及其递归算法和非递归算法；遍历与二叉树

构造的关系。线索二叉树的概念与二叉树的线索化算法，以及线索二叉树的遍历。

（3）关于树、森林和二叉树之间关系的内容要点

树与二叉树之间的相互转换，树与森林之间的相互转换，二叉树与森林之间的相互转换。

（4）关于哈夫曼树的内容要点

① 哈夫曼树是一种最优化的二叉树。哈夫曼树的定义、带权路径长度等概念。

② 哈夫曼树的生成算法、哈夫曼编码技术、哈夫曼判定树。

（5）基于树查找的内容要点

① 折半查找与折半判定树，以及折半查找的时间复杂的关系。

② 二叉排序树的定义和性质、生成算法。

③ 平衡二叉树的定义和在查找中的意义，平衡二叉树的插入方法。

④ B^+ 树是一种多路平衡树。B^+ 树的定义和利用 B^+ 树组织数据的意义、B^+ 树的两种查找途径和外查找的概念等。外查找的时间复杂度主要取决内外存交换次数，B^+ 树的时间效率计算。利用 B^+ 树实现查找时，外查找与内查找有什么关系。

（6）基于树排序的内容要点

① 快速排序的基本思想与算法，以及与二叉树的关系。

② 归并排序的基本思想与算法，以及与树的关系；多路排序是实现外排序的方法之一；归并排序算法的结构化设计的优越性。

③ 堆的概念，堆调整在排序中的意义，堆排序实现算法的核心。

3．本章重点

本章的重点内容如下：

① 掌握树、二叉树、哈夫曼树、二叉排序树、平衡二叉树、B^+ 树的概念。

② 掌握哈夫曼树的应用。

③ 掌握几种查找算法和排序算法。

④ 掌握 B^+ 树的结构思想。

习题

一、名词解释

解释下列名词术语的含义：

空树、树的度、树的高度、有序树、无序树、树的遍历、树的层次、二叉树、满二叉树、完全二叉树、结点的权、二叉树的遍历、线索二叉树、二叉树线索化、树的带权路径长度、哈夫曼树、哈夫曼算法、最优二叉树、二叉排序树、平衡二叉树、B^+ 树

二、单项选择题

1．若树的度是 3，则_____。

    A．每个结点都有 3 个分支　　　　　B．根结点有 3 个分支

    C．每个结点有不超过 3 个分支　　　D．树最多只有 3 层

2．若树的度为 4，则说明_____。

    A．树的每个结点的度都是 4　　　　　B．树中所有结点度的和是 4

    C．树中每个结点的度不超过 4　　　　D．树中结点度的最大值是 4

3．已知一个二叉树的_____就可以画出这个二叉树。

    A．先根遍历和后根遍历序列　　　　　　B．先根遍历序列

    C．后根遍历序列　　　　　　　　　　　D．先根遍历和中根遍历序列

4．下面关于树的说法中错误的是_____。

    A．树的叶结点没有后继结点

    B．树的任何一个结点必在一个层次上

    C．一个非空树必有一个根结点；它没有前驱结点，但有多个后继结点

    D．一般树都是无序树

5．关于完全二叉树和满二叉树的说法中，正确的是_____。

    A．深度为 k 的二叉树有 $2k-1$ 个结点

    B．深度为 k 的满二叉树第 k 层上有 $2k-1-1$ 个结点

    C．满二叉树是完全二叉树

    D．完全二叉树是满二叉树

6．在一棵二叉树中，若有 20 个 2 度结点，10 个 1 度结点，则有_____ 0 度结点。

    A．25　　　　　　B．41　　　　　　C．21　　　　　　D．30

7．在中根序列方式的线索二叉树中，存储在结点右指针中的线索指向_____。

    A．父结点　　　　B．子结点　　　　C．直接后继结点　　D．直接前驱结点

8．若 n 个结点的二叉树存储为二叉链，则一定有_____个指针为空。

    A．n　　　　　　B．$2n$　　　　　　C．$n+1$　　　　　D．$n-1$

9．对二叉排序树作_____遍历得到的结点序列是递增（或递减）有序序列。

    A．先根　　　　　B．中根　　　　　C．后根　　　　　D．层次

10．平衡二叉树的平衡因子是判断左右子树是否平衡的度量；当平衡因子_____时，二叉树是平衡的。

    A．等于1　　　　B．等于0　　　　C．等于−1　　　　D．绝对值≤1

11．设 $n=125000$，$m=99$，构造成 B^+ 树后进行查找将要存取_____结点。

    A．1　　　　　　B．2　　　　　　C．3　　　　　　D．4

三、填空题

1．树结构的特点有_____，_____。

2．树的遍历有_____、_____和_____等 3 种遍历次序。

3．二叉树的遍历有_____、_____和_____等 3 种常用遍历次序。

4．设完全二叉树有 21 个结点，则它有_____个叶结点；5 号结点的左子结点号是_____，右子结点号是_____。

5．设一个树由 17 个结点构成，度为 4。若以顺序结构存储为 CLick 表，则子结点号域的总数是_____个，实际使用的是_____个，有_____个空闲着不用。

6．树的 FLink 表法（即双亲存储结构）比较适合求_____运算而不太适合求_____运算。

7．设二叉树有 9 个结点，其中 0 度结点 3 个，则 1 度结点为_____个。

8．在树的顺序存储结构中，把父结点号、子结点号和兄弟结点号都称为"指针"。但这种所谓的指针实际上是一个_____型数据，与_____型有本质的差别。

9．附加在树的结点上的一个实数，以表示某种意义，称为_____。

10．哈夫曼编码是一种_____等长编码方案。

11．折半查找算法要求查找表必须是一个_____表。

12．从一个有序（递增或递减）序列生成的二叉排序树是一棵_____树。

13．堆是一棵_____二叉树。

四、问答题

1．二叉树和一般树有什么不同点？一个度为 2 的树是二叉树吗？

2．已知如图 5-45 所示的二叉树。若采用顺序存储结构存储，如何修补这个二叉树？

3．已知一个二叉树的先根遍历和后根遍历结果能画出这个二叉树吗？为什么？

4．对一棵线索二叉树遍历有什么条件？为什么？

5．把森林转换为二叉树有几种方法？若要使森林中各树的根为二叉树的右子树，应采用哪种方法？

6．为什么说带权二叉树中哈夫曼树是最优二叉树？

7．试说明，为什么哈夫曼树技术可以用于信息压缩和信息加密？

8．B$^+$ 树的插入为什么有可能使树长高？删除为什么会减低？

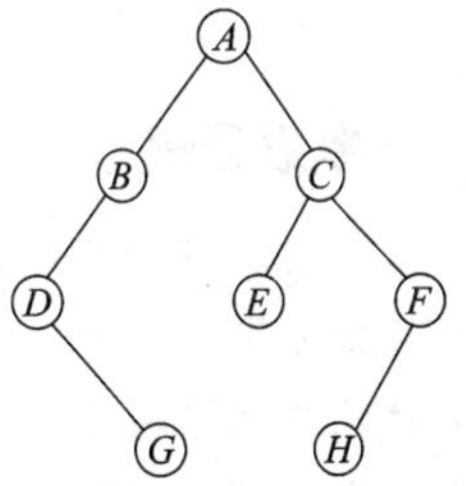

图 5-45　二叉树

五、思考题

1．根据"折半判定二叉树"的特点试说明什么是平衡二叉树。

2．3 个结点的二叉树有哪些形态？请画出二叉树的这些形态。

3．设二叉树的中根遍历序列是 *CDBAFEHG*，先根遍历序列是 *ABCDEFGH*，试画出该二叉树。

4．为什么一般树的遍历没有中根遍历次序？

5．设带权二叉树如图 5-46 所示，试求该树的 WPL 是多少。

6．已知 $W = \{0.1, 0.15, 0.35, 0.20, 0.12, 0.08\}$，试画出关于 W 的哈夫曼树。

7．如果使用二叉排序树对一个整数序列进行递减排序，则该二叉排序树有什么特征？请修改建立二叉排序树的算法。

8．在 B$^+$ 树中查找某查找值时，若已判断查找值在某个结点中，那么如何才能找到这个值在结点中的位置？

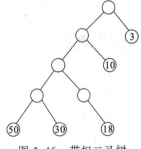

图 5-46　带权二叉树

六、综合/设计题

1．根据树的 FLink 表法，写出查找给定结点的父结点的算法和 C 语言程序。

2．根据树的 CLink 表链邻接表表示法，写出查找给定结点的所有子结点的算法和 C 语言程序。

3．在堆排序中，算法的核心是堆调整 HeapAdj()。从一个结点开始调整堆时，如果因交换结点影响到左或右子树的调整，而子树本身也是一个堆，显然是一个递归过程。

用递归方法重新设计 HeapAdj()，并给出算法描述。

4．设有 3 个有序序列 s_1、s_2、s_3，长度都为 10，试设计一个 3 路归并算法归并它们为一个有序序列。

5．试设计一个算法，判断一棵给定二叉树是否为二叉排序树。

第6章 图

📡 **本章导读**

与树结构一样，图也是一种非线性数据结构。它有比线性表和树更强大的数据表示能力。人类社会中，人和/或事物之间，甚至抽象概念之间，其关联关系十分复杂，不是线性结构或树结构能无障碍地表示或控制的。因此，图结构的研究与应用更加受到重视，在自然科学、技术科学、社会科学、人文科学和工程设计中有极广泛的应用。

本章内容要点：

- 图的基本概念；
- 图的存储结构；
- 图的基本运算的实现算法、图的遍历；
- 最小代价生成树；
- 拓扑序和拓扑排序算法；
- 最短路径问题。

🌐 **学习目标**

通过学习本章内容，学生应该能够：

- 理解无向图、有向图和带权图的概念；
- 掌握图的存储结构，理解邻接矩阵和邻接表；
- 掌握图的遍历算法；
- 掌握求最小代价生成树、拓扑排序和最短路径问题的算法。

6.1 几个与图有关的实际问题

在日常生活和工作中，常常遇到一些与图有关的实际问题需要解决。

问题 1：光纤工程设计

现代通信使用光纤通信技术，需要在不同城市之间铺设光缆，以覆盖这些城市。光纤工程设计涉及许多技术问题，以及资金投入问题。就投资而言，设有 n 个城市，两两之间有一定的距离；在任何两个城市之间铺设光缆都需要足够的投资。问题是，是否一定要在每两个城市之间都要铺设光缆？回答是不必。因为可以找到一种解决方案，既能覆盖所有城市，又使投资最小。那么，如何找到这种解决方案？回答是利用图结构及其有关算法。

问题 2：工程预算中的一个问题

作者曾经为某市煤气公司开发过一个"煤气管道工程预算系统"。系统的主要功能是根据工程规模计算出各项投资金额，以及总投资金额。这个系统还有一项功能是为工程施工编制施工计划书。施工计划书的核心是安排各施工项目的开工次序。

就煤气管道工程而言，整个工程可以分为若干子工程，如路面开槽、管槽挖土、铺设管道、接缝焊接、试水试压、通气试验、回填土、路面修复、运土、室内安装、竣工验收、工程决算、竣工档案存档等。这些子工程必须一项一项地施工；某一项子工程的开工必须以另一项工程完工为前提条件。例如，"铺设管道"必须在"管槽挖土"完成之后才能开工，这是不言而喻的。又如，"回填土"必须在"通气试验"确认正常完工之后开工，等等。

那么，如何编制这个施工计划书？回答是利用图结构及其有关算法。

问题 3：一张派工单

小张在一家电器销售公司的维修部任部门经理。每天的工作就是根据客户对商品维护要求编制派工单，派遣维修工上门服务。之后，再电话回访客户的满意度。

小张每天要接收数十，甚至上百个客户的商品维修请求。整天忙得不亦乐乎，还常常会因为服务不及时、不按时或遗漏而受到客户的谴责。再则，由于派工单未必合理而造成多跑路，多费时，重复上门等使维修成本加大、超过预算。

为了改善服务、提供质量、节省成本，小张做了一个大胆的决定，采用现代高科技手段计算机来管理和控制。小张是作者朋友的孩子，通过他父亲的关系找到作者，并委托作者帮他解决这个问题，先开发一个编制派工单的软件，以解燃眉之急。

开发软件（无论大小）的第一件事是进行需求分析。根据与小张的沟通和交流、对工作流程的调研，基本掌握了对该软件的主要需求。以下列出几个关键性内容：

① 信息输入：客户一般通过电话或网络提出维修请求，包括商品名称和型号、具体维修内容、上门地址或联系电话、时间要求等。

② 信息输出：输出派工单，为一份表格。每单多户，每户包括客户姓名、住址、电话、维修内容、预计到户时间、估计维修时间等。一单派一名维修工，包括姓名和出发时间、预计完成时间，作为业绩考核。

③ 客户分布信息：小张把他管辖的维修范围规划为几个"点"，为每个点命名，并预测了可通达点之间的距离或时间。客户就近归属于某个点定位。

④ 工作效率要求：用最短的时间完成派工单规定的任务。

分析这些信息会发现，问题的关键是要寻找一条从维修部出发，走遍客户的最短路径。那么，如何才能找到最短路径呢？回答还是利用图结构及其有关算法。

与图结构有关的实际问题还有很多，如网络路由器中最佳路径寻找、物流信息中运输路线的选择、仓库位置的选址等。以上 3 个问题将作为实例，将在介绍图结构及其算法的过程中给出初步的解决方案。

6.2　图的基本概念

图是一种这样的数据结构，任何结点间都可以有任意的关联关系。例如，城市间的通达（即交通）关系可构成为图。图 6-1 所示为 5 个城市之间的铁路交通关系。

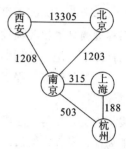

图 6-1　城市铁路交通图

用小圆形表示城市；用小圆形间的连线表示对应两个城市之间的铁路线；在连线上附加一个实数表示两城市间的铁路里程。任意两个城市之间都可以相连，只要有铁路相通。因此，这个实际问题中的数据就被表示成一种图结构。其中，城市抽象为"顶点"，连线抽象为"边"，连线上附加的实数称为边的"权"。

现实世界中还有很多实例可以用图结构表示，如输电线路网络、印制电路板与集成电路的布线等，都直接与图有关，可以用图的方法进行处理。另外，如工作分配、工程进度安排、课程表编制、关系数据库模型设计等都直接或间接与用图有关。

6.2.1　图的定义

简单地说，图是一种用"边"连接"顶点"构成的结构。一般用 V 表示顶点集合，v_i（$i=1$, 2，…，n）表示顶点，即

$$V = \{v_1, v_2, ..., v_n\}$$

用 E 表示边的集合，e_k（$k=1$, 2，…，m）表示边，即

$$E = \{e_1, e_2, ..., e_m\}$$

而边 e_k 又用相关联的顶点表示为（v_i, v_j）或 $<v_i, v_j>$，前者称为无向边，后者称为有向边或弧。无向边是满足 $(v_i, v_j)=(v_j, v_i)$ 的边；有向边是满足 $<v_i, v_j> \neq <v_j, v_i>$ 的边。因此有

$$e_k = (v_{ki}, \ v_{kj}) \quad 或 \quad e_k = <v_{ki}, \ v_{kj}>$$

则有

$$E_{non} = \{ \ (v_{1i}, \ v_{1j}) \ , \ (v_{2i}, \ v_{2j}) \ , ..., \ (v_{mi}, \ v_{mj}) \ \} 或$$

$$E_{dir} = \{<v_{1i}, \ v_{1j}>, \ <v_{2i}, \ v_{2j}>, ..., \ <v_{mi}, \ v_{mj}>\}$$

E_{non} 表示无向边的集合，E_{dir} 表示有向边的集合。如果边附加有权，则称为带权边或带权弧。可表示为

$$E_{non} = \{w_1(v_{1i}, \ v_{1j}) \ , \ w_2(v_{2i}, \ v_{2j}) \ , ..., \ w_m(v_{mi}, \ v_{mj}) \ \} 或$$

$$E_{dir} = \{ \ w_1<v_{1i}, \ v_{1j}>, \ w_2<v_{2i}, \ v_{2j}>, ..., \ w_m <v_{mi}, \ v_{mj}>\}$$

因为图的边可以有向或无向，可以带权或无权，因此，图有几种不同的结构。

定义 6.1[无向图]无向图是顶点集合 V 与无向边集合 E_{non} 构成的结构，记为 $G_{non}(V, E_{non})$。

定义 6.2[有向图]有向图是顶点集合 V 与有向边集合 E_{dir} 构成的结构，记为 $G_{dir}(V, \ E_{dir})$。

定义 6.3[带权图]带权图是在其各边（或弧）上附加权的图（无向图或有向图）。带权图又称为网。

一般情况下，常常统一用 $G(V, E)$ 表示图；图的顶点集合和边集合也可表示为 $V(G)$ 和 $E(G)$；只在图的具体图形表示上或存储结构上才体现有向或无向，带权或无权。

图 6-2 给出 4 个图的实例 G_1、G_2、G_3 和 G_4。

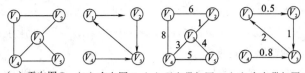

（a）无向图G_1　（b）有向图G_2　（c）无向带权图G_3　（d）有向带权图G_4

图 6-2　图的示例

G_1 的每条边都无方向，故为无向图，表示为

G_1 $(V_1$，$E_1)$，其中：

$\qquad V_1 = V(G_1) = \{v_1, v_2, v_3, v_4, v_5\}$

$\qquad E_1 = E(G_1) = \{(v_1, v_2), (v_1, v_4),$

$\qquad\qquad\qquad\qquad (v_2, v_3), (v_3, v_4),$

$\qquad\qquad\qquad\qquad (v_3, v_5), (v_4, v_5)\}$

G_2 的每条边都有方向，故为有向图。表示为

G_2 $(V_2$，$E_2)$，其中：

$\qquad V_2 = V(G_2) = \{v_1, v_2, v_3, v_4\}$

$\qquad E_2 = E(G_2) = \{<v_1, v_2>, <v_2, v_3>, (v_3, v_1), (v_4, v_3)\}$

G_3 的每条边都带权，故为无向带权图。表示为

G_3 $(V_3$，$E_3)$，其中：

$\qquad V_3 = V(G_3) = \{v_1, v_2, v_3, v_4, v_5\}$

$\qquad E_3 = E(G_3) = \{6(v_1, v_2), 8(v_1, v_4), 1(v_2, v_3), 3(v_3, v_4), 4(v_3, v_5), 5(v_4, v_5)\}$

G_4 的每条边也都带权，故为有向带权图。表示为

G_4 $(V_4$，$E_4)$，其中：

$\qquad V_4 = V(G_4) = \{v_1, v_2, v_3, v_4\}$

$\qquad E_4 = E(G_4) = \{0.5<v_1, v_2>, 1<v_2, v_3>, 2(v_3, v_1), 0.8(v_4, v_3)\}$

6.2.2　关于图的若干术语

下面给出与图有关的几个基本名词或术语。

① 邻接顶点：若图中顶点 v_i、v_j 之间有边(或弧)，则 v_i，v_j 互称为邻接顶点。

② 弧头、弧尾：若有向图中顶点 v_i、v_j 之间有弧$<v_i$，$v_j>$，则表示弧的方向是从 v_i 到 v_j。称 v_i 为弧尾（或始点），称 v_j 为弧头（或终点）。

③ 顶点的入度和出度：对有向图，以顶点 v 为弧头的弧的个数称为顶点 v 的入度，记为 ID(v)。以顶点 v 为弧尾的弧的个数目称为顶点 v 的出度，记为 OD(v)。在图 6-2(b)的图 G_2 中，OD(v_1)=1，ID(v_1)=1，OD(v_3)=1，ID(v_3)=2。

④ 顶点的度：对于无向图，与顶点 v 相关联的边的个数称为顶点 v 的度；记为 TD(v)。如图 6-2(a) 的无向图 G_1 有 TD(v_1) = 2，TD(v_3) = 3。对于有向图，顶点 v 的入度和出度之和称为顶点 v 的度，也记为 TD(v)；并有 TD(v)=OD(v)+ID(v)。例如，图 6-2(b)的有向图 G_2 有 TD(v_1)=OD(v_1)+ID(v_1)=2，TD(v_3)=OD(v_3)+ID(v_3)=3。

⑤ 路径和路径长度：从顶点 v 出发，若能顺沿边（或弧）到达顶点 u，则称 v 与 u 之间有一条路径，并说 v 与 u 是连通的。路径表示为顶点序列 $(v, v_1, v_2 \cdots\cdots, v_i, u)$；其中 (v, v_1)，(v_1, v_2)，…，(v_i, u) （或 $<v, v_1>$，$<v_1, v_2>$，…，$<v_i, u>$）分别为图的边（或弧）；路径经过的边或弧的个数称为路径长度。

⑥ 简单路径：除第一个顶点和最末一个顶点外，路径的顶点序列中同一顶点不重复出现的路径称为简单路径。例如，图 6-2(a)的图 G_1 存在的路径 $(v_1, v_2, v_3, v_4,)$ 和 $(v_1, v_2, v_3, v_4, v_1)$ 是简单路径，而 $(v_2, v_3, v_4, v_5, v_3, v_2)$ 不是简单路径。

⑦ 回路：第一顶点和最末一个顶点是同一顶点的路径称为回路，或称为环。例如，图 6-2(a)所示的无向图 G_1 有回路 $(v_1, v_2, v_3, v_4, v_1)$ 。

⑧ 简单回路：第一顶点和最末顶点为同一个顶点的简单路径称为简单回路，或称为简单环。

⑨ 子图：设图 $G=(V,E)$ 与 $G'=(V',E')$，若 V' 是 V 的子集，且 E' 是 E 的子集，则 G' 称为 G 的子图。例如，图 6-3 中的 4 个图都是图 6-1 中 G_1 的子图。图 6-4 中的 4 个图都是图 6-2 中 G_2 的子图。子图的实质是取一个图中部分顶点和边（或弧）构成的图。特别地，图是自身的子图。

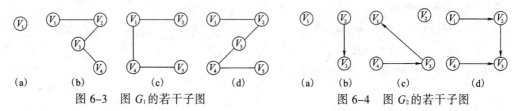

图 6-3　图 G_1 的若干子图　　　　图 6-4　图 G_2 的若干子图

⑩ 连通图：对于无向图 G，若任意两顶点 v 和 u 之间都存在一条路径，或者说都是连通的，则称图 G 是连通图。

⑪ 连通分量：对于无向图，图的极大连通子图称为其连通分量。任何连通图的连通分量只有一个，即其自身。而非连通图有多个连通分量。例如，图 6-5(a)中的 G_5 是非连通图，图 6-5(b)给出了它的 3 个连通分量。

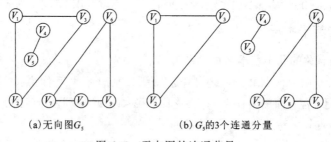

(a)无向图 G_5　　　　(b) G_5 的3个连通分量

图 6-5　无向图的连通分量

⑫ 强连通图：对于有向图，若任意两顶点 v 和 u 都存在从 v 到 u 和从 u 到 v 的路径，则称该图为强连通图。

⑬ 强连通分量：有向图中的极大强连通子图称为该有向图的强连通分量。强连通图只有一个强连通分量，即其自身；非强连通有向图有多个强连通分量。例如，图 6-2(b)中 G_2 不是强连通图，但它有两个强连通分量，如图 6-6(a)、(b)所示。

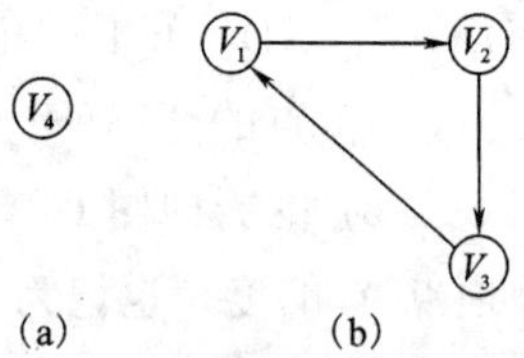

(a)　　　　(b)

图 6-6　图 G_2 的强连通分量

6.2.3 图的基本性质

性质 6.1 n 个顶点的无向图最多有 $n(n-1)/2$ 条边。n 个顶点的有向图最多有 $n(n-1)$ 条弧。

图的任何一个顶点最多与其余 $n-1$ 个顶点各有一条边，故 n 个顶点最多有 n 组 $n-1$ 条边。对无向图，因为同一对顶点的两条边实际是同一条边，所以无向图最多有 $n(n-1)/2$ 条边。

对有向图，同一对顶点的两条弧是不同的弧，所以有向图最多有 $n(n-1)$ 条弧。

若 n 个顶点的无向图有 $n(n-1)/2$ 条边，则称其为无向完全图，如图 6-7 所示。若 n 个顶点的有向图有 $n(n-1)$ 条边，则称之为有向完全图，如图 6-8 所示。若图中边或弧的数目很少，则称为稀疏图。反之，若边或弧的数目接近完全图，则称为稠密图。

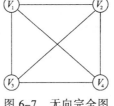

图 6-7 无向完全图

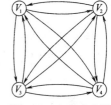

图 6-8 有向完全图

性质 6.2 n 个顶点的无向连通图最少有 $(n-1)$ 条边。

若 n 个顶点的无向图有少于 $(n-1)$ 条边，则必至少有一个顶点的度为 0，即不与其他任何顶点相邻，为非连通图。若只有 $(n-1)$ 条边，则该图不存在回路，图蜕化为树。若有多于 $(n-1)$ 条边，则该图必存在回路。

性质 6.3 完全图必是连通图（无向图）或强连通图（有向图）。

性质 6.4 无向图可以表示为有向图，只要把无向图的边用不同两个方向的弧替代即可。例如，图 6-7 所示的无向图可表示为图 6-8 所示的有向图。

6.2.4 图的基本操作

图主要有表 6-1 列出的 11 种基本运算。

表 6-1 图的基本运算

序 号	名 称	函 数 表 示	功 能 说 明
1	创建图	GraphCreate ()	给定集合 V 和 E 创建图 G，返回 G
2	查找顶点	LocateVex ()	查找与给定值相等顶点，返回顶点位置，否则返回 0
3	读顶点	GetVex()	返回指定顶点数据
4	顶点赋值	PutVex()	对指定顶点赋给定值
5	插入顶点	InsertVex()	在图中增加新顶点 v
6	删除顶点	DeleteVex()	删除图中顶点 v，及其所有边或弧
7	插入边或弧	InsertEdje()	在图中插入 v_i 到 v_j 的边或弧
8	删除边或弧	DeleteEdje()	从图中删除 v_i 到 v_j 的边或弧
9	求顶点的度	GetVexDegree()	返回给定顶点的度、入度或出度
10	图遍历	GraphTravel()	广度优先或深度优先遍历图
11	求路径	GraphFindPath()	寻找从顶点 u 到顶点 v 的一条路径

6.3 图的存储结构

图是一种比较复杂的数据结构。任意两个顶点之间都可能发生关联，逻辑关系错综复杂。根据图的定义，表示一个图有两组信息——顶点集合和边（或弧）集合，必要时还包含附加的权。因此，无论采用何种存储结构存储图都必须完整地、准确地反映这两方面的信息。

6.3.1 邻接矩阵法

邻接矩阵法是图的一种顺序存储结构，其本质是运用数组存储图。

1. 邻接矩阵

设有如图 6-2 中的图 G_1，并假设顶点数据仅由单个字符构成，为 A、B、C、D、E。顶点可存储为如图 6-9（a）所示结构，称为顶点表。边（或弧，以下统称为边）可存储为如图 6-9(b)所示结构，称边表或邻接矩阵。在边表中，"1" 表示行号标志的顶点与列号标志的顶点间有边，"0" 则表示无边。

一般来说，顶点表表示为

$$V = (v_1, v_2, \ldots, v_n)$$

是一个向量。邻接矩阵表示为

$$E = \begin{pmatrix} e_{11}, & e_{12}, & \cdots, & e_{1n} \\ e_{21}, & e_{22}, & \cdots, & e_{2n} \\ & \cdots & & \\ e_{n1}, & e_{n2}, & \cdots, & e_{nn} \end{pmatrix}$$

是一个矩阵。对不带权图有

$$e_{ij} = \begin{cases} 1 & \text{当边}(v_i, v_j)\text{或弧}<v_i, v_j>\text{存在} \\ 0 & \text{当边}(v_i, v_j)\text{或弧}<v_i, v_j>\text{不存在} \end{cases}$$

对带权的图有

$$e_{ij} = \begin{cases} w_{ij} & \text{当}w_{ij}(v_i, v_j)\text{或}w_{ij}<v_i, v_j>\text{存在且}i \neq j \\ \infty & \text{当}w_{ij}(v_i, v_j)\text{或}w_{ij}<v_i, v_j>\text{不存在且}i \neq j \\ \infty\text{或}0 & \text{当}i = j \end{cases}$$

图 6-9 中右侧：

1	2	3	4	5
A	B	C	D	E

(a)顶点表

	1	2	3	4	5
1	0	1	0	1	0
2	1	0	1	0	0
3	0	1	0	1	1
4	1	0	1	0	1
5	0	0	1	1	0

(b)邻接矩阵

图 6-9 邻接矩阵法

2. 邻接矩阵法的存储结构

① 顶点表：顶点表实际是一个线性表，用一维数组存储。所有顶点按规定的顺序存储于低下标端。如定义数组为

```
#define MAXSIZE  50
char vex[MAXSIZE];
int vn;
```

其中，vex[]为顺序表，vn 为顶点个数。

② 邻接矩阵：邻接矩阵用二维数组存储。所有边按顶点表的对应顺序存储于行和列的低下标端。如定义数组为

```
#define MAXSIZE  50
int Edje[MAXSIZE][MAXSIZE];
int En;
```

其中，Edje[][]为矩阵的顺序存储结构，En 为边的条数。

③ 图的邻接矩阵法存储结构：图的邻接矩阵法的存储结构为顶点表与邻接矩阵的联合。邻接矩阵法结构类型的类 C 语言描述为结构类型描述 6.1。

结构类型描述 6.1：

```
#define MAXSIZE  50
typedef struct
{   char vex[MAXSIZE];
    int Edje[MAXSIZE][MAXSIZE];
    int vn,en;
}QraphMatrix;
```

以下许多算法都基于结构类型描述 6.1。

3．邻接矩阵的特点

从图的邻接矩阵表示法不难看出如下一些特点：

① 无向图或带权无向图的邻接矩阵是一个对称矩阵。因此，无向图的邻接矩阵可以用上三角阵或下三角阵改善。有向图或带权有向图的邻接矩阵未必是对称矩阵。

② 对无向图，顶点 v_i 的度是邻接矩阵第 i 行或第 i 列上 "1" 的个数。对有向图，顶点 v_i 的入度是邻接矩阵第 i 列上 "1" 的个数；出度是第 i 行上 "1" 的个数。因此，求顶点度的算法极其简单。

③ 邻接矩阵的存储空间只与顶点个数有关，而与边数无关。在边数很少时，可以采用稀疏矩阵存储策略。

④ 通过矩阵运算可以研究顶点间的通达性，即 v_i 与 v_j 之间是否存在路径或回路。例如，有向图 G_6，如图 6-10(a)所示，其邻接矩阵 A 如图 6-10 (b) 所示。矩阵 A 实际上也表示出了经过一条弧的路径。那么，怎样表示出经过 2 条弧、3 条弧、……的路径呢？图 G_6 有回路吗？为此，只要用矩阵相乘计算出 A^2、A^3、A^4、A^5，并对它们进行分析就知道了。

图 6-10(c)～图 6-10(f)是矩阵 A 的 2 次方到 5 次方的结果。分析 A^2 知，经过两条边的路径有 (A,B,C)，(A,B,E)，(B,E,A)，(B,C,D)，(E,A,D)。分析 A^3 可知，经过 3 条边的路径有 (A,B,E,A)，(A,B,C,D)，(B,E,A,D)，(E,A,B,C)，(E,A,B,E)。分析 A^3 还可知，有两个回路 (A,B,E,A) 和 (E,A,B,E)。类似地，可以继续分析 A^4 和 A^5。需要注意的是，这些路径和回路未必都是简单路径或简单回路。

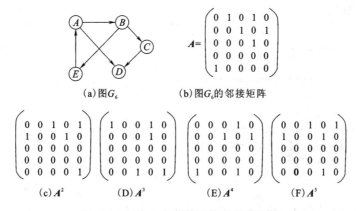

(a)图 G_6　　　　(b)图 G_6 的邻接矩阵

(c)A^2　　　(D)A^3　　　(E)A^4　　　(F)A^5

图 6-10　图 G_6 的邻接矩阵及矩阵运算

4．带权图邻接矩阵的例子

作为一个例子，图6-11给出带权有向图 G_7 的邻接矩阵。在图6-11（b）中，用"∞"表示无弧存在。因为权可以是任意实数，所以结构类型描述中的二维数组应定义为实数类型（如类 C 语言的 float）。

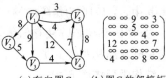

(a)有向图 G_7　(b)图 G_7 的邻接矩阵

图6-11　一个带权图的邻接矩阵例

6.3.2　基于邻接矩阵法的基本运算算法

邻接矩阵法的许多优秀特点十分有利于图的基本操作的实现，下面遴选几个进行介绍。以下算法都以结构类型描述 6.1 给出的图的存储结构为例进行讲解。

1．查找顶点

函数表示：LocateVexMatrix(G,v)。

操作含义：在图 G 中查找顶点 v；查找成功返回 1，否则返回 0。

算法思路：该算法十分简单，只要在顶点表中扫描每个顶点数据即可；查找成功返回 1，否则返回 0。

算法描述：

```
LocateVexMatrix(G,v)
{   int i;
    for(i←1;i≤G.vn且G.vex[G.vn]≠v; i←i+1)
    if(i≤G.vn)
        return 1;
    else
        return 0;
}
```

算法评说：算法采用简单的顺序查找，因为顶点个数一般都不很多。

2．插入顶点

函数表示：InsertVexMatrix(G,v)

操作含义：在图 G 中添加顶点 v；添加成功返回 1，否则返回 0。

算法思路：首先在顶点表中插入顶点 v。因为顶点在顶点表中的次序无关紧要，所以就直接插入在原顶点表的尾部。然后，在邻接矩阵的末端插入一行、一列，它与任何顶点都无边，同时把顶点个数加1。

算法描述：

```
InsertVexMatrix(G,v)
{   int i;
    if(G.vn<MAXSIZE且!LocateVexMatrix(G,v))
    {   G.vex[G.vn] ← v;
        G.vn ←G.vn +1;
        for(i←1;i≤G.vn; i←i+1)
            Edje[i][G.vn] ←0;
            Edje[G.vn][i] ←0;
    }
        return 1;
    else
```

```
        return 0;
}
```

算法评说：显然，算法极其简单。实质性的功能只在顶点表的一维数组末端增加了一个数组元素 G.vex[G.vn+1]。同时，对邻接矩阵的行向和列向增加了一行和一列，并赋值它们的所有数组元素为 0，边（或弧）没有增加。但必须在插入前检查数组是否有空元素位置，以及顶点 v 是否已存在。算法中 if 语句的条件"G.vn＜MAXSIZE 且!LocateVexMatrix(G,v)"正是控制这一点。

3. 插入边或弧

函数表示：InsertEdjeMatrix(G,v,u,f)。

操作含义：在图 G 中增加边（v,u）（当 f=0 时）或弧＜v,u＞（当 f=1 时）。插入成功返回 1；若 G 中不存在顶点 v 或 u，或者边（v,u）或弧＜v,u＞已经存在，则返回 0。

算法思路：首先检索顶点表，确定 v 和 u 的顶点号，即在一维数组中的下标 i 和 j。接着根据 f 是 0 还是 1 决定插入操作。若 f 是 0，则赋值 Edje[i][j] 和 Edje[j][i] 为 1；若 f 是 1，则仅赋值 Edje[i][j] 为 1。最后别忘记边数加 1。

算法描述：
```
InsertEdjeMatrix(G,v,u,f)
{    int i,j;
     for(i←1;i≤G.vn 且 G.vex[i]≠v; i←i+1)
     if(i＞G.vn)
         return 0;
     for(j←1;j≤G.vn 且 G.vex[j]≠u; j←j+1)
     if(j＞G.vn)
         return 0;
     if(Edje[i][j]=0)
         Edje[i][j] ←1;
         if(f = 0)
             Edje[j][i] ←1;
         G.en ←G.en +1;
         return 1;
     else
         return 0;
}
```

算法评说：该算法适用于无向图和有向图，但可以分别设计两个算法，使算法单一化。插入多条边时进行多次函数调用。InsertVexMatrix() 和 InsertEdjeMatrix() 的配合可以创建一个邻接矩阵法存储的图。

6.3.3 邻接表法

邻接表法是图的一种链式存储结构，其基本结构要件是单向链。

1. 邻接顶点链

为每个顶点及其邻接顶点建立的单向链称为邻接顶点链。邻接顶点链为顶点 v_i 构造一个链头结点，为 v_i 的所有邻接顶点构造一个链结点，并构成一条带链头结点的单向链。

链头结点包含顶点数据域和链指针域，链指针指向第一个链结点，如图 6-12（b）所示。链结点由顶点序号域和指针域构成，指针指向下一个链结点。链结点的次序可以任意，或逆时针的，或顺时针的；最后一个链结点的指针域为空。图 6-12(b)中以顶点 v_3 为链头结点的邻接顶点链中，4、5 和 2 是 v_3 的邻接顶点的顶点序号；对无向图而言，表示顶点 v_3 与 v_4、v_5 和 v_2 间有边 (v_3, v_4)、(v_3, v_5) 和 (v_3, v_2)；如果是有向图，则表示有以 v_3 为弧尾，分别以 v_4、v_5 和 v_2 为弧头的 3 条弧 $<v_3, v_4>$、$<v_3, v_5>$ 和 $<v_3, v_2>$。

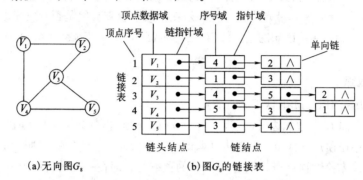

(a)无向图 G_8　　　　(b)图 G_8 的链接表

图 6-12　图的链接表法存储结构示意图

如果是带权图，则在链结点结构中增加一个权值域存储实数即可，如图 6-13 所示。

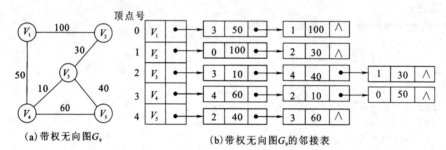

(a)带权无向图 G_9　　　　(b)带权无向图 G_9 的邻接表

图 6-13　带权无向图邻接表例子

邻接顶点链的结构可以定义为：

```
typedef struct node
{    int vexno;
     struct node *next;
}LinkNode;
typedef struct
{    char vex;
     LinkNode poiner;
} HeadNode;
```

其中，LinkNode 定义链结点，HeadNode 定义链头结点。

2. 邻接表

把所有链头结点按确定顺序构成一个线性表，用顺序存储结构方式存储在一维数组中，数组元素的下标即为顶点序号，如图 6-13（b）所示。由此，可以把邻接表看成是一个以邻接顶点链为元素的顺序表。其结构定义如下：

```
#define MAXSIZE  50
typedef struct
{    HeadNode vexlist[MAXSIZE];
     int vn,en;
}AdjList;
```

3．图的邻接表法存储结构

因此，图的链接表法实际是顺序结构与链式结构的结合，是间接寻址结构的变种或扩充。邻接表法的结构类型的类 C 语言描述为结构类型描述 6.2。

结构类型描述 6.2：

```
#define MAXSIZE  50
typedef struct node
{    int vexno;
     struct node *next;
}LinkNode;
typedef struct
{    char vex;
     LinkNode *poiner;
} HeadNode;
typedef struct
{    HeadNode vexlist[MAXSIZE];
     int vn,en;
}AdjList;
```

4．邻接表法的特点

与邻接矩阵法不同，邻接表法有许多自己的特点：

① 设 n 个顶点 e 条边的图，有 n 个链头结点；对无向图有 $2e$ 个链结点，对有向图有 e 个链结点。显然，在边或弧很少的情况下，邻接表法的空间效率极佳。

② 对无向图，顶点 v_i 的度恰好是第 i 条邻接顶点链表上链结点的个数；对有向图则为其出度。若要求有向图的入度必须遍历整个邻接表，显得不便。

③ 在邻接表上很容易查找到任一顶点的第一个邻接点和下一个邻接点，但要判定任意两个顶点（v_i 和 v_j）之间是否有边或弧相连，则需要搜索第 i 或第 j 个邻接顶点链，显得不便。

6.3.4　基于邻接表法的基本运算算法

本节给出几个基于邻接表法的基本运算算法。

1．插入顶点

函数表示：InsertVexAdjList(G,v)。

操作含义：在图 G 中添加顶点 v。

算法思路：首先在邻接表中插入顶点 v。因为顶点在邻接表中的次序无关紧要，所以就直接插入在原邻接表的尾部。其链指针域为空，同时把顶点个数加1。

算法描述：

```
InsertVexAdjlist(G,v)
{    int i;
     if(G.vn<MAXSIZE)
     {    G.vexlist[G.vn].vex ← v;
          G.vexlist[G.vn].pointer ← NULL;
          G.vn ←G.vn +1;
          return 1;
     }
     else
          return 0;
}
```

算法评说：算法的实质性功能只在邻接表（一维数组）末端增加了一个数组元素 G.vex[G.vn+1]。因为没有添加边（或弧），所以该链头结点的链指针为空。

2. 插入边或弧

函数表示：InsertEdjeAdjlist(G,v,u,f)。

操作含义：在图 G 中增加边（v,u）和（u,v）（当 f=0 时）或弧<v,u>（当 f=1 时）。插入成功返回 1；若 G 中不存在顶点 v 或 u，或者边（v,u）或弧<v,u>已经存在，则返回 0。

算法思路：首先检索邻接表，确定 v 和 u 的顶点号，即在一维数组中的下标 i 和 j。接着根据 f 是 0 还是 1 决定插入操作。若 f 是 0，则分别在第 i 和 j 条链上各添加一个相应链结点。若 f 是 1，则仅在第 i 条链上添加一个关于 j 的链结点，且边数加 1。

算法描述：

```
InsertEdjeAdjlist(G,v,u,f)
{   int i,j;
    LinkNode *p,q;
    for(i←1;i≤G.vn 且 G.vexlist[i].vex≠v; i←i+1)
    if(i>G.vn)
        return 0;
    for(j←1;j≤G.vn 且 G.vexlist[j].vex≠u; j←j+1)
    if(j>G.vn 或 i=j)
        return 0;
    p ←G.vexlist[i].pointer;
    q ←p;
    while(p≠NULL 且 p->vexno≠j)
    {   q ←p;
        p ←p->next;
    }
    if(p=NULL)
    {   p ←申请一个 LinkNode 结点空间地址;
        p->vexno ←j;
        p->vexno ←NULL;
        q->next ←p;
    }
    else
        return 0;
    if(f=0)
    {   p ←G.vexlist[j].pointer;
        q ←p;
        while(p≠NULL)
        {   q ←p;
            p ←p->next;
        }
        p ←申请一个 LinkNode 结点空间的地址;
        p->vexno ←i;
        p->vexno ←NULL;
        q->next ←p;
    }
    return 1;
}
```

算法评说：该算法适用于无向图和有向图，但可以分别设计两个算法，使算法单一化。插入多条边时进行多次函数调用。InsertVexAdjList()和 InsertEdjeAdjlist()的配合可以创建一个邻接表法存储的图。

3. 求无向图顶点的度

函数表示：GetVexTDnon(G,v)。

操作含义：返回无向图 G 的顶点 v 的度。

算法思路：首先在邻接表中检索顶点 v，然后数一下顶点 v 的邻接顶点链中有几个链结点，最后返回这个计数。

算法描述：

```
GetVexTDnon(G,v)
{   int i;
    LinkNode *p;
    for(i←1;i≤G.vn 且 G.vexlist[i].vex≠v; i←i+1)
    if(i>G.vn)
        return 0;
    p ←G.vexlist[i].pointer;
    i←0;
    while(p≠NULL)
        i ←i+1;
        p ←p->next;
    }
    return i;
}
```

算法评说：本算法只求无向图的顶点的度；也可以用于求有向图的结点的出度。但求有向图的结点的入度就麻烦一些，几乎要根据给定顶点 v 去扫描整个邻接表才能确定入度。基本思想是，先通过邻接表取得顶点序号，再在每一条邻接顶点链中数一下这个顶点序号出现的次数才能得到。

6.4 图 的 遍 历

从图的某个顶点出发，访问图中每个顶点且每个顶点只访问一次，称为图的遍历；遍历的结果是一个顶点序列。常用的图遍历方式有两种：深度优先遍历和广度优先遍历。一般来说，广度优先遍历用于无向图，深度优先遍历用于有向图。

由于图结构本身的复杂性，使得图的遍历过程比较复杂。主要表现在以下几个方面：

① 图中没有唯一开始点，可从任意一顶点开始遍历，因此必须确定开始点。

② 从一个顶点出发只能访问它所在连通分量的各顶点；对于非连通图还需考虑其他连通分量上顶点的访问。因此，这里只讨论连通图的遍历问题。

③ 如果图有回路存在，则访问一个顶点之后又可能沿回路回到该顶点，从而造成无限循环。为避免对同一顶点的多次访问，在遍历过程中必须记住已访问过的顶点。因此，通常设置一个一维辅助数组，用于记录顶点被访问的情况。

④ 一个顶点可能与多个顶点相邻，因此必须确定一个固定的次序，并按这个次序访问相邻接的顶点。

6.4.1 深度优先遍历

深度优先遍历是从某顶点出发，沿着它的一条路径不断深入地访问图上的顶点，并按访问的次序输出所有顶点。深度优先遍历一般用于有向图，并记为 DFS(Depth First Search)。

1. 深度优先遍历的概念

图的深度优先遍历类似树的前序遍历。采用的搜索方法是，尽可能先向纵深方向延伸，即从某顶点开始沿路径方向进行搜索，故称为深度优先搜索。当不能再向前延伸时便回退到某顶点从另一个方向搜索。因此，称采用这种搜索过程遍历图的方法为深度优先遍历。

深度优先遍历的过程可以这样描述，设给定图 G 的初态是所有顶点均未曾访问过，任选其一个顶点 v 为出发点(称源点)。从 v 出发，先访问 v，接着搜索 v 的一个未被访问过的邻接顶点 w；访问 w，再以 w 为出发点搜索 w 的一个未被访问过的邻接顶点。如此继续，直到不再存在未被访问过的邻接顶点为止。如果这时尚有未被访问过的顶点，则退回到上一个顶点继续搜索。直至所有顶点都被访问完为止。

不失一般性地，通常把图的第一个顶点确定为遍历源点。搜索邻接顶点时按逆时针次序。深度优先遍历得到的顶点序列称为深度优先遍历序列。

2. 深度优先遍历过程的示范

以有向连通图为例，如图 6-14 所示。深度优先遍历的过程是，选择顶点 A 为源点，访问 A 。A 的未被访问过的邻接顶点有 D 和 E；按逆时针次序访问 D。同法，从 D 出发访问 G，从 G 出发访问 H。H 没有邻接顶点，回退到 G。从 G 出发访问 E，从 E 出发访问 B，从 B 出发访问 C，从 C 出发访问 F。F 没有邻接顶点，回退到 C。C 的所有邻接顶点都已访问过，回退到 B。B 的所有邻接顶点都已访问过，回退到 E。E 的所有邻接顶点都

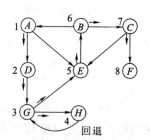

图 6-14　图的深度优先遍历

已访问过，回退到 G。G 的所有邻接顶点都已访问过，回退到 D，D 的所有邻接顶点都已访问过，回退到 A。 A 的所有邻接顶点都已访问过，且 A 是源点，结束遍历过程。最后得深度优先遍历序列 DFS = (A,D,G,H,E,B,C,F) 。

3. 深度优先遍历算法

函数表示：GraphDFSTravel(G)。

操作含义：深度优先遍历图 G，并返回遍历序列。

算法思路：设有向连通图 G，存储结构为结构类型描述 6.1 表示的邻接矩阵法。算法设计的关键有 3 点：一是如何判断一个顶点是否已被访问过；二是如何搜索到下一个要访问的顶点；三是如何安排和处置遍历序列。为此，定义一维数组 visited[]，以标记访问过的顶点；数组元素初值为 0，访问过的顶点的对应数组元素改为 1。再定义一维数组 vexlist[] 存放遍历序列。

为不失一般性，把图的第一个顶点 V1（顶点表数组的第一个元素）作为源点开始遍历。令 Vi（开始时 i=1）为源点，则操作过程如下：

① 访问 Vi（即存储 Vi 到 vexlist[] 中）。

② 置 visited[i] 为 1（表示 Vi 已访问过）。

③ 扫描邻接矩阵第 i 行，若有 Edje[i][j]=1（j=1、2、…、n）且 visited[j]=0 存在（表示遍历未结束），令为 Vj。

④ 以 V_i 为源点重复执行①~③。

⑤ 最后输出顶点序列。

显然，这是一个递归过程，适合设计为递归算法。

算法描述：本算法基于结构类型描述 6.1。

```
GraphDFSTravel(G)
{   int i,j,k;
    int visited[MAXSIZE];
    char vexlist[MAXSIZE];
    k←1;
    for(i←1;i≤G.vn; i←i+1)
        Visited[i]←0;
    DFST(G,1);
    for(i←1;i≤G.vn; i←i+1)
        printf("%c ",vexlist[i]);
DFST(G,v)
{   vexlist[k]←G.vex[v];
    k←k+1;
    Visited[v]←1;
    j←1;
    while(j≤G.vn)
    {   if(Edje[v][j]=1 且 Visited[v]= 0)
            DFST(G,j);
        j←j+1;
    }
```

算法评说：函数 DFST()是递归的。函数 GraphDFSTravel()用 printf()输出遍历序列只是一个示例。可以根据对序列的使用性质处理该序列，如作为某函数的输入。因为遍历过程要扫描邻接矩阵的每个元素，所以该算法的时间复杂度为 $O(n^2)$。如果采用邻接表存储结构则时间复杂度将为 $O(n+e)$，其中 e 为弧的个数。请读者试设计一个邻接表存储的图的深度优先遍历算法，同样可以是递归的。

6.4.2 广度优先遍历

广度优先遍历是从某顶点出发，逐层地访问图上的顶点，并按访问次序输出所有顶点。广度优先遍历一般用于无向图，并记为 BFS(Breadth First Search)。遍历得到的顶点序列称为广度优先遍历序列。

1. 广度优先遍历的概念

图的广度优先遍历类似树的层次遍历。基本思想是，在访问一个顶点之后，先搜索并访问该顶点的全部邻接顶点，然后再深入到下一层顶点，故称之为广度优先遍历，也称宽度优先搜索。

对于一个连通图，广度优先遍历可以这样描述，在图 G 中任选一顶点 v_i 作为源点，访问 v_i，并从该点出发，依次搜索 v_i 的所有邻接顶点。然后，把这些邻接顶点作为源点，逐一依次访问它们各自的邻接顶点，并保证"先被访问过的邻接顶点"先于"后被访问的邻接顶点"，因此也称"先被访问的顶点先出发"原则，直至图中所有顶点都被访问过为止。

对于一个非连通图，上面的遍历过程只遍历了其中的一个连通分量，图中仍有顶点未被访问。这是需另选一个未被访问过的顶点作为新的源点，并重复上述过程。为了简单又不失一般性，这里只讨论连通的广度优先遍历。

在对图进行广度优先遍历时，通常需要确定一个源点，并确定源点的邻接顶点的搜索次序。一般来说，直接把图的第一个顶点 v_1 设为源点，按从左向右的次序搜索下层邻接顶点。

2．广度优先遍历的示范

以无向连通图为例，如图 6-15 所示。广度优先遍历的过程是，选择图中顶点 A 为源点，访问 A。从 A 出发搜索到邻接点 D、E 和 B，依次访问 D、E、B。按 D、E、B 的次序，先从 D 出发搜索到 D 的邻接顶点 G，访问 G，再从 E 出发搜索到 E 的邻接点 G、C、B。因为 G 和 B 已被访问过，所以访问 C。最后从 B 出发搜索到 A、E、C，因为 A、E、C 已被访问过，所以进入下一层。下一层的出

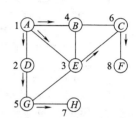

图 6-15　图的广度优先遍历

发点有 G 和 C。先从 G 出发搜索到 H、E、D，因为 E 和 D 已被访问过，所以访问 H。再从 C 出发搜索到 B、E、F，因为 B 和 E 已被访问过，所以访问 F。进入下一层 H 和 F。先从 H 出发搜索到 G，G 已被访问过，再从 F 出发搜索到 C，C 已被访问过，则进入下一层。但下一层没有顶点，结束遍历。得到广度优先遍历序列 BFS = (A,D,E,B,G,C,H,F)，即图 6-15 中顶点左边的序号次序。

3．广度优先遍历算法

函数表示：GraphBFSTravel(G)。

操作含义：广度优先遍历图 G，并返回遍历序列。

算法思路：设无向连通图 G，存储结构为结构类型描述 6.1 表示的邻接矩阵法。本算法设计同样也有 3 个关键问题：一是如何判断一个顶点是否已被访问过；二是如何搜索到下一个要访问的顶点；三是如何安排和处置遍历序列。为此，预定义一个一维数组 visited[]，以标记访问过的顶点；数组元素初值为 0，访问过的顶点的对应数组元素改为 1。定义一个辅助队列 Q[]，按访问次序存放已访问过的顶点，以控制按层次遍历。再定义一维数组 vexlist[] 存放遍历序列。

为不失一般性，把图的第一个顶点 V_1（顶点表数组的第一个元素）作为源点开始遍历。令 V_i（开始时 i=1）为源点，则操作过程如下：

① 访问 V_i（即存储 V_i 到 vexlist[] 中）。

② 置 visited[i] 为 1（表示 V_i 已访问过）。

③ V_i（i≠1 时）入队 Q。

④ 扫描邻接矩阵第 i 行，每当遇 Edje[i][j]=1（j=1，2,…,n）且 visited[j]=0 的顶点（表示遍历未结束），令为 V_i，并执行操作①～③。

⑤ 若队列不空，则从队列 Q 出队一个顶点，令其为 V_i，执行操作①～④。

⑥ 若队列为空，则输出序列。

算法描述：本算法基于结构类型描述 6.1。

```
#define M 100
typedef struct
{       int vexno[M];
    int Front=0,Rear=0;
    }BFSQueue;
GraphBFSTravel(G)
```

```
{    int i,j,k;
     int visited[MAXSIZE];
     char vexlist[MAXSIZE];
     BFSQueue Q;
     k←1;
     for(i←1;i≤G.vn; i←i+1)
         Visited[i]←0;
     vexlist[k]←G.vex[1]
     BFSQueueIn(Q,1);
     visited[k]=1;
     while(!BFSQueueEmpty())
     {    i←BFSQueueGet(Q);
          BFSQueueOut(Q);
          for(j←1;j≤G.vn; j←j+1)
          {    if(Edje[i][j]=1 且 Visited[v]= 0)
               {    k←k+1;
                    vexlist[k]←G.vex[j]
                    BFSQueueIn(Q,j);
                    visited[j]=1;
               }
               j←j+1;
          }
     for(i←1;i≤G.vn; i←i+1)
          printf("%c ",vexlist[i]);
}
```

算法评说：本算法是非递归的，但也可以设计为递归算法。算法中还定义并运用了自带的队列结构描述和基本运算的函数，这应不是遍历算法本身的内容。但对一个有效算法而言，这也是必需的。对图 6-15 执行这个算法得到的遍历序列与示范示例中的结果不同。这正说明，遍历序列不是唯一的，与源点的选择及邻接得到的扫描次序有关。在范例和本算法中，虽然源点相同，但邻接得到的扫描次序不同。前者是逆时针次序，后者是顶点表的次序。

本算法的时间复杂度与 DFS 相同，为 $O(n^2)$。

6.5　几个典型问题的算法设计

图是构造能力十分强大的一种数据结构。在实际数据处理问题中有广泛的应用。比较成熟且典型的有最小代价生成树、拓扑排序和最短路径等几个常见问题。

6.5.1　最小代价生成树问题

在 6.1 节的问题 1 中提出了一个问题，即在若干城市之间如何用最小的代价铺设能连通所有城市的光纤通信设施。假设要在 5 个城市之间铺设光纤，不同城市之间的代价如图 6-16 所示。图 6-16 (a) 是 5 城市之间的投资预算方案，边上的权代表代价，如投资等级或 n 千万元。图 6-16 (b) 是邻接矩阵，主对角线上的元素为 0，两顶点间有边者为权值，无边者为无穷大。图 6-16 (c) 是通过目测得到的两个最佳投资方案，投资最小，称为最小代价生成树。

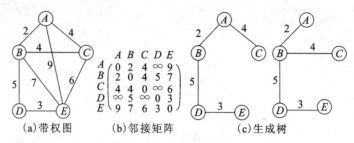

图 6-16　最小生成树例

1. 最小代价生成树的概念

称图 6-16（c）为树，是因为它没有回路，且连通。称其代价最小，是因为它边数最少，且在所有生成树中是权和最小者之一。因此，最小代价生成树的定义如下：

定义 6.4[生成树]　设有 n 个顶点的连通图 $G(V,E)$，选取 E 中 $n-1$ 条边构成集合 E'，且 $G'(V,E')$ 为 G 的极小连通子图，则称 G' 为 G 的生成树，记为 $T(V,E')$。

显然，生成树的所有边都是图 G 的边，且是连通的，没有回路的。一个图的生成树不止一棵。

定义 6.5[最小代价生成树]　带权无向连通图的、具有最小权的生成树，称为最小代价生成树。

这里须假设图 G 的所有权值都大于 0。一个图的最小代价生成树可能有多棵。例如，在图 6-16（c）中，还可以选择边 (A,C) 替代 (B,C)，同样是最小代价生成树。

2. 最小代价生成树的生成算法

对连通图遍历得到的全部顶点与所经过的边就构成一棵生成树。由深度优先遍历得到的生成树称为深度优先生成树；由广度优先遍历得到的生成树称为广度优先生成树。那么，怎样才能生成一棵最小代价生成树呢？答案是可以用成熟的算法——普里姆（Prim）算法，或克鲁斯卡尔(Kruskal)算法实现。

（1）普里姆算法

函数表示：$\text{Prim}(G,v)$。

操作含义：从顶点 v 开始生成图 G 的最小代价生成树为 $T(U,T_e)$。

算法思路：设带权无向图为 $G(V,E)$，最小代价生成树为 $T(U,T_e)$。普里姆算法的基本思想是，先从 V 中任取一个顶点（如 v_1）加入 U。这时生成树 T 仅有一个顶点，无任何边，即 $U=\{v_1\}$，$T_e=\{\}$。接着，从 $E-T_e$ 中选取一条权值最小的边，如 (u,v)；若顶点 u、v 分别处在 U 和 $V-U$ 中（假设 u 在 U 中，v 在 $V-U$ 中），则将边 (u,v) 加入 T_e，将顶点 v 加入 U。权值最小的边可能有多条，则择其一而用之。如此重复，直到 $U=V$、T_e 含有 $n-1$ 条边为止，得 $T(U,T_e)$。

为实现这个算法思想，需借助两个辅助数组 Lowcost[]和 closevex[]，记录从 U 到 $V-U$ 具有最小权值的边。closevex[]存放 U 中的一些顶点号，Lowcost[]存放一些边的权值。其算法意义是，对于 $V-U$ 中的任一顶点 v_k，边(closevex[k],k)的权为 Lowcost[k]；且该权是 v_k 与 U 中各点边的最小权值。若 Lowcost[k]是 Lowcost[]中的最小值，则把边(closevex[k],k)加入 T_e，v_k 加入 U，并置 Lowcost[k]为 0，表示该权以选用过。因为 v_k 的加入，可能引起 $V-U$ 中顶点与 U 中顶点之间的最小权值的变化，所以，每当加入一个顶点后，立即通过邻接矩阵对 Lowcost[]进行调整，使 Lowcost[]中的权满足上述条件。

显然，若 Lowcost[k]= 0，则表示 v_k 已在 U 中，且边已删除，不再参与以后的选择。若 0<Lowcost[i]<∞，则表示 v_k 还在 $V-U$ 中，是下一轮选择的候选权值。因此，普里姆算法的步骤可描述如下（设顶点号 v 的顶点为生成起点）：

① closevex[] ←v（v 送入所有元素），Lowcost[] ←邻接矩阵第 v 行所有元素（初始化为 v 到其他顶点的权值）。

② 在 Lowcost[] 中选择最小权，设为 Lowcost[k]；输出(closevex[k]，k)和权值 Lowcost[k]。

③ 置 Lowcost[k]为 0（表示边 (closevex[k], k) 加入 T_e），用邻接矩阵第 k 行调整 Lowcost[] 中的非 0 元素，使有更小的权值。

④ 重复②、③ $n-1$ 次。

为具体说明上述算法思想，以图 6-16（a）、(b)为例展示算法的执行过程。设顶点 A 为起始点，即 $v=1$；设 k(初值设为 v)为顶点号。其最小代价生成树(图 6-16（c）左图)生成的全过程如下：

① 对 $k=1$，用邻接矩阵第 k 行初始化得

closevex[]={1,1,1,1,1},Lowcost[]={0,2,4,∞,9}，如图 6-17（a）所示。

② 选择 Lowcost[2]=2，置 $k=2$，输出边 Lowcost[2](closevex[2],2)，即"2(1,2)"；Lowcost[2] 置 0 得 Lowcost[]={0,0,4,∞,9}。用邻接矩阵第 $k(=2)$行调整得

closevex[]={1,1,1,2,2},Lowcost[]={0,0,4,5,7}，如图 6-17（b）所示。

③ 选择 Lowcost[3]=4，置 $k=3$，输出边 Lowcost[3] (closevex[3],3)，即"4 (1,3)；Lowcost[3] 置 0 得 Lowcost[]={0,0,0,5,7}，用邻接矩阵第 $k(=3)$行调整得

closevex[]={1,1,1,2,3}, Lowcost[]={0,0,0,5,6}。如图 6-17（c）所示。

④ 选择 Lowcost[4]=5，置 $k=4$，输出边 Lowcost[4](closevex[4],4)，即"5 (2,4)"；Lowcost[3] 置 0 得 Lowcost[]={0,0,0,0,6}。用邻接矩阵第 $k(=4)$行调整得

closevex[]={1,1,1,2,4}, Lowcost[]={0,0,0,0,3}，如图 6-17（d）所示。

⑤ 选择 Lowcost[5]=3，置 $k=5$，输出边 Lowcost[5](closevex[5],5)，即"3 (4,5)；Lowcost[5] 置 0 得 Lowcost[]={0,0,0,0,0}，如图 6-17（e）所示。

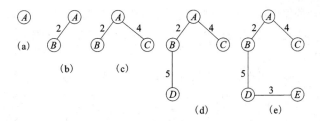

图 6-17 普里姆算法示例

已选择到 $n-1$ 条边，结束。

结果是图 6-16（c）左图的最小代价生成树。这与顶点序号和初始出发点有关，并不重要。

算法描述：本算法基于结构类型描述 6.1。

```
#define  INF  ∞
Prim(G,v)
```

```
{   int lowcost[MAXSIZE];
    int closevex[MAXSIZE];
    int min,i,j,k;;
    for(j←1;j≤G.vn; j←j+1)
        {lowcost[j]←G.Edje[1][j];
        closevex[j] ← v;
    }
    for(i←2;i≤G.vn; i←i+1)
    {   min←INF;
        for(j←1;j≤G.vn; j←j+1)
            if(lowcost[j]!=0且lowcost[j]<min)
            { min←lowcost[j];
                k←j;
            }
        Printf("%d,%d,%d",closevex[k],k,min);
        lowcost[k] ←0;
        for(j←1;j≤G.vn; j←j+1)
            if(G.Edje[k][j]≠0且G.Edje[k][j]<lowcost[j])
            { lowcost[j] ←G.Edje[k][j];
                closevex[j] ←k;
            }
    }
}
```

算法评说：第一个 for 语句初始化 lowcost[]和 closevex[j]；第二个 for 语句控制选择 $n-1$ 条边；嵌套在第二个 for 语句中的前一个 for 语句寻找最小权值；后一个 for 语句调整权值。考察时间复杂度的着眼点是第二个 for 语句，故普里姆算法的时间复杂度为 $O(n^2)$。

（2）克鲁斯卡尔算法

克鲁斯卡尔算法是按图的权值递增顺序构造最小代价生成树的方法，其基本思想可作如下描述。

① 初始时，把图 $G(V,E)$ 的 n 个顶点看成 n 棵生成树，每棵树只含一个顶点，如图 6-18(a)所示。根据邻接矩阵产生"边及权"构成（按权值）递增有序表 E'。以图 6-16（a）为例，递增有序表 E' 如下所列：

$$E' = (2(A,B),3(D,E),4(A,C),4(B,C),5(B,D),6(C,E),7(B,E),9(A,E))$$

② 由左向右从 E' 中取下一个边，如第 1 次取得 $2(A,B)$；若两顶点分别在不同树中，则用之，如图 6-18(b)所示，树的棵数减少 1。否则弃之，因为用之会构成回路。例如，在图 6-18(d)的基础上取 E' 的第 4 条边 $4(B,C)$，因为顶点 B、C 已在同一树中，若用之必构成回路（A、B、C、A）。

③ 重复执行②$n-1$ 次。

以图 6-16（a）为例，用克鲁斯卡尔算法构造最小代价生成树的过程如图 6-18 所示。

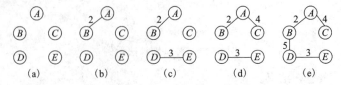

图 6-18　克鲁斯卡尔算法示例

克鲁斯卡尔算法的关键问题有两个：其一是如何根据邻接矩阵生成边的递增有序表；其二是如何判断一条边的加入会不会构成回路。

6.5.2 拓扑排序问题

拓扑排序是图结构的一项重要运算，在实际问题中有广泛的应用，如编制工作计划、安排施工流程、产品生产流水线设计、课程计划安排等。

1. 拓扑排序的定义

定义 6.6[拓扑排序] 设有向图 $G(V,E)$，若顶点序列

$$L(V) = (v_{i1}, v_{i2}, \ldots, v_{in})$$

满足条件：

① $L(V)$ 包含 V 中所有顶点。

② 对 $L(V)$ 中任意两顶点 v_i、v_j，若在 $G(V,E)$ 中存在从 v_i 到 v_j 的路径，则 v_i 必在 v_j 之前，则称 $L(V)$ 为有向图 $G(V,E)$ 的一个拓扑排序。由有向图求一个拓扑序列的过程称为拓扑排序。

2．一个应用实例

6.1 节的问题 2 提出了一个煤气管道工程中编制工程施工计划书的问题。工程施工计划书的核心是编制施工流程。现假设全工程由 $P_1 \sim P_{12}$ 组成，如表 6-2 所示。

表 6-2　煤气管道工程设计表

序　　号	工程代号	工程名称	先决条件	备　　注
1	P_1	路面开槽		
2	P_2	管槽挖土	P_1	
3	P_3	铺设管道	P_2	
4	P_4	接缝焊接	P_3	可与 P_3 交错
5	P_5	加压站		
6	P_6	试水试压	P_4、P_5	
7	P_7	通气试验	P_6、P_{11}	
8	P_8	回填土	P_7	
9	P_9	路面修复	P_8、P_{10}	
10	P_{10}	运土	P_7	可与 P_8 交错
11	P_{11}	室内安装		
12	P_{12}	竣工验收	P_{11}、P_{10}、P_9	

根据表 6-2，可以编制子工程之间的开工关系，如下所示：

$\langle P_1,P_2 \rangle$，$\langle P_2,P_3 \rangle$，$\langle P_3,P_4 \rangle$，$\langle P_4,P_6 \rangle$，$\langle P_5,P_6 \rangle$，$\langle P_6,P_7 \rangle$，$\langle P_7,P_8 \rangle$，$\langle P_{11},P_7 \rangle$，

$\langle P_8,P_9 \rangle$，$\langle P_{10},P_9 \rangle$，$\langle P_7,P_{10} \rangle$，$\langle P_9,P_{12} \rangle$，$\langle P_{10},P_{12} \rangle$，$\langle P_{11},P_{12} \rangle$

称其为部分序。部分序 $\langle P_i,P_j \rangle$ 的意义是，工程 P_j 只能在 P_i 完工之后才能开工。如果把部分序看成是有向图的弧，则整个工程的开工关系就可以表示为有向图。图 6-19 正是根据上面所列部分序制作的有向图，而有向图的一个拓扑序就是施工流程。图 6-20 是根据图 6-19 生成的一个拓扑排序。从这个拓扑排序可以看出，任意两个左右关系的子工程 P_i、P_j 的方向总是由左向右的。还可以看出，由图 6-19 的有向图还可以生成其他拓扑序。例如，拓扑序 (P_1, P_2, P_3, P_5, P_{11}, P_4, P_6, P_7, P_{10}, P_8, P_9, P_{12},) 也是合理施工流程方案之一。

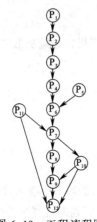

图 6-19　工程流程图

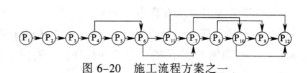

图 6-20　施工流程方案之一

那么，如何从有向图获得一个拓扑排序？这就涉及拓扑排序算法。

3．拓扑排序的算法

函数表示：TopoOrder(G)。

操作含义：输出有向图 G 的一个拓扑序。

算法思路：简单地说，从有向图生成一个拓扑序的过程分为 3 步：

① 在图中寻找任意一个入度为 0 的顶点，输出该顶点。

② 从图中删除该顶点及其所有弧，使其所有邻接顶点的入度减少 1。

③ 重复执行①②，直到所有顶点都已输出为止。

那么，这个算法是否一定能执行到底？这与有向图的构造有关。若有向图存在回路是不能生成拓扑排序的。如图 6-21(a) 所示的有向图，当输出顶点 A、B、D 后，再找不到入度为 0 的顶点，因此，顶点 C、E、F 不能进入拓扑排序。

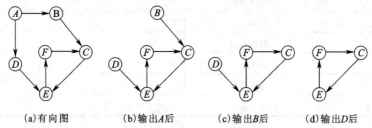

(a)有向图　　　(b)输出A后　　　(c)输出B后　　　(d)输出D后

图 6-21　有回路的有向图不能生成拓扑序

设有向图 G 存储为邻接矩阵。为实现算法，定义一维数组 IDvex[]，其初值为顶点的入度。在算法执行过程中，当 IDvex[i]= 0 时，表示顶点 v_i 的入度为 0；当 IDvex[i]= −1 时，表示顶点 v_i 已输出；当 IDvex[i]>0 时，表示顶点 v_i 的入度为 IDvex[i]。因此，拓扑排序算法执行步骤如下：

① 初始化：IDvex[j]← 邻接矩阵第 j 列元素之和，（j=1，2，...，n）。

② 选择并输出顶点：在 IDvex[] 中选择一个入度为 0 的数组元素，设为 i。若存在这样的 i，则输出 v_i，否则执行④。

③ 删除顶点及弧：IDvex[j] ←IDvex[j] −A[i][j]（j=1，2，...，n），IDvex[i] ←−1，转②继续执行。

④ 若已输出 n 个顶点，则成功终止算法；否则，说明有向图 G 存在回路。

算法描述：本算法基于结构类型描述 6.1。

```
TopoOrder(G)
{   int i,j,k;
    int IDvex[MAXSIZE];
    for(j←1;j≤G.vn; j←j+1)
    {   k ←0;
        for(i←1;i≤G.vn; i←i+1)
            k ←k + G.Edje[i][j];
        IDvex[j] ←k;
    }
    for(k←1;k≤G.vn; k←k+1)
    {   i←1;
        while(i≤G.vn且IDvex[i]≠0)
            i←i+1;
        if(i≤G.vn)
        {Printf("%c", G.vex[i]);
            for(j←1;j≤G.vn; j←j+1)
                IDvex[j] ←IDvex[j]- G.Edje[i][j];
            IDvex[j] ← -1;
        }
        else
        {Printf("G has a cycle!");
            Break;
        }
    }
}
```

算法评说：第一个 for 语句初始化入度数组 IDvex[]；第二个 for 语句控制输出 n 顶点；嵌套的 while 语句寻找入度为 0 的顶点；if 语句判断 G 是否含有回路。因为算法有两个 for 语句的嵌套，本算法的时间复杂度为 $O(n^2)$。

6.5.3　最短路径问题

最短路径问题是借助图结构实现的一类问题。

1. 最短路径的概念

最短路径问题是这样一类问题：例如在若干城市的交通网路中，从甲地到乙地可能有多条通路通达，哪一条通路最短？

如果把城市表示为顶点，把城市间的道路表示为边，道路的长度表示为边上的权，则这三者就构成一个带权图。那么，这个问题也就可以归结为，在图中求两个顶点之间所有通路中边的权和最小的通路，即最短路径。

边上的权不仅可以表示为道路的长度，还可以表示为运输成本、需花费的时间、某设施的建设投资等，可抽象地称为代价。因此，最短路径问题就抽象为探求带权图的具有最小代价的路径问题。

从图中任一顶点（称为源点）出发经过若干条连续的边到达另一顶点（称为终点）的路径可能有多条；其中必有一条总代价是最小的，即最短路径。如对图 6-22（a）给出的有向图，经过直观目测得表 6-3 所示的路径情况。

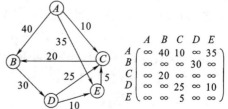

图 6-22　有向图及其邻接矩阵

　　然而，目测可能是不准确不全面的，会有遗漏。那么，如何才能准确找到最短路径？有两种典型的解决方案：单源最短路径算法和每对顶点间最短路径算法。

表 6-3　目测图 6-22 的路径情况

可 能 路 径		最 短 路 径	
路　　径	代　　价	路　　径	代　　价
(A,B)	40		
(A,C,B)	30	(A,C,B)	30
(A,E,C,B)	60		
(A,C)	10		
(A,E,C)	40	(A,C)	10
(A,B,D,C)	95		
(A,B,D)	70		
(A,C,B,D)	60	(A,C,B,D)	60
(A,E,C,B,D)	90		
(A,E)	35	(A,E)	35
(A,C,B,D,E)	70		

2. 单源最短路径算法

　　对于 n 个顶点的有向图，任意确定一个顶点为源点，从源点出发到其余 $n-1$ 个顶点的最短路径，称为单源最短路径。如何求取单源最短路径？E.W. 迪杰斯特拉提出了一个算法，即迪杰斯特拉算法。

　　函数表示：Dijkstra(G,v)。

　　操作含义：根据图 G，求源点 v 到其余各顶点的最短路径。

　　算法思路：迪杰斯特拉算法的基本思想是，按路径长度递增次序产生最短路径。意思是说，先求出最短的一条路径；再求出次短的一条路径；依次顺序产生出所有最短路径。例如，在表 6-3 中，最短路径 (A,C) =10 是最短的一条最短路径，最先求出；(A,C,B) =30 是次短的，在 (A,C) 之后求出；最后求得 (A,C,B,D) =60。

　　迪杰斯特拉算法的实施过程是，把图的顶点分成两个集合 S 和 $V-S$。S 存放已找到最短路径的顶点，初始时只包含源点；$V-S$ 存放还未找到最短路径的顶点。这意味着，源点到 $V-S$ 中各顶点之间都存在一条路径，但未必最短，称为候选路径。迪杰斯特拉算法就是不断地从集合 $V-S$ 中选取这样的顶点 u 加入到集合 S 中，源点到 u 的路径是最短路径；由于产生了一条新最短路径，如果让候选路径经过 u 构成新的路径，有可能使候选路径缩短。例如，对于图 6-22，若 $S=[A]$，$V-S=[B,C,D,E]$，则候选路径是 (A,B)=40，(A,C)=10，$(A,D)=\infty$，(A,E)=35。选择路径 (A,C)=10 为第 1 条最短路径，即有 $S=[A,C]$，$V-S=[B,D,E]$；因为 C 的加入，有可能让其他候选路径经过 C 而使其长度缩短。一个实例是，候选路径 (A,B)=40 是从 A 直接到 B 的路径，因为 C 的加入，有 (A,C) + (C,B) =10+20=30，即用 (A,C,B)=30 代替候选路径 (A,B)，则缩短了不少。如此法，不断提取 $V-S$ 中顶点加入 S，直到生成所有最短路径为止。

　　实例演示：对图 6-22 中的有向图，以顶点 A 为源点，产生 A 到其余各顶点的最短路径的过程，如表 6-4 所示。

　　表的第 1 行显示，源点 A 经过一条边到其余各点的路径长度，路径长度列为邻接矩阵（见图 6-22）第 1 行元素。其中最短的是 (A,C) =10；选择它为第 1 条最短路径，是所有最短路径中最小的，并将 C 加入 S 且出 $V-S$。

表的第 2 行显示，因为 C 的加入，路径 $(A,C,B)=(A,C)+(C,B)=30$ 小于 40，所以用 (A,C,B) 替代 (A,B)，使 A 到 B 的路径缩短。而 $(A,C,D)=(A,C)+(C,D)=10+\infty=\infty$，不能替代 (A,D)；$(A,C,E)=(A,C)+(C,E)=10+\infty=\infty$，不能替代 (A,E)。此时，因为 (A,C,B) 是候选路径中最短的，选择它为第 2 条最短路径。

表的第 3 行显示，因为 B 的加入，路径 $(A,C,B,D)=(A,C,B)+(B,D)=30+30=60$ 小于 ∞，所以用 (A,C,B,D) 替代 (A,D)，使 A 到 D 的路径缩短。而 $(A,C,B,E)=(A,C,B)+(B,E)=30+\infty=\infty$，比 (A,E) 大，不能替代。此时，因为 (A,C,B,D) 是候选路径中最短的，选择它为第 3 条最短路径。

表的第 4 行显示，虽然有 D 的加入，但不能缩短 A 到 E 的路径，故选择它为第 4 条最短路径，它是所有最短路径中最大的。

因为已经选择了 4 条最短路径，操作结束。

表 6-4 实 例 演 示

操作序号	S	$V-S$	候选路径			路径长度	选择次第
			源点	经过点	终点		
1	A	B,C,D,E	A		B	40	1
			A		C	10	
			A		D	∞	
			A		E	35	
2	A,C	B,D,E	A	C	B	30	2
			A		C	10	1
			A		D	∞	
			A		E	35	
3	A,C,B	D,E	A	C	B	30	2
			A		C	10	1
			A	C,B	D	60	
			A		E	35	3
4	A,C,B,D	E	A	C	B	30	2
			A		C	10	1
			A	C,B	D	60	4
			A		E	35	3

由表 6-4 可知，为实现迪杰斯特拉算法序需设置 3 个辅助数组。数组 Svex[] 存放已求得最短路径的顶点，初值为 Svex[v]=1，Svex[i]=0（$i\neq v$）；当 Svex[i]=1 时表示第 i 号顶点在 S 中。数组 Short[] 存放最短路径和候选路径长度。第 3 个数组是 Path[]，初值为 -1；当 Path[i][j]$\neq 0$（$j=1$、2、…）时表示源点到第 i 号顶点的路径经过的第 j 个顶点是第 Path[i][j] 号顶点。

算法描述：本算法基于结构类型描述 6.1。

```
#define  INF  ∞
Dijkstra(G,v)
{   int i,j,k,p,min;
```

```
int Svex[MAXSIZE], Short[MAXSIZE], Path[MAXSIZE][MAXSIZE];
for(j←1;j≤G.vn;j←j+1)
    Svex[j] ←0;
Svex[v] ←1;
for(i←1;i≤G.vn;i←j+1)
    for(j←1;j≤G.vn;j←j+1)
        Path[i][j] ←-1;
for(j←1;j≤G.vn;j←j+1)
    Short[j] ←Edje[v][j];
for(i←2;i≤G.vn;i←j+1)
{ min←INF;
    for(j←1;j≤G.vn;j←j+1)
        if(Svex[j]≠1且Short[j]<min)
        { min←Short[j]
          k←j;
        }
    Svex[k] ←1;
    for(j←1;j≤G.vn; j←j+1)
    {  if(Svex[j]≠1且Short[k]+Edje[k][j]<Short[j])
       { Short[j]←Short[k]+Edje[k][j]
          For(p←1;Path[k][p]≠-1且p≤G.vn- Short[j]2;p←p+1)
              Path[j][p]←Path[k][p];
          Path[j][p] ←k;
       }
    }
}
for(i←1;i≤G.vn;i←j+1)
{    if(i≠v)
   {Printf("\n(%c", G.vex[v]);
       for(j←1; Path[i][j]≠-1且j≤G.vn;j←j+1)
           Printf( "%c,", G.vex[Path[i][j]]);
       Printf( "%c ) = %d", G.vex[i],Short[i]);
   }
}
}
```

算法评说：这个算法稍复杂一点。前 3 个 for 语句主要是 3 个辅助数组初始化处理，第 4 个 for 语句控制最短路径的生成；嵌套其中的第 1 个 for 语句寻找下一个最短路径；嵌套其中的第 2 个 for 语句对候选路径进行调整。第 5 个 for 语句输出所有最短路径；格式为" (顶点，顶点，…) = 路径长度"。算法的关键部分是候选路径调整。

本算法的时间复杂度为 $O(n^2)$。

3. 每对顶点间最短路径算法

对图 G，求任意顶点 v_i 与 v_j （$i, j=1, 2, .., n$；$i≠j$）之间的最短路径，称为每对顶点间最短路径。也许读者会想到，已经有单源最短路径算法。那么，依次以每个顶点为源点，执行单源最短路径算法，综合这些最短路径就得到每对顶点间最短路径了。诚然，这不失是一种求每对顶点间最短路径的方法。但是，R.W.弗洛伊德提出了一个算法，即弗洛伊德算法，可以直接求出每对顶点间的最短路径，称为迭代法。

函数表示：Floyd(G)。

操作含义：求出图 G 的每对顶点间的最短路径。

算法思路：在介绍弗洛伊德算法思想之前，先看下面的事例。

以图 6-22 所示的有向图为例，改造该图的邻接矩阵存储为如图 6-23 所示的矩阵 A_0，即若顶点号 $i=j$，则 $A_0[i][i]$ 为 ∞，否则，$A_0[i][j]$ 为边上的权值。矩阵 A_0 的意义是说，$A_0[i][j]$ 为 i 号顶点与 j 号顶点间不经过任何其他顶点的路径的长度。但是，从 i 号顶点出发如果经过别的顶点到 j 号顶点，其路径长度有可能缩短。先看 A 与 D 之间经过 B 的路径有什么变化。从图 6-22 可以看出，路径 (A,D) 的长度为 ∞（实际是没有边）；如果从 A 出发经过顶点 B 再到 D，即走路径 (A,B,D)，其长度为 70。显然有 $(A,B)+(B,D)<(A,D)$。即 (A,B,D) 可能是 A、D 间的最短路径（只是可能）。如果 A 与 D 之间除经过 B 外再经过其他顶点，路径会不会进一步缩短？这正是弗洛伊德算法要解决的问题。

因此，弗洛伊德算法的基本思想是，从 A_0 出发递推产生矩阵序列 A_0、A_1、…、A_k、A_{k+1}、…A_n。其中，$A_k[i][j]$ 是 i 号顶点到 j 号顶点间可能经过顶点号不超过 k 的那些顶点的路径长度。注意，只是"可能经过"而不是"必须经过"。在图 6-22 中，A、D 间的路径长度因经过 B 而由 ∞ 缩短为 70。但 A、C 间的路径长度不会因经过 B 而缩短。如此，再增加一个顶点并进行迭代，有可能使路径进一步缩短；直至所有顶点都加入并迭代为止，得到全部最短路径。

设图的邻接矩阵为 C，则从 A_k 递推到 A_{k+1} 的迭代公式是

$$A_0[i][j]= C[i][j] \quad （当 i=j 时，A_0[i][i]=\infty）$$
$$A_{k+1}[i][j]= \min\{ A_k[i][j], A_k[i][k]+A_k[k][j]\}$$

显然，当 $A_{k+1}[i][j]$ 用 $A_k[i][k]+A_k[k][j]$ 替换时，说明 $A_{k+1}[i][j]$ 的路径长度比 $A_k[i][j]$ 缩短了，且 i 号顶点到 j 号顶点的路径必经过 k 号顶点，反之不经过 k 号顶点。由此可见，$A_n[i][j]$ 是 i 号顶点到 j 号顶点的路径长度；该路径长度可能是经过 n 个顶点中的某些顶点（但不包括 i 号和 j 号顶点），或不经过任何顶点的最短路径。

实例演示：对图 6-22 的有向图，令 $A_0 = C$，并置 $A_0[i][i]=\infty$，则迭代的矩阵序列如图 6-23 所示。A_1 是用第 1 号顶点，从 A_0 递推得到的矩阵。图中带方框的数据表示，在 A_0 基础上迭代而使路径长度缩短了的长度。依次用第 2、3、4、5 顶点递推得到 A_2、A_3、A_4、A_5。最终，$A_5[i][j]$ 是 i 号顶点到 j 号顶点的最小路径长度。

$$A_0= \begin{pmatrix} \infty & 40 & 10 & \infty & 35 \\ \infty & \infty & \infty & 30 & \infty \\ \infty & 20 & \infty & \infty & \infty \\ \infty & \infty & 25 & \infty & 10 \\ \infty & \infty & 5 & \infty & \infty \end{pmatrix} \quad A_1= \begin{pmatrix} \infty & 40 & 10 & \infty & 35 \\ \infty & \infty & \infty & 30 & \infty \\ \infty & 20 & \infty & \infty & \infty \\ \infty & \infty & 25 & \infty & 10 \\ \infty & \infty & 5 & \infty & \infty \end{pmatrix} \quad A_2= \begin{pmatrix} 0 & 40 & 10 & \boxed{70} & 35 \\ \infty & 0 & \infty & 30 & \infty \\ \infty & 20 & 0 & \boxed{50} & \infty \\ \infty & \infty & 25 & 0 & 10 \\ \infty & \infty & 5 & \infty & 0 \end{pmatrix}$$

$$A_3= \begin{pmatrix} 0 & \boxed{30} & 10 & \boxed{60} & 35 \\ \infty & 0 & \infty & 30 & \infty \\ \infty & 20 & 0 & 50 & \infty \\ \infty & \boxed{55} & 25 & 0 & 10 \\ \infty & \boxed{25} & 5 & \boxed{55} & 0 \end{pmatrix} \quad A_4= \begin{pmatrix} 0 & 30 & 10 & 60 & 35 \\ \infty & 0 & \boxed{55} & 30 & \boxed{40} \\ \infty & 20 & 0 & 50 & \boxed{60} \\ \infty & \boxed{45} & 25 & 0 & 10 \\ \infty & 25 & 5 & 55 & 0 \end{pmatrix} \quad A_5= \begin{pmatrix} 0 & 30 & 10 & 60 & 35 \\ \infty & 0 & \boxed{45} & 30 & 40 \\ \infty & 20 & 0 & 50 & 60 \\ \infty & 45 & 15 & 0 & 10 \\ \infty & 25 & 5 & 55 & 0 \end{pmatrix}$$

图 6-23 矩阵序列例

算法描述：本算法基于结构类型描述 6.1。

```
#define  INF  ∞
Floyd(G)
{   int i,j,k;
    int A[MAXSIZE];
    for(i←1;i≤G.vn;i←i+1)
        for(j←1;j≤G.vn;j←j+1)
            if(i≠j)
```

```
            A[i][j] ←Edje[i][j];
        else
            A[i][j] ←0;
    for(k←1;k≤G.vn;k←k+1)
        for(i←1;i≤G.vn;i←i+1)
            for(j←1;j≤G.vn;j←j+1)
                if(A[i][k]+A[k][j]<A[i][j])
                    A[i][j] ←A[i][k]+A[k][j];
}
```

算法评说：这个算法看似很简单，但要使用还需添加一些功能。主要是要记录每条路径经过的顶点序列，并输出它们。

本算法的第 1 个 for 语句用于生成矩阵 A_0，第 2 个 for 语句是 3 个 for 语句的嵌套，最后得到 A_n。

本算法的时间复杂度为 $O(n^3)$。

4. 最短路径问题的一个实际应用

在 6.1 节的问题 3 中，提出了编制派工单处理要求。下面给出一个初步的解决方案以及主要的图结构技术应用。

① 主要基础准备：根据维修部管辖的地理范围，规划客户归属集中点并命名，探测各集中点之间有无通路，预测通过通路所需的时间。把这些信息列成一张表，如表 6-5 所示。

表 6-5　维修管辖范围规划信息表

点　号	名　称	归 属 范 围	备　注
1	维修部点	A 小区，B 小区，…	派工出发点
2	龙江点	C 小区，D 小区，…	
3	城北点	E 小区，F 小区，…	
…	…	…	
n	模范区点	G 小区，H 小区，…	

根据规划信息绘制一张图 G，用"点号"表示顶点。作为例子，图 6-24 是以 8 个集中点为例绘制的一个带权无向图及其邻接矩阵。权值表示（以分钟为单位）通过边要花的时间。

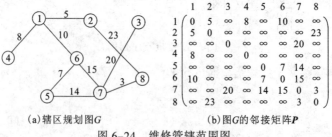

（a）辖区规划图 G　　　　　（b）图 G 的邻接矩阵 P

图 6-24　维修管辖范围图

② 整理客户请求：根据接收到的客户维修申请，估计必要的维修时间，并制作一张计划表，如表 6-6 所示。

表 6-6　维修计划表

客 户 姓 名	维 修 商 品	归 属 点 号	必要时间/分钟
客户 1	电冰箱	2	60
客户 2	空调器	7	30
客户 3	微波炉	5	20
…	…	…	
客户 m	电视机	4	70

③ 编制实施图：根据性质 6.4 把辖区规划图转换为有向图，图上的顶点作为"事件"，邻接顶点间的弧作为"活动"，如图 6-25 所示。从一个事件出发完成弧上规定的活动方能到达其

邻接事件。初始时，活动仅表现为规划的时间，如图 6-24 中的权值。作为某一特定时间的实施图，其活动可能发生变化。因为某顶点有维修任务，则除通路时间外还要加上维修时间。如果把有维修任务的顶点称为激活事件，或激活顶点，则它的活动为维修时间与路程时间的和。在图 6-25 中，用双层圆圈表示激活事件，发出弧上的活动为路程时间与维修时间的和。假设 i、j 是邻接事件，$<i,j>$ 为 i 的活动，则只当活动 $<i,j>$ 完成之后才能开启事件 j 的活动。基于如上的思想绘制的有向图称为活动图，或称任务图。

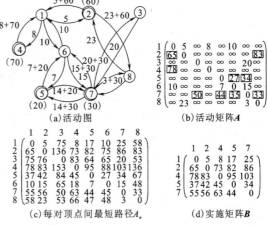

图 6-25　实施图及其有关矩阵

④ 生成实施计划：生成实施计划的主要任务是找到执行全部维修任务的最短时间，然后编制一个派工单。派工单的主要内容是按最佳次序列出客户姓名、客户地址、维修项目、到达时间等。维修人员按派工单的次序执行维修任务。

这里重要的是"最佳"次序如何安排。所谓"最佳"是指从维修部出发，走遍所有客户并完成维修任务花费的总时间最少。

因此，解决方案的核心是求活动图的"每对顶点间最短路径"。下面给出生成实施计划的具体步骤。

① 根据客户申请，标记激活顶点。定义一维数组 ActVex[]，当 ActVex[i]=1 时顶点 i 为激活顶点，否则 ActVex[i]=0。如 ActVex[]=（0,1,0,1,1,0,1,0），如图 6-25（a）所示，称为活动图。同时复制规划图的邻接矩阵到 A，即 $A=P$，见图 6-24（b）所示。

② 根据维修时间，修改激活顶点发出的弧上的权。设顶点 i 为活动顶点，即当 ActVex[i]=1 时，便对邻接矩阵 A 第 i 行上的有效权（即 $A[i][j] \neq 0$ 或 ∞）加上顶点 i 的维修时间。例如，图 6-25（b）是对邻接矩阵 P 修改后的结果，称为活动矩阵，设为 A。其中，加方框的为修改了的权。

③ 求出每对顶点间的最短路径。对矩阵 A 使用弗洛伊德算法递推出 A_n；如图 6-25（c）所示。求出每对顶点间的最短路径。

④ 提取活动事件间的路径。从 A_n 中删除顶点 1（是出发点，作为特殊的活动顶点）以外

的非活动事件的行和列，得矩阵 **B**，称为实施矩阵。**B** 保留了出发顶点和活动顶点间的每对顶点的最短路径，如图 6-25（d）所示。

⑤ 选择"最佳"路径。矩阵 **B** 只是每对活动顶点间的最短路径。问题的答案是要找到从顶点 1（维修部）出发，走遍所有活动顶点并回到出发点，且代价最小。这是一条简单回路。

一个解决方案是采用"选择最小弧法"。该方法是，设置两个顶点集合，U 为未进入路径的顶点集合，初始时有所顶点，即 $U=(1,2,…,m)$；V 为已进入路径顶点集合，初始时为空，即 $V=()$。设置正整数变量 c 累计路径长度，初值为 0。确定一个顶点（如维修部顶点 1）作为出发点，并设为 k，执行下面的操作。

① 确定路径出发点 $i←k$，把 i 加入 V，$c←0$。

② 选择 i 到 $U-V$ 中弧长最短的顶点 j $(j≠i)$；$c←c + B[i][j]$。

③ 把 j 加入 V，$i←j$。

④ 执行①～②直到 $U-V$ 为空，$c←c + B[j][k]$，算法结束。

用这个方法解决上面的例子有下面的过程，确定顶点 1 为起点。

从 1 出发，选择 5<1,2>，有 $U=(1,2,4,5,7)$，$V=(2)$，$c = 5$。

从 2 出发，选择 73<2,4>，有 $U=(1,2,4,5,7)$，$V=(2,4)$，$c = 78$。

从 4 出发，选择 95<4,5>，有 $U=(1,2,4,5,7)$，$V=(2,4,5)$，$c = 173$。

从 5 出发，选择 34<5,7>，有 $U=(1,2,4,5,7)$，$V=(2,4,5,7)$，$c = 207$。

从 7 出发，选择 55<7,1>，有 $U=(1,2,4,5,7)$，$V=(2,4,5,7,1)$，$c = 262$。

因为这时 $U-V$ 已为空，则结束，得路径（1,2,4,5,7,1），路径长度为 262。

然而，这样找到的走遍所有活动顶点的路径可以应用，但未必是最短的。例如，该实例的最短路径应是（1、2、7、5、4、1）=258，或（1、5、7、2、4）=258。那么，怎样才能找到最佳路径？

设有 m 个活动顶点，则可走的路径有 $m!$ 条，如例中的 $m=4$，$m! =24$。为此，需要用试探的方法，对 $m!$ 条路径进行路程时间的计算，选择最佳的一条。但是，这种试探是最直接、最笨拙的，也是最昂贵的方法。当 m 足够大时，例如，当 $m=10$ 时，$m! =3\,628\,800$，很难让人接受。应当寻找更好的方法，例如分支限界法，请读者参考有关文献，这里不作介绍。好在一般情况下 m 都比较小，例如 $m≤6$ 时，$m! ≤720$。

⑤ 根据优化路径制作派工单。按派工单的格式规定形式化数据，并打印输出。

小结

1. 知识要点

图是一种更具构造能力的数据结构表示形式。线性结构和树结构可以归结为图的特殊情况。特别是，离散数学把树纳入在图论中作为图的一种形态。因此，图更具有应用意义；可以描述各种复杂的数据对象，并有更广泛的应用价值。本章的主要知识要点如下：

① 图的定义和表示方法，图结构的相关术语、特点和性质。

② 图的几种常用存储结构及其特点，特别是邻接矩阵。

③ 图的基本运算及其算法设计，图的遍历算法。

④ 图的常见应用问题、最小代价生成树问题、拓扑排序问题、最短路径问题，以及解决这些问题的算法思想和算法设计。

2．内容要点

（1）图的基本概念

定义：图是"边"集合与"顶点"集合构成的集合，记为 $G =(V, E)$。

无向图：每条边都没有方向的图。

有向图：每条弧都有固定方向的图。

带权图：在边或弧上附加有实数的图。

（2）图的有关术语

邻接顶点：边或弧直接连接的顶点互称邻接顶点；对弧而言，邻接顶点又分弧尾和弧头。

顶点的入度：对有向图的一个顶点 v，以 v 为弧头的弧的条数，记为 $ID(v)$。

顶点的出度：对有向图的一个顶点 v，以 v 为弧尾的弧的条数，记为 $OD(v)$。

顶点的度：对无向图的一个顶点 v，以 v 为邻接顶点的边的条数，记为 $TD(v)$。对有向图的一个顶点 v，v 的度是入度与出度之和，记为 $TD(v)$，且 $TD(v) = OD(v)+ID(v)$。

路径：从图的顶点 v 出发，如果能顺沿边或弧到达顶点 u，则称从 v 到 u 之间有一条路径；v 到 u 之间有可能经过其他顶点。

简单路径：除第一个顶点和最后一个顶点外其余顶点都不重复经过的路径。

回路：第一个顶点和最后一个顶点为同一个顶点的路径。

简单回路：第一个顶点和最后一个顶点为同一顶点的简单路径。

子图：对图 $G =(V,E)$，若 V' 为 V 的子集，E' 为 E 的子，则 $G' =(V' ,E')$ 称为 G 的子图。

连通：若图的顶点 v_i 到 v_j 存在一条路径，则说 v_i 和 v_j 是连通的。

连通图：若图中任意两顶点之间都是连通的。

连通分量：图的极大连通子图。

强连通图：对有向图，若任意顶点对 v_i、v_j 之间都有路径存在。

强连通分量：有向图的极大强连通子图。

带权图：在图的每条边或弧上加注一个数的图。

（3）图的基本性质

性质 6.1　n 个顶点的无向图最多有 $n(n-1)/2$ 条边。n 个顶点的有向图最多有 $n(n-1)$ 条弧。

性质 6.2　n 个顶点的无向连通图最少有 $(n-1)$ 条边。

性质 6.3　完全图必是连通图（无向图）或强连通图（有向图）。

性质 6.4　无向图可以转换为有向图。

（4）图的存储结构

邻接矩阵表示法：一种顺序存储结构，由顶点表和邻接矩阵构成。

邻接表表示法：一种链式存储结构，由邻接顶点链和邻接表构成。

（5）基本算法设计

基于邻接矩阵表示法和基于邻接表表示法的基本运算算法。

图的遍历算法：深度优先遍历和广度优先遍历。

（6）最小代价生成树问题

权和最小的生成树，寻求最小代价生成树的普里姆算法和克鲁斯科算法。

（7）拓扑排序问题

求取有向图的顶点拓扑序列及其算法。

（8）最短路径问题

对带权图寻找两顶点之间具有最小权和的路径的方法、单源最短路径算法（迪杰斯特拉算法）和每对顶点间的最短路径算法（弗洛伊德算法）。

（9）几个运用图结构应用问题的解决方案

最小代价生成树的应用、拓扑排序的应用、最短路径的应用。

3．本章重点

① 无向图、有向图和带权图的概念，图的两种存储结构。

② 图的遍历算法。

③ 图的最小代价生成树、拓扑排序和最短路径等的有关算法。

④ 灵活运用图结构综合解决应用问题的方法。

习题

一、名词解释

解释下列名词术语的含义：

图、边、弧、权、带权图、无向图、有向图、连通图、强连通图、顶点的度、顶点的出度、顶点的入度、邻接矩阵、邻接表、深度优先遍历、广度优先遍历、简单路径、简单回路、最短路径、生成树、最小代价生成树、拓扑排序、拓扑序列

二、单项选择题

1．对于一个具有 n 个顶点和 e 条边的无向图，若采用邻接表表示，则邻接表中所用结点个数为_____。

    A．$e/2$ B．e C．$2e$ D．$n+e$

2．在一个有向图中，所有顶点的入度之和等于所有顶点的出度之和的_____倍。

    A．$1/2$ B．1   C．2   D．4

3．下面关于图的存储的叙述中，哪一个是正确的_____。

    A．用邻接矩阵法存储图,占用的存储空间数只与图中结点个数有关,而与边数无关

    B．用邻接矩阵法存储图,占用的存储空间数只与图中边数有关,而与结点个数无关

    C．用邻接法存储图，占用的存储空间数只与图中结点个数有关，而与边数无关

    D．用邻接法存储图，占用的存储空间数只与图中边数有关，而与结点个数无关

4．具有 5 个顶点的无向图至少应有_____条边，才能确保图是一个连通的。

    A．5   B．6   C．4   D．8

5．对于一个具有 n 个顶点的无向图,若采用邻接矩阵法表示,则该矩阵的大小为_____。

    A．n B．$(n-1)2$ C．$n-1$ D．$n\times n$

6．无向图的邻接矩阵是一个_____。

    A．对称矩阵   B．上三角形矩阵

    C．对角线矩阵   D．零矩阵

7．用邻接表法表示的图，主要是一种_____存储结构

A．顺序 B．链式 C．模拟指针 D．索引

8．关于生成树，下面的说法中，_____是错误的。

A．生成树一定是连通图 B．生成树是有且仅有 $n-1$ 条边的图

C．生成树是树结构的一种表现形式 D．生成树是无回路的图

9．关于拓扑排序，下面的说法中，_____是错误的。

A．无回路的有向图一定存在拓扑序列； B．一个有向图可能有多个拓扑序列；

C．一个有向图最多只有 1 个拓扑序列； D．有回路的图无拓扑序列。

10．关于最短路径问题，下面的说法中，_____是正确的。

A．无向图不存在最短路径问题

B．两顶点间的最短路径必经过其他顶点

C．迪杰斯特拉算法是求每对顶点间最短路径的算法

D．两顶点间的最短路径未必经过其他顶点

三、填空题

1．在有权图 G 的邻接矩阵 A 中，若 $<v_i, v_j>$ 属于图 G 的弧的集合，则对应数组元素 $A[i][j]$ 等于_____，否则等于_____。

2．有向图 G 的强连通分量是指_____。

3．在有 n 个顶点的有向图中，若要使任意两点间可以互相到达，则至少需要_____条弧。

4．求图的最小生成树有两种算法，_____算法适合于求稀疏图的最小生成树。

5．迪杰斯特拉算法从源点到其余各顶点的最短路径的路径长度按_____次序依次产生，该算法对弧上的权出现_____情况时，不能正确产生最短路径。

6．有向图 G 可拓扑排序的判别条件是_____。

7．对于 n 顶点的无向图，有_____条边才是完全图。对于 n 顶点的有向图，有_____条弧才是完全图。

8．若图 $G(V, E)$ 中，E 为空，则图 G 称为_____图。

9．设图 G 的一条路径 $(v_1, v_2, v_4, v_3, v_8, v_1)$，它是_____路径，又是_____。

10．用邻接表法存储的有向图，顶点 v_4 的出度是_____的个数。

四、问答题

1．具有 n 个顶点的连通图至少有多少边？具有 n 个顶点的强连通图至少有多少边？具有 n 个顶点的有向无环图至少有多少边？

2．无向图采用邻接矩阵表示，如何判断图中有多少边、及任意一个顶点的度？

3．有向图采用邻接表法表示，如何判断任意两个顶点是否相连？

4．给出如图 6-26 所示的无向图 G 的邻接矩阵和邻接表两种存储结构。

五、思考题

1．对于如图 6-27 所示的无向带权图，用图示说明：利用普里姆算法从顶点 A 开始构造最小生成树的过程。

2．图 6-28 所示的有向图是强连通的吗？请列出所有的简单路径。

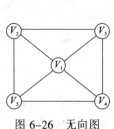

图 6-26　无向图

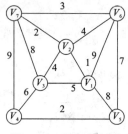

图 6-27　无向带权图

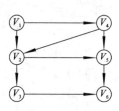

图 6-28　有向图

3．用深度优先搜索和广度优先搜索对图 6-28 所示的图进行遍历（从顶点 1 出发），给出遍历序列。

4．无向图与有向图有什么关系吗？它们之间是否能相互转换？如果一个无向图是用邻接矩阵法存储的，当把它转换为有向图时，原来的邻接矩阵还要改动吗？

5．图的生成树与树有什么关系？能用基于树的一些算法解决生成树的问题吗？如用树的遍历算法遍历生成树，可以吗？

6．迪杰斯特拉算法和弗洛伊德算法都是求顶点间最短路径的算法；设有 n 个顶点的连通图，则从顶点 v_i 到顶点 v_j $(i \neq j)$ 的最短路径一定要经过其他顶点吗？如果经过其他顶点，会经过其他顶点吗？有什么方法能求得从顶点 v_i 到顶点 v_j 且经过其他顶点的最短路径？

六、算法设计题

1．用邻接矩阵法表示出图 6-29 所示的存储结构。

2．画出图 6-11 中图 G_7 的邻接表表示法的存储结构图。

3．应用图的邻接矩阵，写出计算图的所有顶点度数的算法（包括无向图和有向图）。

4．根据图 6-15 的图，试给出从源点 C 出发，按从左向右次序搜索的广度优先遍历的结果序列。

5．设有邻接表存储的有向图 G，试为其设计一个深度优先遍历算法。

6．先用类 C 语言写出克鲁斯卡尔算法的描述；再设计成 C 语言程序，并举一图例执行之。

7．给定 n 个村庄之间的交通图，若村庄 i 和 j 之间有道路，则将顶点 i 和 j 用边连接，边上的 W_{ij} 表示这条道路的长度，现在要从这 n 个村庄中选择一个村庄建一所医院，问这所医院应建在哪个村庄，才能使离医院最远的村庄到医院的路程最短？试设计一个解答上述问题的算法，并应用该算法解答如图 6-30 所示的实例。

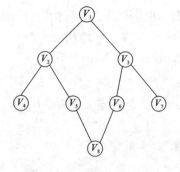

图 6-29　算法设计题 1 图示

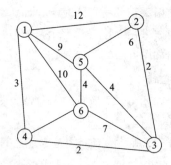

图 6-30　无向图

第7章 散　列

本章导读

散列是线性表的又一种存储结构。散列方法是用散列表存储数据元素，数据元素的存储位置只依赖于数据元素的关键词。散列结构的直接优越之处，在于使查找时间复杂度与线性表的规模无关而得到显著的改善。

本章内容要点：

- 散列结构的基本思想、构成要素和应用意义；
- 散列函数的设计原则和方法；
- 解决冲突的几种方法；
- 散列基本运算算法实现。

学习目标

通过学习本章内容，学生应该能够：

- 掌握散列表和函数的设计方法；
- 掌握冲突的几种解决方案；
- 培养应用散列结构解决问题的能力。

7.1　散列的概念

散列的形象意义是将线性表的数据元素抛向空中，然后散落下来，每个元素就占有一个存储位置，故得名散列。

7.1.1　从一个例子认识散列结构

为说明散列结构，先看一个十分简单而又理想的例子。设有如表 7-1 的商品目录表。

表 7-1　商品目录表

商 品 编 号	品　　名	规　　格	单　　位	单　价
135	运动衫	S 型	件	1000
146	运动鞋	42 码	双	300

续表

商 品 编 号	品　　名	规　　格	单　　位	单　　价
173	羽毛球	6 只装	筒	60
307	篮球	Φ200	只	103
399	排球	Φ150	只	92
404	品乓球	6 只装	盒	102
440	排球网	尼龙	件	500

　　表的每一行为一个数据元素，选择"商品编号"为关键词，并表示为 k。为了简便，表中只出现有 7 种商品，今后可能会扩大到 13 种。定义一维数组 WareList[]存储这些数据元素，设下标为 i。设计一个计算公式

$$i = \mathrm{mod}(k, 13)$$

即 i 是商品编号整除 13 得到的余数。这个计算公式的意义是把 k 映射到数组下标 i，即 k 标识的数据元素就存储在 WareList[i]中。例如，由表 7-1 可得

mod(135,13)=5,　　mod(146,13)=3,　　mod(173,13)=4,　　mod(307,13)=8,

mod(399,13)=9,　　mod(404,13)=1,　　mod(440,13)=11。

则表 7-1 中各数据元素就散落地存储在数组 WareList[]中，其布局如图 7-1 所示。

下标	数组WareList				
0					
1	404	乒乓球	6只装	盒	102
2					
3	146	运动鞋	42码	双	300
4	173	羽毛球	6只装	同	60
5	135	运动衫	S型	件	1000
6					
7		羽毛球拍	20×40	付	230
8	307	篮球	Φ20	只	103
9	399	排球	Φ150	只	92
10					
11	440	排球网	尼克	件	500
12					

图 7-1　商品目录的存储结构

7.1.2　散列结构

　　由上面的例子可以看出，作为散列结构，有一张表（称为散列表），还有一个计算公式（称为散列函数）。

1. 散列表

　　上例中的数组称为散列表，又称哈希表，因英文词 Hashing 译音而得名。又因为数据元素的存储位置不可预测，需用某种合适映射方式"凑"入到一个表中，所以也有人叫它杂凑表。

　　散列表是散列结构的主体，用于存储线性表中的所有数据元素。散列表是一片连续存储空间，由若干单元（不同于计算机的存储单元）组成。每个单元存储一个数据元素，因此单元的结构与数据元素的结构一致。某单元在散列表中的序列位置号称为单元地址（不同于计算机的存储单元地址）。图 7-1 所示一个散列表的例子，每一行是一个单元，由 5 个数据域构成，左边的正整数是单元地址。

散列表与顺序表极为相似，都用于存储线性表。但是，在顺序表中，数据元素是按原始顺序或关键词顺序依次存储在顺序表中；而在散列表中，数据元素的存储位置与关键词有关，但未必与线性表同序，也未必按关键词有序。在顺序表中，数据元素紧密地占有顺序表的前段位置；而在散列表中，数据元素却松散地散落在整个散列表中，在线性表中相邻关联的两元素在散列表中未必再相邻而居。这些差别，读者通过观察图 7-1 后是不难看出的。

2．散列函数

散列函数是把关键词 k 映射到散列表中单元地址 i 的计算公式，表示为 $i=h(k)$。如上例用到的 $i = \text{mod}(k,13)$ 是为表 7-1 设计的散列函数，表示为 $h(k)= \text{mod}(k,13)$。通过散列函数计算出单元地址 i，i 称为散列地址，且必须是 0 或正整数。对一个特定散列函数产生的所有散列地址的集合称为散列地址空间。例如，函数 $i=\text{mod}(k,13)$ 的地址空间为 $\{0,1,2,\ldots,12\}$。

3．散列结构的意义

设计散列结构的主要目的不在于存储，而在于查找。在顺序表中，给定关键词 k，要查找 k 标识的数据元素，不管使用何种查找技术，都不可避免地要进行"关键词比较"操作。而且，查找的时间复杂度都与线性表的规模 n 有关。如果采用散列结构，因为数据元素存储的单元地址是通过散列函数定位的，因此查找时，可以通过同样的散列函数定位到要找的存储那个数据元素的单元而找到它。

7.1.3 冲突

散列方法未必如表 7-1 的例子那么理想。例如，要向表 7-1 中插入 $k=288$ 和 $k=199$ 的两个数据元素时，因为有

$$\text{mod}(288,13)=2, \qquad \text{mod}(199,13)=4,$$

即前一个元素要存入 WareList[2]，后一个元素要存入 WareList[4]。观察图 7-1 发现，WareList[2] 是空闲的，可以存入；而 WareList[4] 已存储有 $k=173$ 的数据元素，发生了冲突，不能简单地存储要插入的元素。

因此，当出现 $k_i \neq k_j$，而 $h(k_i)=h(k_j)$，即关键词不同而散列地址相同的现象时，就称其为冲突。具有相同散列地址的关键词称为同义词。

不同散列结构的冲突严重程度可能不同，可用冲突率表示和衡量。设已存储数据元素个数为 n，冲突元素个数为 m，则称 $(m/n)\%$ 为冲突率。冲突率越高说明冲突越严重。

冲突与散列函数直接相关。当发生冲突的几率较大时，也许重新设计更合适的散列函数替代原散列函数就不会发生冲突，或降低冲突几率；但依现在的技术却不能完全避免冲突。对给定的线性表和散列表，能找到一个散列函数使其不发生冲突吗？回答是很难，或不可能。能做到的是，尽可能把冲突率控制在 20% 以内；或者说，如果一个散列函数的冲突率保持在 20% 以内就是一个优秀的散列函数。

7.2 散列函数设计

散列方法的关键是设计散列函数，而散列函数与关键词的性质、数量和分布密切相关；或者说，散列函数是一种个性化程度很强的函数。

7.2.1 散列函数的设计原则

为保证散列表的存储和查找效率，尽可能避免冲突或降低冲突率，选择和设计一个"好"的散列函数是问题的关键。因此，散列函数的选择与设计需要注意以下几个原则：

① 计算简单原则。散列函数应尽可能简单，易计算，即函数的计算时间开销尽可能少，通常以多项式为好。

② 地址分布均匀原则。散列函数的结果必须为正整数，且应尽可能均匀分布于散列表中，以减少冲突发生的可能性。

③ 20% 原则。把冲突率控制在 20% 或以下。

④ 散列表大小适当原则。散列函数的最大值是决定散列表规模的依据。散列表太大易造成空间浪费，太小使冲突机会增多。

7.2.2 设计散列函数的常用方法

迄今，研究推广的散列函数设计方法有许多种，下面仅介绍几种常用的方法。

1. 直接定址法

直接定址法的散列函数为

$$h(k)=k$$

其中，k 是数据元素的关键词，且为正整数。这种散列函数在存储和查找结点时不需要对关键字进行比较或运算，因此效率最高，适用于规模小，且关键词数据分布比较均匀的情况。若关键词分布不均匀，变化范围比较大，则将使散列表比较大，其中必有大量的空闲空间始终不被利用而造成存储空间的极大浪费。

2. 除余法

除余法是一种很简单最常用的散列函数。函数形式表示为

$$h(k)=\mod(k,p)$$

函数的结果是 p 整除 k 取其余数。函数运算的结果为 $0 \leq h(k) \leq p-1$，这种函数可以把分布不均匀且比较分散的关键词聚集到一定范围内。p 一般取素数为好，同时，为了有足够的散列表空间，p 一般取大于线性表最大元素个数 n 的最小素数。例如，在图 7-1 所示的例子中，$p=13$。

除余法是一种计算简单且比较有效的散列函数，多数情况下行之有效。

3. 折叠法

折叠法是将关键字分割成等长的段（最后一段位数不足补零），然后按左右或右左的顺序求诸段之和，并舍去最高进位。每段的位数取决于散列表大小，若散列表的大小为 1000，则每段位数可为 3 位或以下，以保证散列地址对应散列表位置。设 k 为

$$k = x_1\ x_2\ x_3\ x_4\ x_5\ x_6\ x_7\ x_8\ x_9$$

取 3 位折叠，表示为

$$
\begin{array}{cccc}
 & x_5 & x_2 & x_1 \\
 & x_1 & x_5 & x_6 \\
+ & x_9 & x_8 & x_7 \\
\hline
 & y_1 & y_2 & y_5 \\
\end{array}
$$

$y_1y_2y_3$ 为折叠的结果，即散列地址。

当关键词比较长、位数比较多时，宜采用折叠法。

4. 平方取中法

将关键词平方后，根据散列表的大小取中间若干位作为函数结果。例如，散列表的大小为 1000，k=020403，则 k^2=416282409，取中间 3 位，即 $h(k)$=282。

这种方法通过平方扩大不同关键词之间的差别，使中间几位数字与关键词的各位数字相关，从而使散列地址趋于均匀。

5. 数字分析法

设关键词由 m 位数字构成，出现有 r 种不同的数字符号。对于关键词集合，分析 r 种不同数字符号在各位上的分布情况。根据散列表的大小选择其中 r 种不同数字符号比较均匀的若干位作为散列函数的结果。例如，某线性表最多有 1 000 个关键词，m=8（位），r=10（个数字符号），现有关键词集合示意如表 7-2 所示。

分析这些关键词发现，在第 4、5、7、8 位中 10 个数字符号分布比较均匀，则可以从中选择 3 位作为散列地址。如第 4、5、7 位，或第 5、7、8 位，等等。

数字分析法适用于关键词位数比较长，数量和数字分布可以预测，特别是所有关键词都已知的情况。

表 7-2　关键词集合

k	数字位
	1 2 3 4 5 6 7 8
1	3 5 6 1 3 7 2 1
2	3 5 6 2 5 7 4 2
3	3 3 6 3 4 7 1 3
4	3 5 6 4 6 7 5 5
5	3 5 7 5 7 2 4 9
6	0 5 6 6 1 7 3 8
7	3 5 6 7 2 7 0 2
8	3 5 3 8 0 7 7 1

关于散列函数，还要说明以下几点：

① 实际上，散列函数的设计并非一定要采用数学方法；可以采取任何手段，只要能把关键词映射到散列地址、能编程实现就行。

② 读者也许会发现，上面介绍的几种设计方法都是针对数值型关键词的。实际应用中也会频繁出现以非数值型数据为关键词的情况，比如用字母、汉字构成关键词。例如，建立一张"南京名胜景点信息表"包括景点名称、地点、票价及简介等，并以景点名称作为关键字，如"中山陵"、"梅花山"、"玄武湖"、"栖霞山"、"莫愁湖"、"明孝陵"等。又如，以英文词汇为关键词，例如，一张"英－中词汇对照表"包括英文词汇、中文对照词汇，并以英文词汇作为关键词。

处理这类关键词时，首先是数字化。有两种方法：一种方法是使用标准编码表，如 ASCII 编码表、汉字编码表等，把字母或汉字代以对应的编码，如把 DATA 按 ASCII 编码数字化为 68658465，第二种方法是自行设计一个自编码表，如 26 个英文字母（不分大小写）编码为 A=01、B=02、…、Z=26，再把字母代以这种编码，如把 DATA 按自编码表数字化为 04012001，然后为其设计一个合适的散列函数。

对于汉字，可以利用汉字编码表数字化；也可以先用汉语拼音字母替代，再将其数字化。

③ 散列函数的复合也许更有效。例如，设数字分析法的函数为 $f(k)$，除余法的函数为 $g(k)$ 和 $g'(k)$。当 $f(k)$ 不很理想时，可以试试 $g(f(k))$，也许效果更好。$g(g'(k))$ 也是可以尝试的。

7.3 解决冲突

散列方法的另一个关键是设计冲突的解决方案。在还没有更好的散列函数设计方法之前，冲突是不可避免的，也是不可回避的，因此，为有效利用散列方法，必须提出解决冲突的方法和技术。

7.3.1 对冲突的分析

散列方法中的冲突问题是不可避免的，但发生冲突的几率是可控的，需要具体问题具体分析。解决冲突问题的主导思想是，在设计散列表时为同义词预留空间。分析发生冲突的可能性，发现冲突与下列因素有关：

① 与散列函数有关。散列函数设计得当，生成的散列地址就可以均匀地分布在散列表的地址空间，从而减少冲突的发生。反之，可能使散列地址集中，加剧冲突的发生。

② 与冲突的解决方案有关。解决冲突的解决方案和策略的好与坏，可能使冲突减轻或加剧。冲突解决方案主要涉及两个问题：第一个问题是，冲突发生后如何产生新散列地址，也叫冲突函数；第二个问题冲突函数设计得当可能使冲突得到缓解，设计不好可能产生新的冲突而使原来的冲突加剧。

③ 与装填因子有关。所谓装填因子是指，设散列表的单元个数为 n，已存入的数据元素个数为 m，$\alpha = m/n$，则 α 称为装填因子。一般来说，α 越小，冲突的可能性越小。因为 α 较小时 $n-m$ 就比较大，说明散列表中可用空闲单元比较多，所以待插入的元素与已插入的元素之间发生冲突的机会就比较小。反之，α 越大，冲突的可能性越大。但是，α 越小意味着空间效率越低。如果能把最终的 α 控制在83%以上，也就是说，当插入了所有元素之后，散列表的空闲单元只占17%或以下；或者说，空闲单元个数为全部元素个数的20%为宜，空间效率已经十分理想。

7.3.2 冲突的几个常用解决方案

根据以上分析，下面介绍几个常用的冲突解决方案。

1. 地址探测法

地址探测法比较简单，又称开放地址法。散列表的单元除包括元素数据域外，增加一个标志域（如设为 f）。当 $f = -1$ 时表示单元空闲，当 $f = 1$ 时表示有元素存储，当 $f = 0$ 时表示元素已删除；初值为 $f = -1$。地址探测法的基本思想是，当插入数据元素时出现散列地址冲突，就寻找一个空闲单元存储之。

地址探测法主要有线性探测法和平方二次探测法两种策略。

（1）线性探测法

当插入数据元素在地址 i 处发生冲突时，用线性探测法寻找另一个空闲单元。探测过程是，从地址 $i+1$ 开始向下一个一个地探测，找到最先遇到的那个空闲单元，并存储之。

探测方法由下面的函数控制。

$$h = \mathrm{mod}(i+j, \ n) \qquad (j=1, \ 2, \ \cdots, \ n-1)$$

其中，i 为发生冲突的地址，n 为散列表的长度。函数的意义是，从地址 $i+1$ 开始向下寻找，若到达地址 $n-1$ 还没找到，就再从地址 0 开始向下继续，直至找到空闲单元为止，最多探

测 $n-1$ 次。这种函数又称冲突函数。

因为散列表有足够的单元，所以总能找到一个空闲单元。

例 7.1 设一线性表的现有关键词序列为

$$k = (73、76、88、108、125、187、382、152)$$

散列函数为

$$h = \text{mod}(k, 13)$$

散列表长度为 13。计算各关键词的散列地址如下

$$h(73)=8, \qquad h(76)=11, \qquad h(88)=10, \qquad h(108)=4,$$
$$h(125)=8, \qquad h(152)=9, \qquad h(187)=5, \qquad h(382)=5$$

按序列 k 的顺序插入所有元素。当插入到 125 时，与 73 冲突，于是存入地址 9 的单元。当插入到 152 时与 125 冲突，于是存入地址为 12 的单元。当插入到 382 时与 187 冲突，于是存入地址为 6 的单元。插入的结果表如图 7-2 所示。

线性探测法的思想十分简单，但是，一个明显的缺陷是可能造成地址"堆积"。如例 7.1 中，73 与 125 是同义词，与 152 不是同义词。但是，由于 125 占据了本该由 152 占据的地址，使 73、125 和 152 成了同义词，出现堆积。

一个改善地址堆积的方法是，插入数据元素时如果发现冲突，先把已存储的数据元素与待插入的元素交换，再进行地址探测。如例 7.1 中，当要插入 152 时因为该单元已被 125 占据，则把 125 交换出来，把 152 存储进去，再对 125 进行探查，重新存储。显然，因为 152 归入了自己的同义词行列而使堆积得到缓解。

另一个改进的方法是用平方探测法探测空单元。

（2）平方探测法

平方探测法又称二次探测法，用以解决同义词的堆积问题。当发生冲突时，用下面的冲突函数探测和控制。

$$h = \text{mod}\,(i+d_j,\ n) \qquad (j=1,\ 2,\ \ldots,\ k)$$
$$d_j = 1^2,\ -1^2,\ 2^2,\ -2^2,\ \cdots,\ k^2,\ -k^2,\ k \leqslant n/2)$$

其中，n 为散列表的长度。显然，平方探测法与线性探测法的主要差别在于 d_j 的变化规律不同。

再看例 7.1，设散列表的长度为 11，散列函数为 $h = \text{mod}(k, 11)$，计算关键词的散列地址如下：

$$h(73)=7, \qquad h(76)=10, \qquad h(88)=0, \qquad h(108)=9,$$
$$h(125)=4, \qquad h(152)=9, \qquad h(187)=0, \qquad h(382)=8$$

按序列 k 的顺序插入所有元素。当插入到 152 时，与 108 冲突，而 $\text{mod}\,(9+1,\ 11) = 10$，与 76 冲突；但 $\text{mod}\,(9-1,\ 11) = 8$ 空闲，于是存入地址为 8 的单元。当插入到 187 时与 88 冲突，而 $\text{mod}\,(0+1,\ 11) = 1$ 空闲；于是存入地址为 1 的单元。当插入到 382 时与 152 冲突，而 $\text{mod}\,(8+9,\ 11) = 6$ 空闲，于是存入地址为 6 的单元。插入的结果如图 7-3 所示。

平方探测法也有可能产生地址堆积，但要好得多；缺点是不能探测到表的所有单元，只能探测到一半。

图 7-2　线性探测法

散列地址	标志域	关键词和据域
0	-1	
1	1	88…
2	-1	
3	-1	
4	1	125…
5	-1	
6	1	382…
7	1	73…
8	1	152…
9	1	108…
10	1	76…

图 7-3　平方探测法

2. 溢出表法

溢出表法是把散列表划分成基本表和溢出表两部分。基本表为散列地址区，是散列表的主体，由散列函数决定地址。溢出表存储冲突的数据元素，自顶向下决定地址。每个单元除包括元素数据域外，增加一个标志域（如设为 f）和一个溢出指针域（如设为 next）。当 $f=-1$ 时表示单元空闲，当 $f=1$ 时表示有元素存储，当 $f=0$ 时表示元素已删除；初值为 $f=-1$。next 存储散列地址，指向下一个同义词的存储单元，构成同义词链，最后一个同义词的存储单元有 next=-1，表示链结束；初值为 -1。

例 7.2　设有一线性表的现有关键词序列为

$$k=(73、76、88、108、125、150、187、382) \text{ 散列函数为}$$

$$h=\bmod(k,37)$$

设计如图 7-4 所示的散列表，基本表的散列地址区间为[0,36]，溢出表的散列地址区间为[37,60]。其中，76、150 和 187 是同义词，构成一条同义词链（2→37→39）；88 和 125 是同义词，构成一条同义词链（14→38）。

例 7.2　散列表的容量是 60。假定线性表最多有 50 个数据元素，则最终的装填因子 α 可以控制在 83% 以上；允许的冲突率为 46%，可以控制在 26% 以内。

3. 同义词链表法

地址探测法和溢出表法都是顺序存储结构方式，还可以用链式结构解决冲突问题。根据散列函数定义一个指针表，每个单元作为同义词链的链头结点，初值为空（即 NULL）。再定义链结点，由关键词域、元素数据域和指针域（指向下一个结点）构成，如图 7-5 所示。

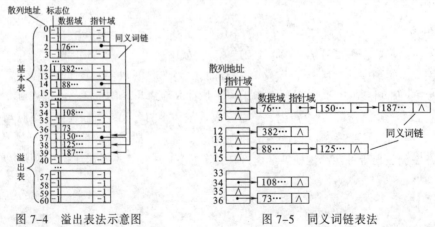

图 7-4　溢出表法示意图　　　　　　图 7-5　同义词链表法

插入数据元素到散列地址 i 时，先申请一个新链结点并存入关键词值和结点数据，指针域为空。若单元 i 的指针域为空，则表示初次插入，把新链结点的地址存入单元 i 中。若单元 i 的指针域不为空，则表示冲突，顺沿指针找到链的最后一个结点，把新链结点的地址存入这个结点的指针域中。

以例 7.2 为例，插入 k 的所有元素后的结果如图 7-5 所示。

同义词链表法的散列表实际是若干单向链的链头结点构成的表。指针表是散列表的主体，它拥有所有散列地址空间。当单元 i 为空时表示空闲单元，非空时表示已存在同义词链；把无冲突的非空链看成是只有一个元素的同义词链也无妨。

同义词链表法的装填因子 $\alpha=1$。只当插入时才申请新链结点，所有同义词链表法有较高的空间效率。

因此，同义词链表法的优点是处理冲突问题简单，不产生地址堆积，空间效率高；缺点是查找效率偏低一点。

除上述解决冲突的方法外，还有诸如锚点法等其他方法。读者也可以发挥自己的想象力和创造力设计出更新、更好的解决方案。

7.4 基本运算的算法实现

下面介绍几个线性表的基本运算的算法。因为算法的具体实现与存储结构有关，而散列结构是线性表存储结构的一种，所以要区分不同存储结构进行介绍。

7.4.1 基于线性探查法的算法

本节介绍基于线性探查法的散列结构的插入、查找和删除算法，先要给出结构类型描述。散列结构的结构类型应包括数据元素的构造、散列函数的定义和冲突解决策略等 3 个方面的内容。

1. 结构类型描述

为简单而又不失一般性，数据元素仅由一个正整数项构成，且用作关键词。参照 7.3.1 节的介绍给出散列表的结构描述如结构类型描述 7.1。

结构类型描述 7.1：

（1）散列表
```
#define MAXSIZE  997
typedef struct
{   int flag;
    int data;
} HashCell;
typedef struct
{   HashCell Cell[MAXSIZE];
    int num;
}HashList;
```
（2）散列函数（除余法）
```
modefun(k)
{   return mode(k,MAXSIZE);
}
```

（3）冲突函数（线性探查法）

```
Lineardetect(H ,i)
{   int j,k;
    for(j←1;j≤MAXSIZE-1; j←j+1)
    {   k ←mode(i+j, MAXSIZE);
        if(H.Cell[k].flag = -1)
            return k;
    }
    return -1;
}
```

散列表定义线性表的存储结构，HashCell[MAXSIZE]为散列表，num 为已存储数据元素个数；散列函数定义关键词到散列地址的映射，冲突函数提供冲突解决策略。三者构成一种散列结构；如果把散列表的定义看成对象，把散列函数和冲突函数看成方法，则三者恰好构成对象；若用面向对象的方法描述可能更合适。

2. 插入

插入是向散列表装填数据元素。

函数表示：HashInsert(H,k)。

操作含义：把 k 作为一个数据元素存入散列表 H。

算法思路：先把关键词 k 映射为散列地址 i，再判断散列表的第 i 号单元是否空闲。若空闲，则将 k 插入该单元。否则，执行冲突函数寻找空闲单元，并返回散列地址 i。若 $i \geq 0$，则将 k 插入该单元；若 $i < 0$，则表示找不到空闲单元（数据元素个数超出散列表容量的情形），插入失败。

算法描述：

```
HashInsert( H,k)
{   int  i;
    i ←modefun(k);
    if(H.Cell[i].flag＞0)
    {   i←Lineardetect(H,i);
        if(i＜0)
            return 0;
    }
    H.Cell[i].data ←k;
    H.Cell[i].flag ←1;
    H.num ←H.num+1;
    return 1;
}
```

算法评说：算法调用 modefun()计算初始散列地址。发生冲突时，调用 Lineardetect()线性探查一个新地址。如果采用改进的线性探测法，则在执行探测函数 Lineardetect()前先把 H.Cell[i].data 交换出来，把 k 存储到 H.Cell[i].data 。

如果不发生冲突，则时间复杂度为 $O(1)$，如果发生冲突，则要查找空闲单元，与散列表大小有关；即时间复杂度与装填因子 α 有关。

3. 查找

查找是在散列表中找到关键词等于 k 的数据元素。

函数表示：HashSearch(H,k)。

操作含义：在散列表 H 查找并返回关键词等于 k 的数据元素的地址。

算法思路：先把关键词 k 映射为散列地址 i，再判断散列表的第 i 号单元是否为空闲。若为空，则查找失败；若不为空且关键词等于 k，则查找成功；若不为空且关键词不等于 k，则按线性探查方法从下一个地址开始逐个比较关键词，直到相等并输出地址（查找成功），或遇到一个空单元为止（查找失败）。

算法描述：

```
HashInsert( H,k)
{  int i,j,r;
   i ←modefun(k);
   for(j←0;j≤MAXSIZE-1; j←j+1)
   {   r ←mode(i+j,MAXSIZE);
       if(H.Cell[r].flag＜0)
          return -1;
       if(H.Cell[r].data=k且H.Cell[r].flag＞0)
          return r;
   }
   return -1;
}
```

算法评说：算法中，要注意的是，即使关键词相等，还要看标志域是否是删除标志。因此，for 语句的出口点有 3 个，第 1 个点是遇到空单元；第 2 个点是已经重复了 $n-1$ 次，即查遍了全表也没找到（这两种情况都是查找失败）；第 3 个点是找到了，即标志域为 1 且关键词相等，这是成功的情形。时间复杂度与装填因子 α 有关。

4. 删除

删除是把存储着数据元素的单元标志域置 0，而不真正删除元素。

函数表示：HashDelete(H,k)。

操作含义：把 k 标识的数据元素从散列表 H 中删除。

算法思路：先调用查找函数在 H 中查找关键词 k 标识的单元，若找到，则置该单元的标志域为 0，删除成功，否则删除失败。

算法描述：

```
HashDelete( H,k)
{  int i;
   i ←HashSearch( H,k);
   if(i＞0)
   {   H.Cell[i].flag ←0;
       H.num ←H.num-1;
       return 1;
   }
   else
       return 0;
}
```

算法评说：调用 HashSearch() 使算法简单不少，值得模仿。 时间复杂度与装填因子 α 有关。

读者也许已经注意到，散列方法因为有冲突问题存在而又不可避免，使得在查找性操作过程中无法杜绝"关键词比较"，而只是减少。但是，这种方法仍然是对查找的一个有效改进。因为只要冲突解决方案选择得好，就可以把关键词比较的次数控制得很小，使在大量查找中可以忽略不计；再则，可以用最简单的查找算法实现，减少了时间开销。

7.4.2　基于同义词链表法的算法

如果散列表存储为同义词链表结构，则插入、查找和删除运算的算法有所不同。

1．结构类型描述

为简单而又不失一般性，数据元素仅由一个正整数项构成，且用作关键词。同样参照 7.3.1 节的介绍给出散列表的结构描述如结构类型描述 7.2。

结构类型描述 7.2：

（1）散列表

```
#define MAXSIZE  997
typedef struct node
{   int data;
    struct node next;
}LinkHashCell;
typedef struct
{   LinkHashCell *Cell[MAXSIZE];
    int num;
}LinkHashList;
```

（2）散列函数（除余法）

```
modefun(k)
{   return mode(k,MAXSIZE);
}
```

（3）冲突函数（同义词链表法）

```
Linkdetect(H ,i)
{   LinkHashCell *p;
    p ←Cell[i];
    while(p->next≠NULL)
        p ←p->next;
    return p;
}
```

2．插入

插入是向散列表装填数据元素。

函数表示：LinkHashInsert(H,k)。

操作含义：把 k 作为一个数据元素存入散列表 H。

算法思路：先构造一个链结点，指针为 p；过程是申请一个链结点空间，存储元素数据，指针域置空。再把关键词 k 映射为散列地址 i；判断第 i 号单元指针是否为空。若为空，则表示该同义词链还未形成，将 p 存入该单元；否则，表示已经有同义词链存在，执行冲突函数寻找链的最后一个链结点，把 p 存入这个链结点的指针域。因为这种结构的插入总是能成功，无须任何返回。

算法描述：

```
LinkHashInsert( H,k)
{   LinkCell p,q;
    p ←申请一个 LinkHashCell 类型链结点的地址;
    p->data ←k;
    p->next ←NULL;
    i ←modefun(k);
    if(H.Cell[i]=NULL)
```

```
            H.Cell[i]←p;
    else
    {    q ←Linkdetect(H ,i)
        q->next ←p;
    }
    H.num ←H.num+1;
}
```

算法评说：算法很简单。时间复杂度与同义词链的平均长度有关。

3．查找

查找是在散列表中找到关键词等于 k 的数据元素。

函数表示：LinkHashSearch(H,k)。

操作含义：在散列表 H 查找并返回关键词等于 k 的数据元素的链结点指针。

算法思路：先把关键词 k 映射为散列地址 i，再判断散列表的第 i 号单元是否为空闲。若为空，则查找失败；若不为空，则在该同义词链中查找。若找到，则返回结点指针（查找成功），否则返回 NULL（查找失败）。

算法描述：
```
LinkHashSearch( H,k)
{   int i;
    LinkHashCell p;
    i ←modefun(k);
    p ←H.Cell[i];
    while(p≠NULL 且 p->data≠k)
        p ←p->next;
    if(p≠NULL)
        return p;
    else
        return NULL;
}
```

算法评说：算法直接在同义词链中查找，不管是否曾经有过冲突。时间复杂度与同义词链的平均长度有关。

4．删除

删除是把存储数据元素的链结点从同义词链中摘除掉。

函数表示：LinkHashDelete(H,k)。

操作含义：把 k 标识的数据元素从散列表 H 中删除。

算法思路：先查找 k 标识的单元，若找到，则从同义词链中删除，并归还链结点空间。

算法描述：
```
LinkHashDelete( H,k)
{   int i;
    LinkHashCell p,q;
    i ←modefun(k);
    p ←H.Cell[i];
    q ←H.Cell[i];
    while(p≠NULL 且 p->data≠k)
        q ←p;
        p ←p->next;
    if(p≠NULL)
    {    q->next ←p->next;
        free(p);
```

```
        return 1;
    else
        return 0;
}
```

算法评说：本算法不能像 7.4.1 中那样调用查找算法 LinkHashSearch()来查找要删除的链结点，因为删除需要两个跟随的指针定位删除点。时间复杂度与同义词链的平均长度有关。

7.5　散列的应用

散列结构的应用实例有很多，如在编译程序、数据库管理系统、文件系统中都有很好的应用。下面举例进行说明。

7.5.1　散列在编译系统中的应用

众所周知，用高级程序设计语言编写的程序需要经过编译才能运行。编译过程主要经过词法分析、语法分析、语义分析、代码生成和代码优化等几个阶段。高级语言程序实质是各种词汇和符号构成的序列。词汇有保留词、变量名、常量等。为编译程序后继阶段能顺利进行，需要将出现的词汇表示成统一形式，如表示形式统一、存储长度统一、词义标识统一等。就词汇而言，是建立几张相关表，如保留词表、变量名表、常量表等。以 C 语言为例，这三张表如图 7-6、图 7-7、图 7-8 所示。在词法分析阶段，随着对源程序符号的持续扫描，将不断地对这些表进行查找和插入操作。如果采用散列结构存储这些表，会大大提高词法分析的运行效率。

保留词表一般由保留词及其代码组成。假定用 $i=\mathrm{mod}(k,37)$ 映射散列地址，k 为保留词各字母的 ASCII 编码之和。如保留词 char，$k=99+104+97+114=414$，$i=\mathrm{mod}(414,37)=7$。在编译程序中，保留词表是预置的，因为任何一个高级语言的保留词列表和数量都是固定的。当扫描源程序形成一个词汇后，就通过保留词表的散列函数在保留词表中查找，若查找成功，则输出这个保留词的内部格式。

变量名表一般由变量名、数据类型及其内存地址组成；同样假定用 $i=\mathrm{mod}(k,107)$ 映射散列地址，k 为变量名各字母的 ASCII 编码之和。如变量名 ab，$k=97+98=195$，$i=\mathrm{mod}(195,107)=88$。当扫描源程序形成一个词汇后，先通过保留词表的散列函数在保留词表中查找，若查找不成功，说明它不是保留词。然后，再到变量名表中查找，若查找成功，说明该变量名已经定义，这次是引用性出现，就取用它，并输出变量名的内部格式；若查找不成功，则说明该变量名是首次出现，在变量名表中通过散列函数插入它，并输出其内部格式。

常量表一般由常量字面及其二进制数组成。也假定用 $i=\mathrm{mod}(k,59)$ 映射散列地址，k 为常量的字面值。例如，常量 997，$k=997$，$i=\mathrm{mod}(997,59)=88$。当扫描源程序形成一个常量后，通过常量表的散列函数在常量表中查找，若查找成功，则输出这个常量的内部格式；若不成功，则插入该常量，并输出内部格式。

作为一个例子，设 C 语言语句"int a=1；"，词法分析的输出可能为（1,1017）、（2,97,4500）、（0,'='）、（3,3000）。其中，第 1 个数表示词汇性质，如"0"表示是基本符号，"1"表示是保留词，"2"表示是变量名，"3"表示是常量。因此，（0,'='）等价于（基本符号，等号'='）（1,1017）等价于（保留词，内码为 1017），（2,97,4500）等价于（变量名，内部表示为 97，内存地址为 4500），（3,0001）等价于（常量，存储在 3000 单元中）。这种表示使源程序由不规则变成有规则，便于后继各阶段的处理。

散列地址	保留词	编码
0		
1		
...		
6	ret urn	1020
7	char	1004
...	...	...
11	struct	
...	...	...
18	else	1010
19	while	1032
...	...	...
22	if	1016
...	...	...
26	do	1008
...	...	...
31	for	1014
...	...	...
35	int	1017
36	break	1002

图 7-6 保留词表

散列地址	变量名	内存地址
0	k	
1	l	
...	...	...
5	p	
15	num	
80	abc	
88	ab	
...	...	...
97	a	4500
...	...	...
105	i	
106	kj	

图 7-7 变量名表

散列地址	常量名	内存地址
0	118	
1	1	3000
...	...	
5	123	
17	725	
18	490	
53	997	
56	1000	
57	175	
58	117	

图 7-8 常量表

7.5.2 散列在文件系统中的应用

采用散列结构组织的文件称为散列文件。散列文件是一种可直接存取的文件，它与散列表的原理基本一致；不同的是，散列文件是将数据散列到外部存储器中。

1. 散列文件的组织

文件由若干记录组成，在外存（如磁盘）上组成块存储。如某文件的 20 个记录组成一块，恰好存满磁盘一个扇区。该文件占用 100 个扇区，最多可存储 2 000 个记录。

散列文件的组织方式是，假设文件占有 m（如 $m=100$）个磁盘区，每个磁盘区称为一桶（也可以几个磁盘区为一桶）。桶由已存记录个数域（设为 R_n，初值为 0）、记录区和指针域（设为 next）构成。m 个桶编号为 0，1，…，m-1；每桶可存储若干记录，由桶的容量与记录大小决定；设可存储记录最大个数为 rMAX。每个桶号（设为 b）对应磁盘区的一个物理地址（设为 d），如图 7-9 中箭头指向的编号即为磁盘区物理地址；可以用一个对照表表示桶号与物理盘区号的映射关系；如 $b=D$（b）。桶号划分为散列地址区段和溢出地址区段两部分。

记录由记录关键词（设为 k）通过散列函数（设为 $h(k)$）决定存储在哪个桶内；冲突的记录存储在同一个桶内。因为一个桶的容量有限，如每桶最多存储 20 个记录（设为 rMAX=20）；存满后再发生冲突，则为溢出；在溢出地址区段寻找一个空桶继续存储，并用指针与原始桶链接；如果两个桶还不足存储，则可以再找一个空桶，并与前一溢出桶链接，等等。在图 7-9 中，2 号桶链接到 84 号桶，再链接到 91 号桶。

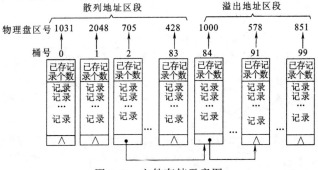

图 7-9 文件存储示意图

2．散列文件的操作

因为程序不能直接操作磁盘上的数据，所以要在内存中开辟一个与桶大小相等的存储区域，称为缓冲区（设为 f）。文件操作主要有写记录、读记录和删除记录。下面给出这 3 种操作算法的思想。

（1）读记录

读记录操作是根据给定记录关键词 k 在文件 F 中查找并传送记录到用户记录区，可表示为 $\text{read}(F,k)$。读记录的算法过程描述如下：

① 计算桶号：$b=h(k)$。

② 映射物理盘区号：$d=D(b)$。

③ 内外存交换：传输磁盘 d 区的数据到文件缓冲区 f。

④ 查找记录：

a．在 f 中查找关键词与 k 相等的记录。

b．若找到，则传送记录到用户记录区，算法结束（成功）；若找不到，则转 c 继续。

c．若 f 的 next≠NULL，则取 next 值到 b，转②继续；若 next=NULL，则读记录失败，算法结束。

在第④步的 a 步中，可以采用任何算法进行查找。因为一般情况下记录个数不多，所以宜采用顺序查找算法。

（2）写记录

写记录操作是根据给定记录关键词 k 把用户记录区的记录存储到相应的桶中，可表示为 $\text{write}(F,k,w)$。写记录的算法过程描述如下：

① 计算桶号：$b=h(k)$。

② 映射物理盘区号：$d=D(b)$。

③ 内外存交换：传输磁盘 d 区的数据到文件缓冲区 f。

④ 查找空闲记录区：

a．若 R_n<rMAX，则存储 w 到 f 中，R_n 加 1，传输 f 到磁盘 d 区，算法结束。

b．若 R_n≥rMAX 且 next≠NULL，则取 next 值到 b，转②继续。

c．若 R_n≥rMAX 且 next=NULL，则选择一个空桶，空桶号存入 b 和 next，传输缓冲区 f 到磁盘 d 区。

d．初始化缓冲区 f：R_n←0，next←NULL，$d=D(b)$，转 a 继续。

通常，记录在缓冲区 f 中自顶向下存储，因此记录长度乘以 R_n 就是当前的空记录位置。新记录 w 就存储在这里。

（3）删除记录

删除记录操作是，从文件 F 中删去给定记录关键词 k 标识的记录，可表示为 $\text{delete}(F,k)$。删除记录的算法过程描述如下：

① 查找记录：$\text{read}(F,k)$。

② 删除记录：

a．若找到，则在缓冲区 f 中前移后继记录以覆盖当前记录（即删除之），传输 f 到磁盘 d 区，算法结束（删除成功）。

b．若未找到，则传输 f 到磁盘 d 区，算法结束(删除失败)。

执行 read(F,k)后必须保留物理盘区号 d，因此 d 应定义为公共变量。

以上只给出了这 3 种操作算法的大致过程和步骤，如果用类 C 语言描述，还有许多细节需要考虑。作为练习，请读者发挥自己的创造力，写出它们的类 C 语言描述。

7.5.3 散列在中医开处方中的应用

现在，中医医院都用计算机辅助为病人开中药处方，然后到中药房配方取药，从而实现了处方、计价和收费自动化。为此，相应的计算机系统需要维护一个中药目录，每味中药为一个数据元素，至少包括中药名称、单位和价格等几个数据；还需要一个查找软件，以中药名称为关键词，查找它标识的数据元素，取得价格；最后打印处方，计算应交药费。这是一个计算机应用问题。

问题的重点是如何组织和存储中药目录，以及采用何种查找方式。因为中药目录有 120 000 多种，常用中药也有千余种，且开药方的时间又不能过长（病人在等着），因此系统必须具有"即时"性。运用散列方法是比较合适的，这需要设计合适的散列函数和冲突解决方案。

1．中药目录表散列函数设计

假定中药目录表有 1 500 种不同中草药，则散列表容量设计为 1 800 (=1 500×120%)。因为 98%以上常用中草药名称为 2~4 个汉字，汉字编码为 4 位十进制数。设计一个复合的散列函数。

① 因为中药名称的汉字编码串长度为 8~16 位十进制数字，比较长；可先设计折叠法函数 $g(k)$ 将其缩短，其中 k 为汉字串。

第 1 步 取中草药名称所有汉字的汉字编码。例如：

人参 → 4003,1846,0000,0000。

天麻 → 4476,3473,0000,0000。

凤尾草 → 2379,4618,1861,0000。

王不留行 → 4585,1827,3384,4848。

第 2 步 把每个汉字的编码作为段，用折叠法计算得一个 4 位数。例如：

g("人参") = 4003+6481+0000+0000=0524。

g("天麻") = 4476+3743+0000+0000=8219。

g("凤尾草") = 2379+8164+1681,0000=2404。

g("王不留行") = 4585+7281+3384+8484=3734。

② 再设计除余法函数 $h(z,p)$，把折叠结果散列到散列地址空间。其中，p=1 801（>1 800 的素数）。例如：

$h(g$("人参"),1801)= h(0524,1801)=524。

$h(g$("天麻"),1801)= h(8219,1801)=1015。

$h(g$("凤尾草"),1801)= h(2404,1801)=603。

$h(g$("王不留行"),1801)= h(3734,1801)=132。

因此，设计散列函数为 $h(g(k),p)$。

2．中药目录表冲突解决方案设计

采用线性探查法解决冲突。

3. 中药目录表散列结构的结构类型描述

见结构类型描述 7.3。

结构类型描述 7.3:

（1）散列表

```
#define PRIME 1801
typedef struct
{    int flag;
     string CnMedName,Uint;
     float Price;
}MedCell;
typedef struct
{    MedCell Cell[PRIME];
     int num;
}CnMedCatalogue;
```

（2）散列函数（除余法）

```
CnMedfun(k)
{    int i,z=0;
     i←1;
     While(StrSubstring(k,i,2)≠"□□")
     {    z ←f+StrSubstring(k,i,2)对应汉字编码;
          z ←f+StrSubstring(k,i+2,2)对应汉字编码数字位的反序;
          i←i+4;
     }
     return mode(z,PRIME);
}
```

（3）冲突函数（线性探查法）

```
Lineardetect(H,i)
{    int j,r;
     for(j←1;j≤PRIME-1; j←j+1)
     {    r ←mode(i+j,PRIME);
          if(H.Cell[r].flag = -1)
              return r;
     }
          return -1;
}
```

4. 药品查找算法

根据给定中药名称 k，查找并返回其价格。

```
CnMedSearch( H,k)
{    int  i,j,r;
     i ← CnMedfun(k);
     for(j←0;j≤PRIME-1; j←j+1)
     {    r ←mode(i+j,PRIME);
          if(H.Cell[r].flag＜0)
              return -1;
          if(H.Cell[r].data=k且H.Cell[r].flag＞0)
              return r;
     }
          return -1;
}
```

5. 开处方并计价算法

定义一个顺序表 MedList[]存储处方，包括中药名称、处方量和金额。开处方的过程是，输入中药名称（汉字）和处方量；根据中药名称查找中药目录表获取单价，并计算金额；最后计算药费计价总金额，并输出处方。为了算法简单，这里假定中药名称是直接输入的，而实际应用系统会提供一个中药名称选择表，由操作员选择而避免输入的麻烦。当输入中药名称为空格时，表示处方结束。算法的类 C 语言描述如下：

```
1     #define MAXSIZE 50
      DoCnMedList( H)
      {   int i;
          float q;
5         string MedName;
          typedef struct
          {   string CnMedName;
              float amount,money;
          } ListCell;
10        typedef struct
          {   ListCell Item[MAXSIZE];
              int n;
          }CnMedList;
          CnMedList L;
15        L.n ←0;
          printf("\n 请输入中药名称:\n");
          scanf("%s",&MedName);
          printf("\n 请输入数量:\n");
          scanf("%f",&q);
20        While(MedName≠"□□")
          {   i ←CnMedSearch( H,MedName);
              if(i>-1)
              {   L.n ←L.n+1;
                  L.Item[L.n].CnMedName ←H.Cell[i].CnMedName;
25                L.Item[L.n].amount ←q;
                  L.Item[L.n].money ←H.Cell[i].Price×q;
              }
              printf("\n 请输入中药名称:\n");
              scanf("%s",&MedName);
30            printf("\n 请输入数量:\n");
              scanf("%f",&q);
          }
          q ←0;
          for(i←1;i≤L.n; i←i+1)
35            q ←q+L.Item[i].money;
          L.n ←L.n+1;
          L.Item[L.n].CnMedName ←"合计金额";
          L.Item[L.n].money ←q;
          printf("\n中药名称   数量   金额\n");
40        for(i←1;i≤L.n; i←i+1)
              printf("\n%s %f %f",L.Item[i].CnMedName,
                       L.Item[i].amount,L.Item[i].money);
43    }
```

函数的第 5~15 行定义处方顺序表 L 存储最终的处方数据；第 16~32 行输入处方的每一味中药材并计算金额；第 33~38 行计算合计金额，并加入 L 为最下一行；第 39~43 行是输出处方。如果要把这个算法编程为 C 语言程序，还有许多细节要处理。

小结

1．知识要点

本章主要介绍了散列结构及几个应用实例。

① 散列结构的基本思想、构成要素和应用意义。

② 散列函数的设计原则及其设计方法。

③ 冲突的概念及其冲突的解决方案。

④ 几个基本运算算法。

⑤ 如何应用散列结构。

2．内容要点

散列是线性表的一种存储结构。设计散列结构的主要目标是减少或避免查找过程中的比较操作，借以改善和提高查找时间效率。

① 散列的基础概念。散列表是散列结构的主体，是运用散列函数定位数据元素存储位置的一种方法。

② 散列函数的概念。散列函数是散列结构的关键，如何设计一个好的散列函数有许多原则。中心原则是计算简单、冲突率低。本书介绍了几种常见的设计思想和方法。

③ 冲突的概念。就现今技术而言，冲突似乎是不可避免的，问题是如何降低冲突率，以及如何解决冲突问题。本书给出了几种常见的解决方案。

④ 散列结构的构造方法。一般来说，散列结构由散列表、散列函数、冲突解决方案组成。散列表的布局与散列函数和冲突解决方案直接相关。

⑤ 如何看待散列结构中出现的"比较"。由于冲突而使"比较"操作无法避免，但这种比较有可能通过设计"好"的散列函数和"好"的冲突解决方案得到缓解。

3．本章重点

本章的重点如下：

① 散列函数的设计。

② 冲突的解决方案。

③ 散列结构的设计和结构类型描述。

④ 散列结构的应用。

习题

一、名词解释题

试解释下列名词术语的含义：

散列、散列表、散列函数、散列地址、散列地址空间、同义词、冲突、冲突率、装填因子，溢出表、基本表、同义词链

二、单项选择题

1．一个线性表存储在顺序表中时，其物理顺序与线性表顺序一致；存储在散列表中时，其顺序_____。

    A．与线性表一致　　　　B．与线性表不一致　　　C．不可预测　　　D．可预测

2．散列函数的计算结果_____。

    A．可以是任意实数　　　　　　　　　　　　B．可以是任意正整数

    C．是散列地址范围内的正整数　　　　　　　D．不可预测

3．下列说法中，正确的是_____。

    A．在散列结构中，查找时无需任何"比较"操作

    B．散列函数的设计必是一个数学表达式

    C．是否发生冲突与散列函数无关

    D．装填因子 α 越小，冲突的可能性就越小

三、填空题

1．散列地址空间的大小与_____有关。

2．解决冲突的线性探测法可能产生地址_____而加剧冲突。

3．装填因子 α 越大，冲突的可能性就越_____。

4．设计一个散列结构时，要考虑的因素有_____，_____和_____。

四、问答题

1．顺序表和散列表都是线性表的存储结构，试说明两者的共同性和差别。

2．散列地址空间与散列表长度是一回事吗？

3．为什么散列结构不能彻底杜绝查找时的比较操作？

4．设计散列函数的 4 条原则中，最重要的应该是哪一条？

5．散列表发生冲突的最主要的因素是什么？

五、思考题

1．解决冲突的同义词链表法会产生地址堆积吗？为什么？

2．在解决冲突的溢出表法中，如果设计成每个单元存储多个数据元素（例如 4 个）的结构，则如何识别到已存储的数据元素？试给出设计方案的具体说明。

3．试分析散列结构会因哪些因素影响空间效率。

4．发挥你的想象、智慧和创造力，提出一种散列函数的设计方法，使其更有实用价值。

六、综合/设计题

1．解决冲突的线性探测法会引起地址堆积，一个改进的方法是平方探测法，另一个改进的方法是震动探测法。方法如下：

$$h = \mathrm{mod}\ (i+d_j,\ n)，\quad d_j = (-1)^{j+1}\lceil j/2 \rceil，j = 1，2，\ldots，\min\{n-i, i-1\}$$

试写出类 C 语言算法描述，并分析地址堆积情况。

2．试用类 C 语言写出散列文件的插入、删除和更新算法的算法描述。

参 考 文 献

[1] 上海计算技术研究所. 数据结构基础[J]. 上海计算技术研究所，1981.

[2] 管纪文，刘大有. 数据结构[M]. 北京：高等教育出版社，1985.

[3] 严蔚敏，米宁，等. 数据结构习题和实习题集[M]. 北京：清华大学出版社，1987.

[4] 许桌群，张乃孝，等. 数据结构[M]. 北京：高等教育出版社，1988.

[5] 陈小平，数据结构[M]. 南京：南京大学出版社，1997.

[6] 蒋新儿，算法设计[M]. 北京：人民邮电出版社，1998.

[7] [美]SAHNI S. 数据结构、算法与应用[M]. 汪诗林，等译. 北京：机械工业出版社，2000.

[8] 张世和. 数据结构[M]. 北京：清华大学出版社，2003.

[9] 蔡明志. 数据结构（Java 版）[M]. 北京：中国铁道出版社，2003.

[10] 陈媛，何波，等. 算法与数据结构[M]. 北京：清华大学出版社，2005.

[11] 李春葆，等. 数据结构教程[M]. 3 版. 北京：清华大学出版社，2009.

[12] 陈广山. 数据结构[M]. 北京：国防工业出版社，2009.

笔记栏

笔 记 栏